防灾减灾措施研究

FANGZAI JIANZAI CUOSHI YANJIU

刘弘涛　王汝恒　姚勇　编著

中国水利水电出版社
www.waterpub.com.cn

内 容 提 要

《防灾减灾措施研究》一书从常见灾害出发,对地质灾害、地震灾害、洪水灾害、火灾害、风灾害、火山灾害、生物污染灾害和爆炸灾害进行了阐述,并针对各类灾害的特点提出了相应的防灾减灾措施。此外,本书还对城市和村庄易发生的灾害和相应的防灾减灾工作进行了深入的探讨。

图书在版编目(CIP)数据

防灾减灾措施研究/刘弘涛,王汝恒,姚勇编著.
--北京:中国水利水电出版社,2014.6(2022.10重印)
ISBN 978-7-5170-1988-6

Ⅰ.①防…　Ⅱ.①刘…②王…③姚…　Ⅲ.①灾害防治—研究　Ⅳ.①X4

中国版本图书馆 CIP 数据核字(2014)第 096099 号

策划编辑:杨庆川　责任编辑:魏渊源　封面设计:马静静

书　名	防灾减灾措施研究
作　者	刘弘涛　王汝恒　姚勇　编著
出版发行	中国水利水电出版社
	(北京市海淀区玉渊潭南路 1 号 D 座 100038)
	网址:www.waterpub.com.cn
	E-mail:mchannel@263.net(万水)
	sales@mwr.gov.cn
	电话:(010)68545888(营销中心)、82562819(万水)
经　售	北京科水图书销售有限公司
	电话:(010)63202643、68545874
	全国各地新华书店和相关出版物销售网点
排　版	北京鑫海胜蓝数码科技有限公司
印　刷	三河市人民印务有限公司
规　格	184mm×260mm　16 开本　16.25 印张　395 千字
版　次	2014 年 10 月第 1 版　2022 年 10 月第 2 次印刷
印　数	3001-4001册
定　价	56.00 元

前　言

我国处于全球环太平洋及北纬中带两大灾害带交叉地区,是世界上自然灾害最为严重的国家之一。我国的灾害种类多、分布地域广、发生率高、造成的损失严重,在社会经济迅速、持续发展的进程中,各种灾害日趋严重和复杂,灾害风险进一步加剧。近年来,我国各地突发事件和自然灾害频繁发生。从 2003 年的"非典"到 2008 年年初的南方大范围冰冻灾害,从汶川大地震到玉树地震,从舟曲的泥石流到海南的强降雨,这一次次触目惊心的突发事件和自然灾害不仅给人们的生命和财产安全构成了巨大的威胁,也给各级政府造成了很大的压力。因此,如何有效地防灾减灾就成为了全社会共同关注的问题。

20 世纪 80 年代以来,发达国家开始重视对防灾减灾技术的研究,尤其是联合国在 1989 年提出 20 世纪 90 年代为"国际减灾十年"之后,世界各国都积极研发防灾减灾技术。我国政府对防灾减灾技术的研究也非常重视,目前已经建立了较为完善、广泛覆盖的海洋、气象、水文、地震等地面监测和观测网,各地防灾减灾工作也取得了显著的进展,在全国范围内正在逐步建立"以人为本、预防为主、综合防御、科学控制"的防灾减灾体系。这对于实现党中央关于构建和谐社会的目标以及保障人民的生命财产安全等具有重要意义。然而,我国虽然在防灾减灾工作上取得了显著的成就,但同样存在着防灾减灾科技发展缓慢、科普力度不够等一系列问题,这些问题在一定程度上制约了我国防灾减灾工作的有效开展。要想解决这些问题,就需要把防灾减灾纳入到经济和社会协调发展的环节中,让全社会广泛参与到防灾减灾工作中。为了能够让更多的人掌握和了解重大灾害的基本防治技术,了解灾害来临时的正确应对措施,我们撰写了《防灾减灾措施研究》一书。

本书共包括十一章内容,分别对防灾减灾概述、地质灾害与防灾减灾措施、地震灾害与防灾减灾措施、洪水灾害与防灾减灾措施、火灾害与防灾减灾措施、风灾害与防灾减灾措施、火山灾害与防灾减灾措施、生物污染灾害与防灾减灾措施、爆炸灾害与防灾减灾措施、城市的防灾减灾、村庄的防灾减灾进行了研究。总体来说,本书结构清晰,理论明确,内容翔实,具有全面性、系统性、实用性的特点,相信本书的出版会对人们更好地掌握防灾减灾方面的知识具有一定的帮助。

本书在撰写的过程中参阅了大量有关防灾减灾方面的著作,引用了许多专家和学者的研究成果,在此表示诚挚的谢意! 由于时间仓促,作者水平有限,错误和不当之处在所难免,恳请广大读者在使用中多提宝贵意见,以便本书的修改与完善。

作者

2014 年 3 月

目　　录

第一章　防灾减灾概述

我国是世界上灾害最为严重的国家之一，素有"三岁一饥、六岁一衰、十二岁一荒"之说，因此，科学地认识灾害、了解防灾减灾的发展，对找到相关的防灾减灾措施具有重要意义。

第一节　灾害概述

一、灾害的内涵与特征

(一)灾害的内涵

世界上的任何事物都是处于运动中的。当某种事物的某种运动状态因自然或人为作用而变异并且导致生命、财产等发生伤害和损失时，便形成了灾害。具体而言，灾害是指自然发生的或人为造成的，对人类和人类社会具有危害性后果的事件与现象。

(二)灾害的特征

从哲学上讲，灾害是自然生态因子和社会经济因子变异的一种价值判断与评价，是相对于一定的主体而言的。从经济学的角度看，灾害具有危害性与意外性、区域性与延滞性、可预测性与可预防性、后果害利双重性等经济特征。从整体上来看，灾害具有以下几个重要特征。

1. 危害性

灾害会对人类生命、财产以及赖以生存的其他环境和条件产生严重的危害，其程度往往是本地区难以承受的，需要向外界求援。

2. 突发性

绝大部分灾害是在短暂时间里发生的，有些仅在几秒钟内就可能造成惨重损失，如地震、泥石流、爆炸等，都会在很短的时间内给人身财产安全带来危害。

3. 频繁性和不重复性

各种灾害都按照自身的规律频繁发生，相互间又可交织诱发。虽然地震、洪水和台风等部分灾害的发生具有一定的周期性或准周期性(灾变期),但这些灾害又不会那么准确地按固定周期重复发生。

4. 广泛性与区域性

各种灾害的分布十分广泛,几乎遍及地球的每一个角落。但是,在世界上不同的地区,由于自然环境、人类活动、经济基础和社会政治等方面存在差别,灾害的类型、特性及其产生的影响有所不同,因此,灾害还具有区域性的特点。

二、灾害产生的相关因素

虽然不同的灾害有不同的原因,但是从整体上来看,主要包括以下几个因素。

(一)环境

在所发生的灾害中,环境是一个重要的因素,它可以分为自然环境、社会环境和状态环境三类。

1. 自然环境

自然环境是环绕人们周围的各种自然因素的总和,如大气、水、植物、动物、土壤、岩石矿物、太阳辐射等,它既可影响人的安全和健康,又可引起物的不安全状态。

2. 社会环境

社会环境是指人类生存及活动范围内的社会物质、精神条件的总和。广义包括整个社会经济文化体系,狭义仅指人类生活的直接环境。社会环境决定了人的素质,进而影响到人的行为。

3. 状态环境

状态环境主要是指在生产环境、生活环境下的人的状态,它会影响人的情绪与判断。

(二)人

人的行为可以改变环境,可以构成物的不安全状态,造成管理上的缺陷,会形成事故的隐患并可能触发隐患。

(三)物

物的不安全状态是客观存在的,并且能够传递,形式可以发生改变。

(四)管理

管理主要体现在安全技术上,如果出现某些操作失误,就会带来灾害。

三、灾害的类型

根据不同的分类标准,灾害可以分为不同的类型。

(一)根据灾害的形成机制划分

根据灾害的形成机制,可以将灾害划分为以下几种类型。

1. 自然灾害

自然灾害的分类很多,目前尚不统一。从成因来看,自然灾害是由于天文系统以及地球及其各个圈层运动变化引起的,因此,可分为天文灾害和地球灾害两类。前者主要包括行星爆炸、陨击等,后者主要包括生物灾害、气象灾害、海洋灾害、地质灾害、地震灾害等。

2. 人为自然灾害

在一定自然环境背景下以人为影响为主因产生的表现为自然状态的灾害称为人为自然灾害,根据人为影响的不同,可以将人为自然灾害分为以下几个类型,如表 1-1 所示。

表 1-1　人为自然灾害类型

类型	举例
破坏水土环境引起的自然灾害	水土流失、土地沙化
过量开发水资源引起的自然灾害	地面沉降、地面塌陷、地裂缝、海水入侵等
因物理、化学、生物污染环境引起的自然灾害	赤潮、酸雨、大气污染
工程与生产活动引起的自然灾害	滑坡、塌方、岩崩等
人类过失行为引起的自然灾害	森林大火、水灾等
采矿引起的自然灾害	岩爆、突水、突泥、突瓦斯、冒顶、矿井塌陷等

3. 人为灾害

以人为影响为主因产生的而且表现为人为状态的灾害称为人为灾害,其类型如表 1-2 所示。

表 1-2　人为灾害类型

类型	举例
事故灾害	交通事故、空难、海难、工程事故
卫生灾害	职业病、传染病、食物中毒等
科技灾害	核事故、卫星发射失败、计算机病毒事故等
政治灾害	战争、劫机、暴乱等

(二)根据灾害发生的地理位置划分

根据灾害发生的地理位置将灾害划分为以下几种类型。

1. 陆地灾害

(1)地质灾害,发生在地壳中,主要有地震、火山、沉陷等。
(2)地貌灾害,发生在地表,主要有水土流失、泥石流、沙漠化、滑坡等。
(3)气象灾害,如干旱、暴雨、台风、陆龙卷、热浪、寒流、冰雹等。
(4)水文灾害,如洪水、地下水位下降、水污染等。
(5)土壤灾害,如土壤盐碱化等。
(6)生物灾害,如物种减少、农林病虫害、森林火灾等。
(7)环境污染灾害,如大气污染、温室效应、酸雨、化学烟雾等。

2. 海洋灾害

海洋灾害主要包括风暴潮、海浪、海冰、海啸、赤潮、海底滑坡、海底火山、海温异常等。

(三)根据灾害波及的范围划分

根据灾害波及的范围可以将灾害划分为不同的类型,如表1-3所示。

表1-3 根据灾害波及范围对灾害的划分

类型	举例
全球性灾害	地震、火山、沙漠化等
区域性灾害	水土流失、火灾、土壤盐碱化等
局域性灾害	滑坡、地裂缝、地陷等

(四)根据地貌类型划分

根据地貌类型可以将灾害划分为山地灾害、平原灾害、滨海灾害。

(五)根据灾害持续时间的长短划分

根据灾害持续时间的长短可以将灾害划分为不同的类型,如表1-4所示。

表1-4 根据灾害持续时间的长短对灾害的划分

类型	举例
突发性灾害	地震、火山、台风等
缓变性灾害	沙漠化、水土流失等
偶然性灾害	森林火灾、交通事故等

（六）根据灾害出现时间的先后（主次）划分

根据灾害出现时间的先后（主次）可以将灾害划分为以下几种类型。

1. 原生灾害

原生灾害是主发灾害，即最先出现的灾害。

2. 次生灾害

次生灾害是原生灾害诱发的灾害。可进一步分为前导灾害、主灾害、次生灾害；还可分为控制性灾害、从属性灾害。

3. 衍生灾害

衍生灾害是由原生灾害、次生灾害衍生的间接灾害。

（七）根据灾害发生的时间远近划分

根据灾害发生时间远近可以将灾害划分为以下几种类型。

1. 地史灾害

地史灾害发生在地质时代，对人类没有影响。

2. 历史灾害

历史灾害发生在人类产生较早的历史时期。

3. 现今灾害

现今灾害是近百年来发生的灾害。

4. 未来灾害

未来灾害是未来可能出现的灾害。

（八）根据灾害的不同现象划分

根据灾害的不同现象可以将灾害划分为以下几种类型。

1. 明灾

明灾指从发生到终止所造成的后果都是显现的灾害，如明显可见的水灾、旱灾、风灾、火灾等。

2. 暗灾

暗灾是指造成损害后果之前是潜在的各种灾害，如地震、火山爆发、生态环境方面的"三废"污染等。

(九)根据灾害的可防性划分

根据灾害的可防性,可以分为可避免性灾害和不可避免性灾害。

1. 可避免性灾害

可避免性灾害是指通过人类自身的努力可以避免其出现的灾害,如污染灾害、卫生灾害等。

2. 不可避免性灾害

不可避免性灾害是指不以人类的意志为转移,只能防范或适度控制而不可避免的灾害,如地震、火山爆发、海啸等。

除了上述划分外,还可以根据灾害的相关性,将灾害分为连带型灾害(如旱灾—蝗灾、毁林开荒—水土流失水旱灾害等)、并发型灾害(如风—沙、雨—涝、台风—暴雨等)、渐变型灾害(如碱荒、海侵、环境污染等)、突发型灾害(如地震、雪崩、建筑物倒塌等)四类;根据灾害的不同危害对象,将灾害分为城市灾害、农村灾害、工矿灾害、农业灾害、林木灾害、卫生灾害、海洋灾害、其他灾害等几类;根据灾害造成的损失程度,将灾害分为特大灾害、大灾害、中灾害和小灾害四类。

四、灾害的影响

(一)破坏公益设施和公私财产,造成严重经济损失

(1)自然灾害对房屋、公路、铁路、桥梁、隧道、水利工程设施、电力工程设施、通信设施、城市公共设施以及机器设备、产品、材料、家庭财产、农作物等造成严重破坏,其直接经济损失是巨大的。例如,2008年年初南方特大冰雪灾害、2010年发生在云南、贵州、广西等地的大干旱、青海玉树大地震,江淮流域、四川及南方多个省大洪涝,甘肃舟曲特大泥石流等严重自然灾害所造成的生命财产和经济损失都是不可估量的。

(2)自然灾害经常威胁生产活动,从而造成严重的间接损失,其中以农业生产最为突出。我国常因受干旱、洪涝以及风灾、雪灾、低温冻害、虫害等自然灾害导致农作物大量减少,造成经济损失,制约农业生产发展。除农业种植业外,林业生产、牧业生产、渔业生产也常常遭受水灾、病虫害以及雪灾、寒潮、赤潮等多种自然灾害的威胁。火灾是林业的大敌,据初步统计,我国每年发生森林火灾1.5万次以上,受害森林面积近80万平方千米。

(3)自然灾害也会威胁工业生产,地震、洪水、滑坡、泥石流、台风、风暴潮等灾害可损坏甚至摧毁厂房、设备,造成停工停产。例如1981年7月上旬,四川盆地发生特大洪水灾害后,停产或半停产的企业2 691家,停产时间长达两个多月,损失产值达数亿元。

(二)危及人类生命和健康,威胁人类正常生活

自然灾害直接危害人类生命和健康。一次严重的灾害会导致成千上万乃至上亿人受灾,并造成巨大的人员伤亡。例如,1556 年 1 月 23 日,陕西华县、潼关大地震造成 83 万人死亡;1954 年夏季长江中下游地区特大洪水灾害造成 3.3 万人死亡;1976 年 7 月 28 日河北省唐山大地震造成 24.2 万人死亡;2008 年 5 月 12 日汶川地震成 69 227 人遇难,374 643 人受伤,17 923 人失踪。

(三)破坏资源和环境,威胁国民经济的可持续发展

灾害与环境具有密切的作用与反作用关系,环境恶化可以导致自然灾害,自然灾害又反过来促使环境进一步恶化。灾害和环境变化除了直接影响人类生活和生产活动外,还对人类所必需的水土资源、矿产资源、生物资源、海洋资源等产生长远的影响,进而威胁人类的生存与发展。例如,干旱、风沙、洪水、泥石流及与之密切相关的水土流失、土地沙漠化、土地盐碱化等自然灾害,严重破坏水土资源和生物资源;森林火灾、生物病虫害等直接破坏生物资源。

五、全球灾害情况

全球的灾害情况如表 1-5 所示。

表 1-5　全球的灾害情况表

洲名	主要灾害	主要情况
亚洲	地震	亚洲位于两大地震带相交会的地方,地震灾害最为突出,特别是日本、中国更为频繁。日本有"地震国"之称,日本附近地区平均每年释放的地震能估计占全球的1/10左右,每年平均发生地震 7 500 次,其中有感地震 1 500 次,破坏性地震 420 次
	火山	在日本最为突出,日本共计有火山 270 多座,活火山约 80 座,约占世界活火山的 10%左右,分别分布在八条火山带上
	沙漠化	沙漠化在中国、印度最为突出。我国沙漠化面积已达 110 万平方千米,其中有 16 万平方千米是人为造成的,并以每年 1 560 平方千米的速度扩大。毛乌素沙漠的边缘近 200 年间向前移动了 600 多千米。印度塔尔沙漠约 65 万平方千米,其边缘每年向前推进 0.8 千米
	水土流失	中国、印度的水土流失最为突出。我国黄土高原水土流失严重,印度有 140 万平方千米的土地受到侵蚀
	森林火灾	主要在前苏联亚洲部分、中国等国的温带地区。在 1987 年 4 月份、5 月份,前苏联次塔州发生森林火灾 600 起;同年 4 月底,阿木尔州国家的森林发生火灾 125 起,集体农庄和国营农场的森林发生火灾 19 起。1987 年 5 月,中国东北发生特大森林火灾,过火面积达 100 万公顷,其中森林面积约 65 万公顷,经济损失达 69 亿元

洲名	主要灾害	主要情况
非洲	沙漠化	在沙漠的边缘,即在稀树草原区,由于人为滥垦、滥伐、滥牧,导致沙漠向湿润区扩散。如在撒哈拉沙漠南部,沙漠每年向毛里塔尼亚推进10千米
	干旱	周期性的干旱给非洲带来巨大影响。在1984～1985年的旱灾期间,约有100多万人死亡,1 000万人流离失所
欧洲	酸雨	由于大气污染,臭氧含量成倍上升,加剧了酸雨的形成。由于酸雨的影响,瑞典有2 500个湖泊酸化,大量鱼类死亡;挪威南部有1 750个湖泊里的鱼类绝迹。由酸雨直接造成的破坏现象更普遍,中欧和北欧曾在一年内因酸雨毁坏了森林809万公顷
	水污染	由于欧洲大气污染普遍,水污染也很严重,特别是莱茵河、地中海污染更严重,每年有1 000亿吨垃圾倾入地中海,2/3的海滩不符合卫生标准
	森林火灾	森林火灾以法国最为普遍,主要发生在每年的7、8月份,为此法国政府制定了有关法案,防止森林火灾
北美洲	陆龙卷	1934年5月在美国西部大草原区刮起黑风暴,大气含尘量达40吨/平方千米,毁掉耕地$3×10^{10}$平方米
	飓风	形成于墨西哥湾,影响美国南部地区
	地震	美位于环太平洋地震带,火山地震灾害频繁,有不少火山在活动,如美国圣海伦斯火山等。墨西哥地震、火山均有,特别是1985年9月,墨西哥城发生7.8级地震,死亡3 100人,伤11 000人,4 000多人失踪,30万人无家可归
	酸雨	北美酸雨是一大公害,在加拿大大西洋沿岸各省,有许多湖泊的酸度曾在20年内增加了10～30倍,约有50%的酸性沉降物来自美国。美国东北部空气污染,90%是人为造成的,约有9 400个湖因受酸雨影响而变质,农作物、森林也遭殃
	森林火灾	1987年5月加拿大发生森林火灾,波及5个省,仅在安大略省就有78个火灾源,烧毁13 000公顷森林
南美洲	厄尔尼诺现象	在秘鲁西海域,由于秘鲁寒流势力减弱,造成冷性鱼类死亡,给秘鲁造成经济损失;其次,厄尔尼诺现象还对全球气候有影响,一些地方暴雨成灾,一些地区异常干旱
	火山地震	2010年2月27日智利发生里氏8.8级强烈地震以及由此引发的海啸等灾害,造成近千人死亡
大洋洲	火山地震	新西兰、太平洋岛屿上的地震较多
	盐碱化	澳大利亚盐碱化最为严重,盐碱化面积占世界盐碱化总面积的37.4%,居世界第一
南极洲	冰体污染	由来自其他洲的污染物质造成,污染较为严重
	冰雪消融加快	受各种原因的影响,南极洲的冰雪交融在不断地加快,这一方面导致了冰雪层厚度减小,另一方面导致了海平面上升,危及全球沿海大城市

六、我国灾害的分类与等级划分

(一)我国灾害的分类

我国对灾害的划分是以灾害成因与灾害管理为基础的,其分类情况如表 1-6 所示。

表 1-6　我国对灾害的划分

成因分类	灾害种类
大气圈	干旱、雨涝、洪流、热带气旋、冷、热、雹、雾、陆龙卷
海洋圈	风暴潮、海冰、海潮、海浪、海雾
岩石圈	地震、火山、滑坡、泥石流、山崩、地陷、地裂
生物圈	农业病虫害、鼠害、森林病虫害、林火
社会圈	火灾、交通事故、工程及企业事故、疫病、中毒

(二)我国灾害的等级划分

灾害有大有小,具体级别主要由两个基本因素决定:致灾因子变化强度,受灾地区承受灾害的能力。致灾因子变化强度是对致灾因子本身变化强度的度量,但其值的高低并不等同于真正灾害的大小。而受灾地区承受灾害的能力则与该地区经济的发展程度以及当地政府防灾减灾的政策措施和重视程度密切相关。事实上,对灾害大小的描述,目前国内还难以统一标准,不同的灾种有不同的分级方法。根据我国国情,我国一般将灾害分为巨灾、大灾、中灾、小灾和微灾五个等级,见表 1-7。

表 1-7　我国灾害的等级划分

灾害分级名称		死亡人数(人)	经济损失(万元)
A 级	巨灾	>10 000	>10 000
B 级	大灾	1 000~10 000	1 000~10 000
C 级	中灾	100~1 000	100~1 000
D 级	小灾	10~100	10~100
E 级	微灾	<10	<10

七、我国灾害发生的特点

我国是一个幅员辽阔、地形复杂、人口稠密的灾害多发国家。从整体上来看,我国灾害的发生主要具有以下几个特点。

(一)灾害种类多

我国的自然灾害主要有气象灾害、地震灾害、地质灾害、海洋灾害、生物灾害和森林草原火灾。除现代火山活动外,几乎所有自然灾害都在我国出现过。

(二)分布地域广

我国各省(自治区、直辖市)均不同程度受到自然灾害影响,70%以上的城市、50%以上的人口分布在气象、地震、地质、海洋等自然灾害严重的地区。2/3以上的国土面积受到洪涝灾害威胁。各省(自治区、直辖市)均发生过5级以上的破坏性地震。约占国土面积69%的山地、高原区域因地质构造复杂,滑坡、泥石流、山体崩塌等地质灾害频繁发生。

(三)地区差异明显

我国的西部和少数北部地区虽然因灾害直接经济损失的绝对值较小,但由于经济欠发达,直接经济损失率(即灾害直接经济损失与其国内生产总值之比,下同)为中等或较大,抗灾能力较弱。

我国的中部和少数在东北、华北、西南等地经济发展、灾害直接经济损失和抗灾能力为中等水平。

我国东部沿海地区灾害直接经济损失的绝对值较大,但由于经济较发达,直接经济损失率为中等或较小,抗灾能力较强。

(四)发生频率高

我国受季风气候影响十分强烈,气象灾害频繁,局地性或区域性干旱灾害几乎每年都会出现,东部沿海地区平均每年约有7个热带气旋登陆。我国位于欧亚、太平洋及印度洋三大板块交汇地带,新构造运动活跃,地震活动十分频繁,大陆地震占全球陆地破坏性地震的1/3,是世界上大陆地震最多的国家。森林和草原火灾时有发生。

(五)造成损失重

我国是世界上自然灾害损失最严重的少数国家之一。据统计,1990~2008年间,平均每年因各类自然灾害造成约3亿人次受灾,倒塌房屋300多万间,紧急转移安置人口900多万人次,直接经济损失2 000多亿元。特别是1998年发生在长江、松花江和嫩江流域的特大洪涝灾害,2006年发生在四川、重庆的特大干旱,2007年发生在淮河流域的特大洪涝灾害,2008年发生在我国南方地区的特大低温雨雪冰冻灾害,以及2008年5月12日发生的汶川特大地震灾害等,均造成了重大损失。

八、我国灾害的发展趋势

从我国目前灾害发生的情况来看,我国灾害的发展趋势主要表现在以下几个方面。

（一）灾害发生的频率增加

20 世纪的最后 20 年是新中国成立以来各类灾害事故的高发期，尽管各级政府和社会各界对灾害引起了高度重视，也加大了处置力度，但仍未能遏制灾害上升的势头，特别是人为灾害，发生频率大有增多之势。

（二）灾害的种类增多

随着我国城镇化建设的加快，人口与资源紧缺的矛盾加剧，城市灾害如水荒等亦将日益加剧。另外，城市的气候效应也增加了危险性，如热岛效应、街道建筑加大局部风速的狭管效应、高层建筑的烟囱效应、逆温现象加重雾灾和空气污染等问题都会变得较为突出。

（三）灾害的危害性增大

众所周知，现代化程度越高，灾害事故发生后所造成的危害也越大。特别是城市各种灾害相互交错、同步叠加，从而加大城市灾害的损失程度。尤其值得注意的是，人为灾害的随机性很强，损失也越来越大，如连续不断发生的列车相撞、飞机失事、轮船淹没以及瘟疫流行等，都会造成巨大的人员伤亡和社会震动。例如，2013 年 11 月 22 日发生在山东省青岛市的中石化东黄输油管道泄漏爆炸事件，造成了 62 人遇难，136 人受伤，直接经济损失 7.5 亿元。

第二节　防灾减灾的发展

人类与自然灾害的斗争从远古时代就开始了。古代传说中的"羿射九日"应该是最早的人类与干旱作斗争的反映；"大禹治水"则是人类与洪水作斗争的光辉记录；东汉张衡发明的候风地动仪，用于预报地震。国内外历朝历代均对自然灾害的防治不遗余力，特别是 20 世纪以来，人类在防灾减灾方面取得了巨大的成绩，而且在抗灾救灾方面，世界各国更加团结一致，共享防灾减灾资源和经验，共抗灾害。

一、防灾减灾的对策

防灾减灾工作关系到一个国家或一个地区的经济大局，关系到国家和社会的稳定。从广义上讲，随着科技的进步，相信任何灾害包括自然灾害和人为灾害都是可以预防的。只有这样，人类才可能坚持不懈地探索灾害的成因，研究预测方法，采取防灾减灾的措施。

从目前的科技发展水平和防灾减灾能力及机制建设上看，不论是自然灾害还是人为灾害的防灾减灾对策，主要有灾前的预防对策和灾后救险对策两个方面。在不同的灾害中，两种对策各有侧重。一般来说，地震、台风、洪水等自然灾害的重点是后者，因为这些灾害是不可抗力的自然现象，无法防止，但是在预测、防范方面的工作做好了，就可以把损失降到最低。而人为灾害的重点应该是灾害的预防，因为多数人为灾害是可以预测、预防的，只要了解了灾害的成因，掌握了其影响因素，就可以对灾害的组成要素进行调控，从而改变致灾系统的状态，使其保持安全稳定的状态。总而言之,坚持防患于未然的对策要比采取灾后处理对策更为重要。也就是说,人类对绝大多数灾害仍然是具有可控性的。一般来说,减灾可概括为"测、报、防、抗、救、援"六个方面,是一项复杂的自然与社会、技术与经济的系统工程。

在现场防灾减灾工程实际中,由于灾害系统的复杂性,决定了防灾减灾系统也具有复杂性、综合性和交叉性的特点。这就要求防灾减灾工程专业人员必须以科学的发展观去分析灾害系统及其相互作用机制,要以致灾因素、承灾体及其社会性为分类基础,特别重视人为与自然的混合类灾害,对灾害分类进行科学界定,从而实行合理有效的防灾减灾机制。

二、国外防灾减灾的发展

1984年,第八届世界地震工程大会召开,美国前总统卡特的科学特别助理、地震学家F. Press 提出了开展"国际减轻自然灾害十年"活动的建议。

1987年12月11日,第42届联合国大会一致通过了第169号决议,确定从1990~2000年的20世纪最后10年,在世界范围内开展一个"国际减轻自然灾害十年"(International Disaster Reduction, IDNDR)的国际活动,并明确了地震、水灾、火灾等30种灾害是全球关注的焦点。其宗旨是通过国际上的一致努力,将世界上各种自然灾害造成的损失,特别是发展中国家因自然灾害造成的损失减轻到最低程度。换言之,就是要求各个国家政府和科学技术团体、各类非政府组织,积极响应联合国大会的号召,并在联合国的统一领导和协调下,广泛开展各种形式的国际合作,充分利用现有的科学技术成就和开发新技术,提高各个国家防灾、抗灾能力。

1988年,联合国成立了"国际减轻自然灾害十年"指导委员会,并由其所属的十多个部门的领导担任委员。联合国秘书长根据国际学术团体的推荐,亲自聘请了来自24个国家的25位国际知名防灾专家组成了联合国特设国际专家组,由F. Press 担任主席。

1989年,第44届联合国大会通过了《国际减轻自然灾害十年决议》(236/44号决议)及《国际减轻自然灾害十年国际行动纲领》,并建立了相应的机构以统一协调世界各国的减灾活动,共有160个国家分别成立了国家减灾委员会。纲领明确了国际减轻自然灾害十年的目的、目标和国家一级需采取的措施及联合国系统需采取的行动等,并规定每年10月的第二个星期三为"国际减轻自然灾害日"。其主要活动内容是:注重减轻各种自然灾害所造成的生命财产损失和社会经济失调;增进每一个国家迅速有效地减轻自然灾害的影响的能力,特别注意在发展中国家设立预警系统;要求所有国家政府都要拟订国家减轻自然灾害方案;推动宣传与普及民众防灾知识,注意备灾、防灾、救灾和援建活动等。对此,很多国家积极响应了联合国的号召。例如,近年来,国际组织和各国减灾"联合国全球灾害网络""欧洲尤里卡计划""日本灾害应急计划""全球分大区的台风监测计划"以及"美国飓风、洪水预报及减轻自然灾害研究"等数以百计的防灾减灾研究项目,为21世纪防灾减灾的深入研究奠定了基础。

随着防灾减灾活动在全球范围获得广泛认同和推广,防灾减灾科学与工程技术也在近几年得到长足发展。而当前国际上与此相关的项目研究更是方兴未艾,蓬勃发展,如下列几个方面。

第一,在自然灾害危险性评估方面,发达国家多从工程角度出发研究各类灾害危险性的评估方法,建立了相应的信息库。

第二,在地震方面,主要关心地震动的作用,地震危险性分析,结构的抗震、耗能、隔震技术,涉及震灾要素、成灾机理、成灾条件、地震灾害的类型划分等课题,研究减灾投入的效益、防震减震规划等。

第三,在洪水方面,对洪水成灾的研究、洪水发生时空分布规划、洪水的预测预报、防洪设防标准的研究、洪水造成经济损失的预测、防洪应急的对策研究等均取得了不少成果。

2005 年 1 月 22 日,由联合国主持召开的世界减灾会议在日本兵库神户市闭幕。会议为未来十年如何减少灾害给全球造成的损失描绘出行动蓝图。《兵库宣言》和《兵库行动框架》是这次会议通过的主要文件,其中《兵库行动框架》为 2005～2015 年全球减灾工作确立了战略目标和五个行动重点。

第一,确保减灾成为各国政府部门工作的重心之一。

第二,识别、评估和监测灾害风险,增强早期预警能力。

第三,在各个层面上营造安全和抗灾的文化氛围。

第四,减少潜在的灾害危险因素。

第五,增强准备能力,确保对灾害作出有效反应。

2009 年 12 月,第 64 届联合国大会通过决议,将每年 10 月 13 日确定为国际减灾日。确立国际减灾日的目的,是唤起人们对防灾减灾工作的重视,敦促各国把减轻自然灾害列入工作计划,推动各国采取措施减轻自然灾害的影响。同时,意在提高人们在防灾减灾中如何采取行动的意识,最大限度地减少自然灾害带来的风险。

2011 年 5 月 10 日,联合国在日内瓦发布《2011 年全球减灾评估报告》,呼吁各国实施控制自然灾害风险和加强灾害预报的战略。报告呼吁各国重新定义发展概念,并将抗灾斗争纳入发展的进程中,建议各国政府在制定发展计划和公共投资时评估潜在自然灾害可能造成的风险。报告说,政府应对自然灾害的能力在以后将成为衡量政府执政能力的重要标准。报告指出,如今全球发生的自然灾害所造成的死亡较 20 年前有明显下降,但自然灾害在不发达国家仍会造成大量人员丧生。同时,自然灾害给全球造成的经济损失较 20 年前呈上升趋势。报告强调,在全球范围内,干旱现象的风险和危害被低估,干旱现象不仅对农业生产及经济生活造成严重影响,还会造成难民、冲突等社会问题。

自从设定了国际减灾日,每一年的主题都有所不同,也反映了人类对防灾减灾意识的提高,也在一定程度上反映了防灾减灾工作取得的进展。下列为历年国际减灾日的主题。

1991 年的主题是"减灾、发展、环境——为了一个目标"。

1992 年的主题是"减轻自然灾害与持续发展"。

1993 年的主题是"减轻自然灾害的损失,要特别注意学校和医院"。

1994 年的主题是"确定受灾害威胁的地区和易受灾害损失的地区——为了更加安全的 21 世纪"。

1995 年的主题是"妇女和儿童——预防的关键",活动的重点是:召开妇女和儿童如何能在预防灾害工作中发挥关键作用的各种会议;出版妇女和儿童如何在预防灾害中发挥作用的研究专集,安排一些项目对妇女和儿童在防灾中的作用作出专题调查报告等。

1996 年的主题是"城市化与灾害"。

1997 年的主题是"水:太多、太少——都会造成自然灾害"。

1998 年的主题是"防灾与媒体——防灾从信息开始"。

1999 年的主题是"减灾的效益——科学技术在灾害防御中保护了生命和财产安全"。

2000 年的主题是"防灾、教育和青年——特别关注森林火灾"。

2001 年的主题是"抵御灾害,减轻易损性"。

2002 年的主题是"山区减灾与可持续发展。

2003 年的主题是"面对灾害,更加关注可持续发展"

2004 年的主题是"总结今日经验、减轻未来灾害"

2005 年的主题是"利用小额信贷和安全网络,提高抗灾能力"。设立这一主题的目的,一是增强金融行业和有关机构在减灾事业中发挥潜在作用的使命感;二是提高灾害管理部门充分利用金融工具和安全网络减轻易灾人群灾害脆弱性的意识。

2006 年的主题是"减少灾害从学校抓起"。

2007 年的主题是"减灾始于学校"。

2008 年的主题是"减少灾害风险,确保医院安全"。

2009 年的主题为"让灾害远离医院"。

2010 年的主题是"建设具有抗灾能力的城市:让我们做好准备"。

2011 年的主题是"让儿童和青年成为减少灾害风险的合作伙伴"。

2012 年的主题是"女性——抵御灾害的无形力量"。

2013 年的主题是"面临灾害风险的残疾人士"。其目的是进一步提高包括残疾人士在内的广大社会公众防灾减灾意识,使大家知晓身边潜在的灾害风险隐患,掌握基本的逃生技能。

三、我国防灾减灾的发展

我国幅员辽阔,也是世界上自然灾害最为严重的国家之一。伴随着全球气候变化以及经济快速发展和城市化进程不断加快,资源、环境和生态压力加剧,自然灾害防范应对形势更加严峻复杂。我国政府历来将减灾工作作为保障国民经济和社会发展的重要工作,在发展经济的同时,努力推动减灾工作的深入开展。

1952 年 12 月,政务院(国务院前身)发出了《关于发动群众继续开展防旱、抗旱运动并大力推行水土保持工作的指示》。

1956 年 4 月,中央防汛总指挥部发出了《关于 1956 年防汛工作的指示》。

1956 年 9 月,中国共产党第八次全国代表大会通过了《关于发展国民经济的第二个五年计划的建议》等一系列政令文件,都贯彻了防灾减灾的思想方针。

20 世纪 80~90 年代,为了响应"国际减灾十年活动",1989 年 4 月 3 日正式成立了"中国国际减灾十年委员会",由当时的国务院副总理田纪云担任委员会主任,委员会由 28 个部门组成,目标是到 2000 年使自然灾害造成的损失减少 30%。

2005 年年初,中国国际减灾委员会更名为国家减灾委员会,负责制定国家减灾工作的方针、政策和规划,协调开展重大减灾活动,综合协调重大自然灾害应急及抗灾救灾等工作。

2007 年 8 月,《国家综合减灾"十一五"规划》等文件明确提出了我国"十一五"期间及中长期国家综合减灾战略目标。

2009年5月11日,中国政府发布首个关于防灾减灾工作的白皮书《中国的减灾行动》。同时,规定每年的5月12日为国家"防灾减灾日"。经过多年坚持不懈的努力,灾害损失增长趋势得到一定抑制,特别是因灾死亡人数明显减少,取得了较大的经济效益和显著的社会效益。

近10年来,国家和地方政府均设置了防灾减灾工作领导小组,先后颁布实施了《中华人民共和国防洪法》《中华人民共和国防震减灾法》《中华人民共和国消防法》《中华人民共和国气象法》《建设工程安全生产管理条例》《地质灾害防治条例》《国家突发公共事件总体应急预案》《国家自然灾害救助应急预案》等国家法律和国务院政令,以法律形式确定了政府、官员和民众在防灾减灾工作中的责任和义务,形成了全方位、多层级、宽领域的防灾减灾法律体系,以确保防御与减轻灾害,保护人民生命和财产安全,保障社会主义建设事业的顺利进行。

此外,国家还出台了一系列的专项应急预案,包括:2006年1月11日发布的《国家防汛抗旱应急预案》,其目的在于做好水旱灾害突发事件防范与处置工作,使水旱灾害处于可控状态,保证抗洪抢险、抗旱救灾工作高效有序进行,最大程度地减少人员伤亡和财产损失。

2006年1月13日发布的《国家突发地质灾害应急预案》,意在高效有序地做好突发地质灾害应急防治工作,避免或最大程度地减轻灾害造成的损失,维护人民生命、财产安全和社会稳定。

2011年10月16日修订的《国家自然灾害救助应急预案》,其目的在于建立健全应对突发重大自然灾害救助体系和运行机制,规范应急救助行为,提高应急救助能力,最大程度地减少人民群众生命和财产损失,维护灾区社会稳定。

2012年8月28日修订的《国家地震应急预案》,意在依法科学统一、有力有序有效地实施地震应急,最大程度减少人员伤亡和经济损失,维护社会正常秩序。

2012年12月发布的《国家森林火灾应急预案》,意在建立健全森林火灾应对工作机制,依法有力有序有效实施森林火灾应急,最大程度减少森林火灾及其造成人员伤亡和财产损失,保护森林资源,维护生态安全。

总的来说,近些年来我国在安全减灾的可控性上取得了下列几个方面的进展。

第一,从被动减灾向主动性减灾转化。

第二,从偏重科学行为的减灾转变为科学行为与社会行为并重的减灾。

第三,从减灾的单类型转变成综合型,逐步将环境科学、质量保障学和安全减灾学科融为一体。

第四,通过安全风险评价,掌握灾害事故危险分析技术。

第五,控制减灾投入与系统总价值的比例关系等。

第六,对城市规划设计及乡镇、农村的实用建筑中的缺陷提出安全改进措施。

总的说来,防灾减灾是一项极其复杂的系统工程。面对近年来频繁发生的地震、水旱灾害、非典型肺炎、高致病性禽流感等一系列突发公共事件,党中央确定了我国防灾减灾的方针政策,建立健全了分级防灾减灾组织机构和工作体系,逐步制定了一系列防灾减灾的法律、法规,先后出台了相关灾害及突发公共事件总体、专项应急预案,在防灾减灾事业建设中取得了巨大成就。以下就从防灾减灾工程建设、非工程性防灾减灾的监测与预警体系、应急机制的建立与健全方面说明在我国防灾减灾发展过程中取得的成就。[①]

(一)防灾减灾工程建设

1. 建筑和工程设施的设防工程

国家出台了《市政公用设施抗灾设防管理规定》,发布了《城市抗震防灾规划标准》《镇(乡)、村建筑抗震设计规程》,发布了国家标准《中国地震动参数区划图》,完善了重大建设工程的地震安全性评价管理制度,推进了全国农村民居地震安全工程的实施。四川汶川特大地震后,修订了《建筑工程抗震设防分类标准》《建筑抗震设计规范》等。

2. 公路灾害防治工程

从 2006 年起,结合公路水毁震毁等灾害发生情况,国家开始实施公路灾害防治工程。截至 2008 年,全国各地共投入资金 15.4 亿元,以增设和完善山岭重丘区公路的灾害防护设施为重点,对公路边坡、路基、桥梁构造物和排(防)水设施进行综合治理,普通公路防灾能力全面提高。

3. 农村居民住房抗灾能力建设

自 2005 年以来,全国各地共投入资金 175.35 亿元,完成改造、新建农村困难群众住房 580.16 万间,使 180.51 万户、649.65 万人受益。

4. 水土流失重点防治工程

20 世纪 80 年代,国家开始在黄河、长江等水土流失严重地区实施水土流失重点防治工程。进入"九五"末期,开始加大投入力度并扩大治理规模,水土流失重点防治工程覆盖了全国七大江河(长江、黄河、淮河、海河、松辽、珠江、太湖)的上中游地区。截至 2008 年,重点防治工程共治理水土流失面积 26 万平方千米。

5. 病险水库除险加固工程

2008 年 3 月,国家颁布《全国病险水库除险加固专项规划》,提出在 3 年内完成现有大中型和重点小型病险水库除险加固。2008 年,全国已安排专项规划内病险水库除险加固工程项目 4 035 个,占规划内全部 6 240 座病险水库的 65%。

6. 生态建设和环境治理工程

21 世纪初,国家开始实施天然林资源保护、退耕还林、三北(东北、华北、西北)防护林建设、长江中下游重点防护林建设、京津风沙源治理、岩溶地区石漠化综合治理、野生动植物保护以及自然保护区建设、沿海防护林建设、退牧还草等重点生态建设工程,抑制荒漠化扩张速度,

---

① 教育部高等学校安全工程学科教学指导委员会组织会编写:《防灾减灾工程》,北京:中国劳动社会化保障出版社,2011 年,第 20～24 页。

缓解极端气候的危害程度。

（二）非工程性防灾减灾的监测与预警体系

在非工程性的防灾减灾措施方面，多年来，我国逐步建立并不断完善了灾害监测预警系统，取得的进展主要表现在以下几个方面。

1. 气象预警预报体系

初步建立全国大气成分、酸雨、沙尘暴、雷电、农业气象、交通气象等专业气象观测网，基本建成比较完整的数值预报预测业务系统，成功发射"风云"系列气象卫星，建成146部新一代天气雷达、91个高空气象探测站 L 波段探空系统，建设 25 420 个区域气象观测站。由此，建成了平面媒体、线性媒体和多媒体的覆盖城乡社区的气象预警信息发布平台。

2. 灾害遥感监测业务体系

成功发射环境减灾小卫星星座 A、B 星，卫星减灾应用业务系统初具规模，为灾害遥感监测、评估和决策提供先进技术支持。

3. 环境监测预警体系

组织开展环境质量监测、污染物监测、环境预警监测、突发环境事件应急监测等，客观反映全国地表水、地下水、海洋、空气、噪声、固体废物、辐射等环境质量状况。新建成环境一号 A、B 星，大范围、快速和动态地开展生态环境宏观监测及评价，初步形成环境监测天地一体化格局。

4. 地震监测预报体系

建成固定测震台站937个，流动台1 000多个，实现了我国三级以上地震的准实时监测。建立地震前兆观测固定台点1 300个，各类前兆流动观测点4 000余个。初步建成国家和省级地震预测预报分析会商平台，并开通地震速报信息手机短信服务平台。

5. 地质灾害监测系统

从 2003 年起，开展地质灾害气象预警预报工作，已建立群测群防制度的地质灾害隐患点12 万多处。

6. 水文和洪水监测预警预报体系

建成由 3 171 个水文站、1 244 个水位站、14 602 个雨量站、61 个水文实验站和 12 683 眼地下水测井组成的水文监测网。构建洪水预警预报系统、地下水监测系统、水资源管理系统和水文水资源数据系统。

7. 海洋灾害预报系统

对原有海洋观测仪器、设备和设施进行更新改造，同时新建改造一批海洋观测站点，对一些中心站进行实时通信系统改造。建设海气相互作用——海洋气候变化观测及评价业务化体系，积极开展对与气候变化密切相关的海洋灾害的业务化监测。

8. 森林和草原火灾预警监测系统

完善卫星遥感、飞机巡护、视频监控、嘹望观察和地面巡视的立体式监测森林和草原火灾体系，初步建立森林火险分级预警响应和森林火灾风险评估技术体系。

9. 沙尘暴灾害监测与评估体系

建立沙尘暴卫星遥感监测评估系统和手机短信平台，在北方重点区域布设沙尘暴灾害地面监测站，组成国家、省、市、县四级队伍，初步形成覆盖我国北方区域的沙尘暴灾害监测网络。

10. 野生动物疫源疫病监测预警系统

建立全国野生动物疫源疫病监测总站，已在候鸟等野生动物重要聚集分布区设立 350 处国家级监测站、768 处省级监测站、1 400 多处地县级监测站，初步形成国家、省、地县三级野生动物疫源疫病监测预警网络。

11. 病虫害监测预报系统

建立由 3 000 多个站组成的农作物和病虫害测报网，240 多个台（点）组成的草原虫鼠害监测预报网。全国性系统监测预报的农作物有害生物种类由 20 世纪 90 年代初的 15 种增加到目前的 26 种，重大病虫害由旬报制缩短为周报制。

（三）应急机制的建立与健全

近些年来，在我国防灾减灾发展过程中，以应急预案、应急救援队伍、应急救助响应预报机制为主要内容的救灾应急体系初步建立，应急救援、运输保障、生活救助、卫生防疫等应急处置能力大大增强。

1. 应急预案体系

2003 年 5 月 7 日，国务院第 7 次常务会议审议通过了《突发公共卫生事件应急条例》。2005 年 1 月 26 日，国务院第 79 次常务会议通过了《国家突发公共事件总体应急预案》以及 105 个专项和部门应急预案。2007 年出台了《突发事件应对法》。同时，各省区市也分别完成了省级总体预案的制定工作。

目前，国务院各涉灾部门的应急预案编制工作已基本完成，全国有 31 个省、自治区、直辖市以及灾害多发市县都制定了预案，全国自然灾害应急预案体系已初步建立。

2. 应急救援队伍体系

以公安、武警、军队为骨干和突击力量，以抗洪抢险、抗震救灾、森林消防、海上搜救、矿山救护、医疗救护等专业队伍为基本力量，以企事业单位专兼职队伍和应急志愿者队伍为辅助力量的应急救援队伍体系初步建立。

3. 应急救助响应预报系统

根据灾情大小,将中央应对突发自然灾害划分为四个响应等级,明确各级响应的具体工作措施,将救灾工作纳入规范的管理工作流程。灾害应急救助响应机制的建立,基本保障了受灾群众在灾后 24 小时内能够得到救助。

此外,国家还积极推进救灾分级管理、救灾资金分级负担的救灾工作管理体制,保障地方救灾投入,有效保障受灾群众的基本生活。

第二章　地质灾害与防灾减灾措施

　　地质灾害是指由于地质作用对人类生存和发展造成的危害,其主要表现为泥石流、地面塌陷、滑坡、地面沉降等。自然的变异和人为的作用都可能导致地质环境或地质体发生变化,当这种变化达到一定程度,都会给人类和社会造成严重的创伤。我国地域广阔,地质环境复杂,地质灾害分布广、类型多、频度高、强度大,其造成的人员伤亡和经济损失的严重影响到了我国城乡建设和人民生存环境的重大问题。以下就重点介绍在工程建设中最常见的几种地质灾害。

第一节　泥石流灾害与防灾减灾措施

　　泥石流是山区特有的一种自然地质现象。它是由于降水(暴雨、融雪、冰川)而形成的一种夹带大量泥沙、石块等固体物质的特殊洪流。它爆发突然、历时短暂、来势凶猛,具有强大的破坏力。

一、我国泥石流主要分布地区

　　我国泥石流的分布明显地受地形、地质和降水条件的影响,尤其在地形条件上表现得更为明显。

　　(1)泥石流在我国集中分布在两个带上:一个是青藏高原与次一级的高原、盆地的接触带;另一个是上述的高原、盆地与东部的低山丘陵或平原的过渡带。在这两个带中,泥石流又集中分布在一些沿大断裂、深大断裂发育的河流沟谷两侧。

　　(2)泥石流的分布还与大气降水、冰雪融化的显著特征密切相关。即高频率的泥石流主要分布在气候干湿季较明显、较暖湿、局部暴雨强度大、冰雪融化快的地区,如云南、四川、甘肃、陕西、西藏等。低频率的稀性泥石流主要分布在东北和南方地区。

二、泥石流形成和发生的时间特点

(一)泥石流形成的特点

　　典型的泥石流流域,从上游到下游一般可分为以下三个区,每个区的地理特点都各不相同。

1. 形成区

大多为高山环抱的扇状山间凹地,植被不良、岩土体疏松,滑坡、崩塌等比较发育。

2. 流通区

位于沟谷中游地段,往往呈峡谷地形,纵坡大,长度一般比形成区要短。

3. 堆积区

位于沟谷出口处,地形开阔,纵坡平缓,流速骤减,形成大小扇形、锥形及高低不平的垄岗地形。

(二)泥石流发生的时间特点

1. 季节性

我国泥石流的暴发主要是受连续降雨、暴雨,尤其是集中的特大暴雨的激发。因此,泥石流发生的时间规律是与集中降雨时间规律基本一致,具有明显的季节性特征。例如,西南地区的泥石流就多发生在 6~9 月,这个时段是该地区集中降雨的季节。

2. 周期性

泥石流的出现主要受暴雨、洪水、地震的影响,而一般暴雨、洪水、地震又总是周期性地发生,因此,泥石流的发生和发展也就具有了一定的周期性,其活动的周期与暴雨、洪水、地震的活动周期基本一致。当暴雨、洪水两者的活动周期同时出现时,常常会形成泥石流活动的一个高峰。

三、泥石流的分类及识别方法

(一)泥石流的分类

依据不同,泥石流的类型也就不同,其主要有以下几种分法。

1. 根据形成的诱发原因来划分

泥石流可分为冰川型、暴雨型、融雪型、暴雨—融雪型、地震型和火山喷发型。

2. 根据物质结构与流态特征来划分

泥石流可分为紊流性(稀性)和层流性(黏性)。

3. 根据地貌形态来划分

泥石流可分为河谷型和山坡型。

4. 根据汇水面积的大小来划分

泥石流可分为大(大于 10 平方千米)、中(1～10 平方千米)、小(小于 1 平方千米)型。

(二)泥石流的识别方法

1. 根据泥、石识别

泥石流的形成,必须有一定量的松散土、石参与。

2. 根据地形地貌识别

只有能够汇集较大水量、保持较高水流速度的沟谷,才能容纳、搬运大量的土、石。

3. 根据水量识别

水为泥石流的形成提供了动力条件。局地性暴雨多发区,泥石流发生频率高。

如果一条沟在泥石、地形地貌、水量三个方面都有利于泥石流的形成,就基本可以判断这条沟是泥石流沟。但如果这三方面的因素有所变化,那么,泥石流发生频率、规模大小、黏稠程度也会随之变化。通常而言,发生过泥石流的沟,以后仍可能再次发生。

四、泥石流与人类经济活动的关系

泥石流与人类经济活动相互作用、相互影响、相互制约。

(一)泥石流对人类经济活动的危害

1. 危害城镇的安全

城镇,尤其是地(市、自治州)级政府驻地和县城是当地的政治、经济、文化中心,交通枢纽和商品流通的集散地,是直接连接和沟通城市与乡村的桥梁。一旦发生泥石流,带来的损失是非常巨大的。

2. 危害工厂、矿山和村庄的安全

泥石流对山区内的工厂、矿山和村庄的危害会很严重。据统计,全国已查明的受泥石流危害的大型矿山多达三十多座。

3. 危害交通安全

山区铁路直接受到泥石流的威胁。全国铁路沿线现有泥石流沟 1 700 多条。

4. 危害水利水电事业

山区水利工程,常遭泥石流冲击或淤塞,轻则减少水利设施的蓄水输水能力,重则造成水利设施失事。

5. 危害农田

山区泥石流毁坏沟谷两岸和沟口的平坦良田，在短期不能复耕。

6. 危害人类生命财产安全

泥石流堆积扇是山区平坦、开阔、水源充足的地方，因此建设了许多镇、县城和火车站及工业企业。所以一旦发生泥石流，其带来的危害不可想象。

(二)泥石流给人类经济活动留下的后患

泥石流危害人类经济活动的后患严重，从长远效应看，主要是使耕地贫瘠化，经济发展滞后化和区域经济贫困化。泥石流直接冲毁和淤埋沟谷两岸和山口外的耕地，使耕地数量减少。耕地表层熟土被大量冲走，导致土壤肥力严重下降。经历了多次以泥石流灾害为主的灾害后，受灾地区的国民经济各部门受害严重，致使其(泥石流活动区)经济发展水平长期滞后于非泥石流活动区。

(三)人类经济活动对泥石流形成条件和活动特征的影响

1. 人类经济活动对泥石流形成的影响是通过改变泥石流形成条件来实现的

(1)人类经济活动——采矿、修路、陡坡耕作和毁林开荒等增加的固相物质促进了泥石流形成。

(2)人类经济活动提供水动力条件，促进泥石流形成。

(3)人类修建水库等时，若设计标准低或施工质量差，都可能造成水坝溃决，为泥石流形成提供水动力条件。

2. 人类经济活动引起泥石流活动范围扩大

人类对山地环境索取过多，导致山地环境退化，使许多非泥石流活动区转化为泥石流活动区。

五、泥石流的基本监测方法、监测点的选择及类型

(一)泥石流的基本监测方法

泥石流监测可以综合山洪和滑坡监测技术，重点是对降雨量进行监测。所以，泥石流的监测系统既应该有区域降雨监测(类似山洪)，也应该建立局部重点区、沟谷的降雨监测点，及形成区域滑坡的位移监测点。此外，泥石流监测报警还可以通过遥测地声警报器、超声波泥位警报器、地震式震动警报器来发出警报。

（二）监测点的选择和类型

监测点的选择主要是对城市和重点集镇、重要工矿企业、重要专业设施或重要农村的安全构成潜在威胁的区域，以及对公路设施和交通设施的安全运行构成潜在威胁的地段。

监测点类型共分一、二、三、四级。一级监测点的保护对象很重要，动态复杂，需要采用专业技术设备进行综合监测。二级监测点的保护对象次重要，动态较复杂，可采用少量专业技术设备进行监测。三级监测点的保护对象的重要程度一般，动态较为简单，可采用监测和群测群防相结合的方法进行监测。四级监测点是比较简易的检测，即以群防为主。

六、泥石流的整治措施

（一）泥石流的应急

（1）接到预报后，要及时对被危害区的居民采取紧急疏散避灾或保护措施，强制迁至安全区。

（2）可建立临时躲避棚，位置要避开沟道凹岸或面积小而低的凸岸及陡峭的山坡下，切忌建在较陡山体的凹坡处。

（3）当前3日及当日的降雨累计达到100毫米时，处于危险区的人员应立即撤离。逃生时，要向沟岸两侧山坡跑，不要顺沟方向向上游或下游跑，也不要停留在凹坡处。

（4）在泥石流发生过程中，对遭受泥石流灾害的人与物应立即进行抢护。同时组织专业抢险队伍，紧急加固或抢修各类临时防护工程，排除险情；并组织人员密切监测泥石流的发展趋势，以便做好相应的防护工作。

（二）泥石流的防治

总的来看，泥石流的主要工程防治措施见表2-1。具体而言，泥石流的防治措施又可分为硬件工程措施和软件工程措施。

表2-1　泥石流的主要工程防治措施

位置	主要措施	工程项目	工程方案	措施作用
形成区	水土保持措施（治水、治土）	蓄水工程 引水工程 截水工程 控制冰雪融化工程 拦坝、谷坊工程 拦墙工程 护坡、护岸工程 削坡工程 潜坝工程	（1）沟坡兼治：平整山坡、整治不良地质现象 （2）加固沟岸修建谷坊（谷坊群）：改善坡面排水，修建坡面排水系统，使水土分家，如修排水沟、引水渠、导流堤、鱼鳞坑及调洪水库等，植树造林，种植草皮	（1）调蓄洪水，避免或减缓洪峰 （2）引、排供水，减缓、控制泄洪量 （3）拦截上方滑坡或水土流失地段径流 （4）人为促使冰雪提前融化，控制避免大量冰雪提前融化，加固或预先铲除冰碛堤 （5）拦蓄泥秒、稳固滑坡、节节拦蓄、减缓沟底坡度 （6）稳固滑坡、崩塌体，拦蓄泥沙 （7）加固边坡、岸坡，增强坡体抗滑抗流能力 （8）降低坡角，削减泥石流侵蚀力 （9）稳固沟床，防止泥石流下切

位置	主要措施	工程项目	工程方案	措施作用
流通区	拦挡措施	储淤场工程 拦泥库工程	修筑各种拦截（坝）：如拦截坝、溢流土坝、混凝土拱坝、石笼坝、编篱坝、格栅坝等，坝的材料要尽量就地取材	(1)拦蓄固体物质，减弱泥石流规模和流量 (2)固定沟床纵坡比降，减小流速，防止沟岸冲刷，减少固体供给量 (3)利用开阔低洼地、平坦谷地，蓄积泥石流
堆积区	排导停淤措施	导流堤工程 顺水坝工程 排导沟工程 导槽工程 明洞工程 改沟工程	(1)修筑导流堤、排导沟、渡槽、急流槽、束流堤、停淤场、拦淤库等	固定沟床，约束水流，改善泥石流流向、流速，调整流路，限制漫流，改善流势，引导流石流安全排泄或沉积于固定位置 (2)排导泥石流，防止泥石流冲淤 (3)调整导流向，排泄泥石流 (4)排泄泥石流，防止泥石流漫溢 (5)在道路上方或下方筑槽排泄泥石流 (6)以明洞形式排泄泥石 (7)将泥石流沟口改至相邻沟道
已建工程区	支挡措施	—	护坡、挡墙、顺坝、丁坝等	抵御消除泥石流对已建工程的冲击、侧蚀、淤埋等危害

1. 硬件工程措施

(1)生物措施

人类在经济活动中应严格按照自然规律办事，有计划、有措施、有组织地通过多种途径保护山地环境。

第一，在城区后山流域的水源区，封山护林育草，涵养水源，以减少暴雨径流，保持水土。

第二，在泥石流形成区，通过营造不同类型的森林，保护、发展灌木林和草本植被，提高地表覆盖率，辅以冲沟沟头防护，沟内建生物谷坊群，坡地改梯地，陡坡地退耕还林，发展水平埝地，打地边埂，修集水沟、排水沟等农业土壤改良措施，建立较为完善的山地农业工程与泥石流生物防御体系。

(2)农业措施

农业措施有退耕还林、等高耕作、滑坡体上水田变旱地、开发利用泥石流堆积扇等。

2. 软件工程措施

泥石流防治的软件工程主要指管理方面：法制、科普知识宣传教育和组织管理机构的有效运行。

(1)法制、科普知识宣传教育

深入开展《中华人民共和国水土保持法》《中华人民共和国森林法》《中华人民共和国环境

保护法》等相关法律宣传教育工作,广泛宣传泥石流的形成、运动过程、危害及防治等减灾防灾知识,着重提高山区居民对泥石流和山地环境及其相互之间关系的认识,增强人们保护山地环境和防治泥石流的自觉性。

(2)建立实施工程项目的组织管理机构

建立实施工程项目的组织管理机构,加强泥石流防治工作的领导。泥石流防治工作要列入泥石流活动区各政府的议事日程。泥石流防治工程涉及许多相关部门,其工程投资多为政府行为,应建立泥石流治理的专门指挥机构,组织多学科的工程技术人员进行勘测设计研究,系统规划治理,有计划有步骤地按规划布局实施。

泥石流防治工程竣工后还应对各项工程进行定期检查,发现损坏要及时采取措施修复。对生物工程还需要建立长期管护制度。此外,还要在对泥石流进行全面调查和建立泥石流信息系统的基础上,制定好泥石流防治规划。

第二节　地面塌陷灾害与防灾减灾措施

塌陷可以被称作是缓慢的"地震",即在自然和人为因素的作用下,地球表面的一些物质,局部失去支撑,重心发生变化,而引起水平表面不规则下落。目前,我国塌陷的城市主要分布在广州、北京、徐州、南京等。地面塌陷灾害造成城市房屋地基失稳,建筑物受到破坏,地下管网受损,交通、供水、供电中断等事故发生,造成重大的人员伤亡和经济损失,所以非常有必要对地面塌陷灾害采取一定的防治措施。

一、地面塌陷的类型及形态特征

(一)地面塌陷的类型

1. 自然塌陷

自然塌陷受地下水动态演变的控制,多发生在旱涝交替强烈的时节。地下水活动是地质灾害形成的重要影响因素。另外,降雨与岩溶地面塌陷也有着很大的关联。降雨后,雨水沿土层下渗,产生对土层的侵蚀运输作用,因此土层裂隙不断扩大直至形成通道。随着降雨的持续,雨水不断下渗并沿此通道对土层继续作用,导致上部土层的自重应力相对增加,下部土层的支撑力不断减弱,直至最终失去平衡,进而形成地面塌陷。

2. 人为塌陷

(1)抽排水塌陷。例如,广东省地面塌陷主要原因就是过度抽取地下水及采矿抽排地下水。

(2)采空区塌陷。采空区塌陷主要指由于煤矿采空区面积大于顶板岩层的最大暴露面积,引起采空区顶板下沉垮塌,进而引发地表开裂以至沉陷。采空区塌陷的分布有一定规律,它明显取决于含煤构造和采煤活动范围,塌陷严重区多为煤矿密集,煤炭开采强度大的地段。我国的塌陷区几乎遍布国土的 2/3,主要采空塌陷在东北、华北、华东、中南、西北和西南地区。煤炭采空区还会诱发地震,加剧地面塌陷的发生和发展。采空区塌陷还可以进一步分类,一般选择最大下沉值、积水率和塌陷面积等三个指标,因此地面塌陷分为三种类型。

第一种类型是轻微塌陷区,其最大下沉值小于 0.5 米,积水率小于 1%,塌陷面积小于 2 平方千米的破坏程度较轻,土地破坏以裂缝裂隙为主。

第二种类型中度塌陷区,其最大下沉值为 0.5~3 米,积水率等于 12%,塌陷面积小于 10 平方千米,多为椭圆形塌陷盆地,外缘具缓台阶状,雨季积水。

第三种类型是严重塌陷区,其最大下沉值大于 3 米,积水率小于 1%,塌陷面积大于 10 平方千米,土地严重积水沼泽化,路面开裂、偏斜,常年积水。

(二)地面塌陷的形态特征

1. 平面形态特征

一般地面塌陷的平面形态基本分为圆、椭圆、长条及不规则形等四类。例如,广东省发生的地面塌陷以圆、椭圆形为主。

2. 地面塌陷剖面形态特征

地面塌陷的剖面形态大致可分为竖井状、蝶状、漏斗状及坛状等四种。剖面形态特征与覆盖层下岩溶发育形态有一定的对应关系,如覆盖层下存在大溶蚀洞穴常常形成较大的塌陷坑;小洞穴多形成较小的塌陷坑。覆盖层较薄的地带塌陷坑剖面多呈竖井及蝶状,覆盖层较厚的地带塌陷坑剖面多呈漏斗、坛状及竖井状等。一般漏斗及蝶状的塌陷多分布于黏性土及砂性土等的覆盖层中。

二、地面塌陷的调查方法

(一)物探方法

物探方法中使用最多的是浅物探和遥感方法。物探方法中使用最多的仪器是高精度的探地雷达、浅层地震反射仪和灵巧的新型静电(磁)触探设备等。近年来,新出现的地质雷达方法(GPR)因其分辨率高,在地面塌陷调查中已经越来越被广泛地应用。

(二)高密度电法

高密度电法是新兴的地球物理勘探技术,属直流电阻率法,其以地下介质导电性差异为物理基础,通过向大地供直流电,采用点阵式布电极,密集采样观测和研究电场的空间分布规律,进而探测地下介质和构造的电性,其反演结果为二维视电阻率断面。该法具有点距小、数据密度大、工作效率高的特点,能较直观、有效、准确地反映地质体电性、断面情形。

三、地面塌陷的危险性评估及防治措施

(一)地面塌陷的危险性评估

对地面塌陷的危险性评估,要根据地面塌陷的分布规律以及影响地面和建筑地基稳定性的因素,包括对断裂构造、岩溶发育程度、土洞、开口溶洞、已知塌陷点分布情况、覆盖层厚度、上覆软弱土层及地下水水动力特征等进行。地面塌陷的危险性评估按照《地面地质灾害危险性评估技术要求(试行)》和《建设用地地质灾害危险性评估技术要求(试行)》执行。

(二)地面塌陷的防治措施

1. 建立一套完整的防治体系

建立一套完整的防治体系即勘察评价—治理—规划建设—监测。进行土地开发利用及城市规划前,必须进行地面塌陷地质灾害勘察,根据勘察资料,进行城市建设总体规划。例如在地面岩溶分布区建设重要建筑物时,必须在选址阶段进行以岩溶塌陷为主的地质灾害危险性评估,同时建立综合岩溶塌陷监测网点,通常由地下水动态监测、孔隙水压力监测、地面沉降与变形监测等组成,并进行长期监测,同时还辅之预警预报系统。

为应付地面塌陷等地质灾害引起的灾难性后果,全国许多城市都启动了地面监测系统。从目前来看,我国一般城市的地面监测主要以人工监测为主。人工监测主要通过较明显、突出的地质变化进行预测。然而,地面沉陷形成过程一般都比较缓慢,需要长期观察地面、建筑物的变形和水点中水量、水态的变化、地下洞穴分布及其发展状况等,掌握地面塌陷的形成发展规律,提早预防、治理。这就需要进行长期、连续的监测。

2. 预防为主,及时治理

对于煤矿采空塌陷的治理,预防地面塌陷的方法是进行顶板管理,采用适当的技术方法减少地表变形值,把危害降到最低,具体方法如下。

(1)顶板为单层开采时,采用条带开采法,结合砂水和煤矸石充填。

(2)顶板为多层开采时,采用抽层开采法,控制煤层开采总厚度,将地表变形控制在地面允许危害程度之下。

对已产生的岩溶塌陷坑洞应及时进行填堵,隔截岩溶水系统中物质迁移通道,具体方法如下。

(1)地面设置反滤层,采用块石、砂砾、黏性土或混凝土等材料,堵塞地表规模较大的岩溶洞穴,防止地表水和降水大量灌入地下冲蚀土体,避免塌陷范围进一步扩大。

(2)通过钻孔高压灌注,用水泥、碎料(砂、矿渣等)和速凝剂(水玻璃、氧化钙)等作为灌浆材料,以强化土层或洞穴充填物、充填岩溶洞隙、隔断地下水流通道和加固建筑地基。

3. 实施居民搬迁工程

(1)对于小矿区或者塌陷范围不大的矿山,必须将受塌陷危害严重的村庄或居民聚集区,搬迁至盆地边缘地势较高处,即可避免塌陷的危害,保证村民生命财产安全。

（2）对于塌陷范围大且危害严重的矿山,尤其是因矿山兴起的城市,长期过度开采留下的大量没有回填的废矿井,在矿区内形成了大面积的采空区和沉陷区,严重威胁到居民的生命财产安全,为此,必须要将严重塌陷区居民搬迁到安全区域。

4. 建立问责机制

对于由人为因素导致的各种地面塌陷事故,造成了巨大的国家经济和人民生命财产损失,相关部门应该负有相当责任。应该常常到基层或现场检查安全,及时排除安全隐患。当出现地面塌陷前兆特征时,及时启动应急机制,通知居民或矿井工作人员迅速撤离,积极进行抢修和治理。

第三节　滑坡灾害与防灾减灾措施

一、滑坡的形态要素

斜坡上的岩土体由于种种原因在重力作用下沿一定软弱面整体向下滑动的现象叫滑坡。滑坡现象常以自己独有的地貌形态与其他类型的坡地地貌相区别。滑坡形态既是滑坡特征的一部分,又是滑坡力学性质在地表的反映。不同的滑坡有不同的形态特征。滑坡的不同发育阶段也有各自的形态特征。通常,一个发育完全的、比较典型的滑坡,在地表显示出一系列滑坡形态特征,这些形态特征成为正确识别和判别滑坡的主要标志(图2-1)。

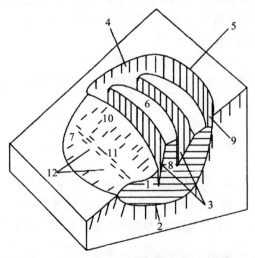

图 2-1　滑坡形态特征

1. 滑坡体；2. 滑动面；3. 滑坡床；4. 滑坡周界；5. 滑坡壁；6. 滑坡台阶；

7. 滑坡舌；8. 拉张裂隙；9. 主裂隙；10. 剪裂隙；11. 鼓张裂隙；12. 扇形裂隙

滑坡体——滑坡发生后,滑动部分和母体完全脱开,这个滑动部分就是滑坡体,也可简称为滑体。通常滑坡体表面土石松动破碎,起伏不平,裂缝纵横,但其内部的层位和结构一般仍保持着,与未滑坡前没有什么变化。滑坡体的体积可大可小,小的为几百至几千立方米,大的可达几百万甚至几千万立方米。

滑动面——滑坡体沿其向下滑动的面称为滑动面,可简称为滑面。此面是滑坡体与下面不动的滑床之间的分界面。大多数滑动面由软弱岩土层层理面或节理面等软弱结构面贯通而成。滑动面一般是光滑的,有时还可看到擦痕。在滑动面以上的岩土破坏比较强烈,受滑动揉皱形成厚度几厘米到几米的结构扰动带。确定滑动面的性质和位置是进行滑坡整治的先决条件和主要依据。

滑坡床和滑坡周界——滑动面以下没有滑动的岩体或土体称滑坡床;平面上滑坡体与周围稳定不动的岩体或土体的分界线称滑坡周界。

滑坡壁——滑坡体后缘与不滑动岩体断开处形成高约数十厘米至数十米的陡壁称滑坡壁,平面上呈弧形,即圈椅状外貌。如果平面上呈圈椅状,坡角多为 35°～80°,则被称为滑坡圈谷。

滑坡台阶——滑坡体各部分下滑速度差异或滑体沿不同滑面多次滑动,在滑坡上部形成阶梯状台面称滑坡台阶,常为积水洼地。

滑坡舌滑坡体前缘形如舌状的凸出部分称滑坡舌。由于受滑床摩擦阻滞,舌部往往隆起形成小丘,被称为滑坡鼓丘。

滑坡裂隙——是在滑坡体及其周界附近有各种裂隙,其中有拉张裂隙、剪切裂隙、鼓张裂隙、扇形裂隙。

拉张裂隙——滑坡体与后缘岩层拉开时,在后壁上部坡面上留下的一些弧形裂隙,若斜坡面出现拉张裂隙,往往是滑坡将要发生的先兆。

主裂隙——沿滑坡壁向下的拉张裂隙最深、最长、最宽,称主裂隙。

剪裂隙——滑坡体与两侧未滑动岩层间的裂隙,常伴有羽毛状裂缝,又称羽毛状裂隙。

鼓张裂隙——其分布在滑坡体的下部,是因滑动受阻而隆起形成的张开裂隙。它们的方向垂直于滑动方向,分布较短,深度也较浅。

扇形裂隙——其主要分布在滑坡体的中前部,尤其滑舌部,呈放射状展布,因滑坡体滑到下部,滑坡舌向两侧扩散而形成张开的裂隙,在中部的与滑动方向接近平行,在滑舌部分则呈辐射状。

二、滑坡的形成条件

滑坡的形成和发展就是在一定的地貌、岩性条件下,由于自然地质或人为因素影响的产物。滑坡发生时,必须具备内部条件和外部条件。在内部条件中,边坡岩土的性质、结构、构造和产状对边坡的稳定性往往起着决定性的作用,但是还需要一定的外部条件作为补充和触发。

(一)滑坡形成的内部条件

1. 岩土的性质

岩土的性质是滑坡产生的物质基础。虽然几乎各个地质时代、各种地层岩性中都有滑坡发生,但滑坡发生的数量与岩性有密切关系,有些岩层中滑坡很多,有些岩层则很少。不同的岩土具有不同的抗剪强度、抗风化和抗水能力。例如,坚硬致密的硬质岩石,抗剪强度与抗风化的能力都比较高,在水的作用下岩性基本没有什么变化,因此,由它们所组成的边坡往往不容易发生滑坡。而在如下一些地层中,滑坡特别发育。

(1)第四系的各种黏性土、黄土及黄土类土,以及各种成因的堆积层(包括崩积、坡积、洪积及人工堆积等)。

(2)第三系、白垩系及侏罗系的砂岩、页岩、泥岩和砂页岩互层,煤系地层。

(3)石炭系的石灰岩和页岩泥岩互层。

(4)泥质岩的变质岩系,如千枚岩、板岩、云母片岩、绿泥石片岩和滑石片岩等,质软或易风化的凝灰岩等。

上述地层中滑坡之所以发育,是由于它们本身岩性较弱,在水和其他外应力作用下,易形成滑动带,这就具备了产生滑坡的基本条件。

2. 地形地貌条件和地质构造

滑坡的充分条件是具备临空面和滑动面,故滑坡多在丘陵、山地和河谷地貌单元内发生,即为地形地貌条件。

地质构造与滑坡的形成和发展的关系主要表现在以下三个方面。

(1)在大的断裂构造带附近,岩体破碎,构成破碎岩层滑坡的滑体,所以沿断裂破碎带往往滑坡成群分布。

(2)各种构造结构面,控制了滑动面的空间位置及滑坡的范围。

(3)地质构造决定了滑坡区地下水的类型、分布、状态和运动规律,从而不同程度地影响着滑坡的产生和发展。

3. 边坡外形

边坡的存在,边坡前缘临空,是滑坡产生的先决条件。边坡越陡、高度越大以及当斜坡中上部突起而下部凹进、且坡脚无抗滑地形时,其稳定性就越差,越易发生滑动。山区河流的冲刷、沟谷的深切以及不合理切坡都能形成高陡的临空面,为滑坡的发育提供了良好条件。

显然,边坡的内部因素对其稳定性起着决定性的作用。当然,仅满足内部条件还不至于发生滑坡,需要具备一定的外部因素才能使滑坡发生。

(二)滑坡形成的外部条件

滑坡形成主要与诱发滑坡的各种外界因素有关,如降雨、地震、冻融、海啸、风暴潮及人类活动等。

1. 水的作用

不管水的来源如何,一旦水进入斜坡岩(土)体内,它将增加岩土的重度和软化作用,降低岩土的抗剪强度,产生静水压力和动水压力,冲刷或潜蚀坡脚,对不透水层上的上覆岩(土)层起滑润作用。此外,水进入边坡岩(土)体内不仅增加了岩土的重量,而且使岩土软化、抗剪强度降低,促使岩土体加速风化。调查表明,90%以上的滑坡与水的作用有关。

2. 外部扰动

振动对滑坡的发生和发展也有一定的影响,如大地震或火山爆发时往往伴有大滑坡发生。

3. 人为因素

人类活动也诱发滑坡的发生。

(1)由于不合理的开挖坡脚,斜坡的支撑被破坏。

(2)在斜坡上方任意堆填岩土、建造房屋或堆置废料增加了荷载,改变了坡体的外形和应力状态,相对减小了斜坡的支撑力,从而引起滑坡。铁路、公路沿线遇到的大型古、老滑坡,常在工程修建时复活。

(3)人为地破坏表层覆盖物,引起地表水下渗作用的增强,或破坏自然排水系统,或排水设备布置不当,泄水断面大小不合理而引起排水不畅,漫溢乱流,使坡体含水量增加。

(4)引水灌溉或排水管道漏水将会使水渗入斜坡内,都会破坏原来边坡的稳定性诱发滑动发生。

(5)振动作用(人工大爆破)能使岩土破碎松散,强度降低,也有利于滑坡的产生。

三、滑坡的分类

对滑坡分类,目的在于对滑坡的各种地质环境、现象和特征,以及产生滑坡的各种因素进行总结,以指导勘察工作,评价产生滑坡的可能性以及制定相应的防滑措施。滑坡分类依据各异,其分类的方法很多。下列为几种常见的分类方法。

(一)按照强度或规模分类

按滑坡体积的大小,将滑坡强度或规模分为四级,如表2-2所示。[①]

表2-2　滑坡分级表

强度或规模	滑坡体积($1×10^4$立方米)	死亡人数(人)	直接经济损失(万元)
巨型	>1 000	>100	>100
大型	100~1 000	10~100	10~100
中型	10~100	1~9	<10
小型	<10	0	0

---

① 马东辉:《安全与防灾减灾》,北京:中国建筑工业出版社,2009年,第76页。

(二)按照滑动力学性质分类

1. 牵引式滑坡

这种滑坡先在斜坡下部发生滑动,然后逐渐向上扩展,引起由下而上的滑动。这主要是由于坡脚任意挖方(如受河流冲刷或人工开挖)造成的。该类滑坡的特点是一般滑动速度较慢,多呈阶梯状或陡坎状地貌。

2. 平移式滑坡

这种滑坡滑动面一般较为平缓,始滑部位分布于滑动面的许多点,这些点同时滑移,然后逐渐发展连接起来。

3. 推移式滑坡

这种滑坡又称推落式滑坡,主要是由于斜坡上部不恰当的加载(如造建筑物、弃土等)引起上部失稳开始滑动而推动下部滑动。该类滑坡的特点是一般滑动速度较快,多呈楔形环谷外貌,滑体表面起伏不平。

4. 混合式滑坡

这种滑坡是始滑部位上、下结合,共同作用。混合式滑坡比较常见。

(三)按照组成滑坡的主要物质成分分类

1. 堆积层滑坡

这些堆积层包括残积、坡积、洪积等成因,常由崩塌、坍方、滑坡或泥石流等所形成。滑动时,或沿下伏基岩的层面滑动,或沿土体内不同年代或不同类型的层面滑动,以及堆积层本身的松散层面滑动。滑坡体厚度一般从几米到几十米。

2. 黏土滑坡

即发生在平原或较平坦的丘陵地区的黏土层中的滑坡。这些黏土多具有网状裂隙。除在黏土层内滑动外,常沿下伏基岩或其他上层层面滑动。一般以浅层滑坡居多,但有时滑坡体的厚度也可达十几米。

3. 岩层滑坡

即各种岩层的滑坡。较常见的有由砂、页岩组成的岩层、片状的岩层(如片岩、千枚岩等)、泥灰岩等岩层。它们以顺层滑坡最为多见,滑动面是层面或软弱结构面,在河谷地段较为常见。

4. 黄土滑坡

黄土滑坡大多发生在不同时期的黄土层中,常见于高阶地前缘斜坡上,多群集出现。大部分深、中层滑坡在滑动时变形急剧,速度快,规模和动能大,破坏力强,具有崩塌性,危害较大。

(四)按照滑动面通过各岩(土)层的情况分类

1.均匀土滑坡

这类滑坡多发生在均匀土或风化强烈的且没有明显层理的岩体中,也称无层滑坡,或均质滑坡。滑坡体滑动时不受层面的控制,而是取决于斜坡的应力状态和岩土的抗剪强度的相互关系。滑动面近于圆弧形(图2-2)。

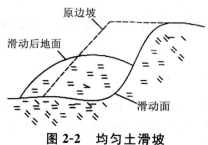

图 2-2　均匀土滑坡

2.顺层滑坡

这类滑坡是沿着斜坡岩层面或软弱结构面发生滑动,特别当松散土层与基岩的接触面的倾向与斜坡的坡面一致时更为常见。高陡坡上岩层的顺层滑坡往往滑动很快,其滑动面形态视岩层面的情况而定,或者平直,或者圆弧状,或者折线状。顺层滑坡在自然界分布较广,而且规模也较大(图2-3)。

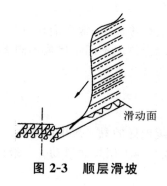

图 2-3　顺层滑坡

3.切层滑坡

这类滑坡的滑动面切割了不同岩层,并形成滑坡台阶,多发生在沿倾向坡外的一组或两组节理面形成贯通滑动面的滑坡(图2-4)。破碎的风化岩层中所发生的切层滑坡常与崩塌类似。

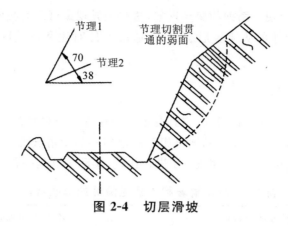

图 2-4　切层滑坡

（五）按照滑坡形成的时代分类

由于大量自然滑坡的发育与河流侵蚀期紧密相关,根据滑坡发生的时代,可将滑坡分为新滑坡、老滑坡、古滑坡、始滑坡几类(表 2-3)。

表 2-3　按照滑坡形成时代对滑坡的分类

类型	内容
新滑坡	发生于河漫滩时期,具有现代活动性,目前不稳定。滑坡形态特征完备
老滑坡	发生在河漫滩时期,目前不活动,暂时稳定。滑坡形态特征基本完备,但有局部改造
古滑坡	发生在河流阶地侵蚀时期或稍后,滑坡出口高程与河流阶地的侵蚀基准面相当,或滑坡体掩覆在阶地堆积之上,或后期的阶地堆积掩叠在滑坡体之上、之前,目前稳定,不易复活。滑坡形态特征受到严重改造,但尚依稀可辨
始滑坡	发生在当地现今水系形成之前,或以夷平面相关划分,或以上、下界限地层时代划分。无法找到滑坡与当前水系的相关关系,仅能根据滑坡堆积物特征及其与夷平面或老地层的叠置关系予以判定。目前极稳定,不会复发。一般已不再保存明显的滑坡形态特征,但在地层叠置、层序上和地层变位、松动等方面有明显反应,常形成反常层次和反常构造现象

此外,还可以按照滑坡体的滑动形式分为转动式滑坡、平移式滑坡;按照滑动历史分为首次滑坡、再次滑坡。

四、滑坡稳定性的识别

滑坡的识别是研究滑坡的基础性工作,在此基础上才能探讨形成机制并提出合理的整治措施。一般来讲,正在活动的或者发生不久的滑坡,其形态要素清晰,很容易识别,老滑坡因受到后期强烈改造难于识别,有时常将重要建筑物误建在其上而造成生命财产的损失。因此,治理滑坡首先一定要采用各种方法和手段来查明它。实际滑坡调查工作,主要由遥感、地面地质测绘和勘探试验方法来进行。

斜坡滑动之后,会出现一系列的变异现象,这些变异现象可以为我们识别滑坡提供依据和标志。滑坡稳定性在野外可从地貌形态比较、地质条件对比和影响因素变化分析等方面来判断。

(一)地貌形态比较

滑坡是斜坡地貌演变的一种形式,它具有独特的地貌特征和发育过程,在不同的发育阶段有不同的外貌形态。因此可以总结归纳出相对稳定和不稳定滑坡的地貌特征,作为判断滑坡稳定性的参考。在实践中,一般参照表2-4进行比较,实际上这是一种工程类比法。

表2-4 稳定滑坡和不稳定滑坡的形态特征[①]

相对稳定的滑坡地貌特征	不稳定的滑坡地貌特征
(1)滑坡后壁较高,长满了树木,找不到撑痕和裂缝	(1)滑坡后壁高、陡,未长树木,又能找到撑痕和裂缝
(2)滑坡台阶宽大且已夷平,土体密实,无陷落不均现象	(2)滑坡台阶尚保存台坎,土体松散,地表右裂缝,且沉陷不均匀
(3)滑坡前缘的斜坡较缓,长满草木,无松散坍塌现象	(3)滑坡前缘的斜坡较陡,土体松散,未长草木,并不断产生少量坍塌
(4)滑坡两侧的自然沟谷切割很深,谷底基岩出露	(4)滑坡两侧是新生的沟谷,切割较浅,沟底多为松散堆积物
(5)滑坡体较干燥,地表一般没有泉水或湿地,滑坡舌泉水清澈	(5)滑坡体湿度很大,地面泉水或湿地较多,舌部泉水流量不稳定
(6)滑坡前缘舌部有河水冲刷的痕迹,舌部细碎土石已被河水冲走,残留有一些较大的孤石	(6)滑坡前缘正处在河水冲刷下

除了工程类比法外,还有图解法和边坡稳定的数值分析方法。

图解法包括赤平极射投影、实体比例投影与摩擦圆等方法。图解法用于岩质边坡的稳定分析,可快速、直观地分辨出控制边坡的主要和次要结构面,确定出边坡结构的稳定类型,确定不稳定块体的形状、规模及滑动方向。对用图解法判断为不稳定的边坡,需要进一步计算加以验证。

边坡稳定的数值分析方法以常用的有限元法和极限平衡法为例说明边坡稳定的数值分析方法。

(二)地质条件对比

在已发现的滑坡体上,仔细考察地层岩性、岩层产状、岩层成层情况及其完整性,如地质构造有无断层和不整合面,有无软弱夹层及片理或节理面。

同时,注意位于斜坡上的台阶、裂缝、泉水和湿地分布及含水层变化的情况,并将这些情况综合起来,与其他稳定的和不稳定的滑坡进行分析比较,从中得出结论。

---

① 马东辉:《安全与防灾减灾》,北京:中国建筑工业出版社,2009年,第79页。

（三）影响因素变化的分析

斜坡发生滑动后，如果形成滑坡的不稳定因素并未消除，则在转入相对稳定的同时，又会开始不稳定因素的积累，并导致发生新的滑动。只有当不稳定因素消除，滑坡才能由于稳定因素的逐渐积累而趋于长期稳定。

五、滑坡的监测与预报

滑坡的监测与预报是减轻和防止滑坡灾害的关键。

（一）滑坡的监测

滑坡的监测是指通过对滑坡的动态观测，判断滑坡发展发育阶段，并进行灾害预报。滑坡的动态观测包括滑坡位移观测和滑坡水文地质观测，其中以滑坡位移观测为主。滑坡位移观测通过对滑坡发育的不同阶段的位移进行分析，编制滑坡水平位移矢量图及累计水平位移矢量图，随时掌握滑坡的发展趋势。位移观测主要通过布桩或埋置测斜管等来观测，其内容包括滑坡体整体变形和开裂变形。通过对滑坡的动态观察，应进行滑坡的危险性评估，划分危险等级，以供滑坡预防与治理工程使用。

（二）滑坡的预报

大多数滑坡是在暴雨、大暴雨或较长时间连续降雨过程中或稍后发生的。当有不良气象条件，尤其是遭遇大暴雨或长期阴雨天气时，对危险等级高的地区除加强滑坡观测外，还应加强滑坡的预报。

六、滑坡的整治原则与措施

（一）滑坡的整治原则

1. 查明情况，对症下药

查清工程地质条件，了解影响斜坡稳定性的因素，查清斜坡变形破坏地段的工程地质条件，在此基础上才能对症下药，为采取相应的整治措施提供依据。

2. 分清主次，综合整治

分析影响斜坡稳定的主要及次要因素，并有针对性地选择相应的防治措施。对于大型滑坡或滑坡带形成滑坡的因素是多方面的，应进行综合防治。

3. 及时发现，及时整治

在勘察研究的基础上，对一些不稳定的斜坡，必须及时采取措施消除其不利因素，以防止发生变形。对已经发生滑坡、暂时稳定的斜坡,应及时采取必要的措施使其不再继续恶化,提高斜坡的稳定性。

4. 彻底根治,以绝后患

对于直接威胁人民生命财产和重要工程安全的滑坡,原则上要彻底根治,以绝后患,避免滑坡反复或重复治理而造成的巨大浪费。

5. 安全经济,因地制宜

斜坡失稳后果严重的重大工程,势必要提高安全系数。对于一般工程和临时工程,可采取较简易的防治措施。同时,防治措施要因地制宜。

(二)滑坡的整治措施

1. 避开滑坡

通过搜集资料、调查访问和现场踏勘,查明工作区是否有滑坡存在,并对场址的整体稳定性作出判断,对场址有直接危害的大中型滑坡应避开为宜。如果确实无法避开的,可采取修筑明硐、御塌棚、内移做隧和外移做桥等防御绕避工程。

2. 消除或减轻水的危害

(1)排除地表水

排除地表水是最先采取并长期运用的措施。其目的在于拦截、旁引滑坡外的地表水,避免地表水流入滑坡区(图 2-5)。

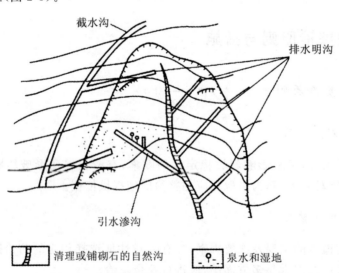

图 2-5 树枝状排水系统平面布置示意图

排除地表水常采用的主要工程措施有以下几种。

第一,在滑坡体外(5 米以外)修建一条或数条环形截水沟,用以拦截普遍引自斜坡上部流向斜坡的水流,通常沟深和沟底宽度都不小于0.6米。

第二,在滑坡体上修建排水沟和引泉工程,布置成树枝状排水系统,使水流得以汇集旁引。

第三,在地表条件许可的情况下,在滑坡边缘还可修筑明沟,直接向滑坡两侧稳定地段排水。

第四,如果滑坡体内有湿地和泉水露头,则需修筑渗沟与明沟相配合的引水工程。

第五,在地表水下渗为滑坡主要原因的地段,还可修筑不同的隔渗工程。例如,对于表土松散易渗的土体,就可以用黏土填塞滑坡体上的裂隙和填平坑洼,平整夯实,以防地表水渗入。

第六,在滑坡地区进行绿化,尤其是种植阔叶树木,也是配合地表排水、促使滑坡稳定的一项有效措施。

第七,在滑坡上游严重冲刷地段修筑丁坝,改变水流流向和在滑坡前缘抛石、铺石笼等,以防地表水对滑坡坡面的冲刷或河水对滑坡坡脚的冲刷。

(2)排除地下水

对于地下水,采取可疏不可堵的措施。地下排水系统包括截水盲沟、支撑盲沟、盲洞、仰斜钻孔、渗管、渗井、灌浆阻水、垂直钻孔以及砂井与平孔相结合、渗井与盲洞相结合等工程设施。其中的深盲沟和盲洞较少采用,这里重点介绍截水盲沟和支撑盲沟,二者主要排泄浅层地下水。

①截水盲沟

截水盲沟设置于滑坡可能发展范围5米以外的稳定地段,与地下水流向垂直,一般作环状或折线形布置,目的在于拦截和旁引滑坡范围以外的地下水。这种盲沟由集水和排水两部分组成,断面尺寸由施工条件决定,沟底宽度一般不小于1米。盲沟的基底要埋入补给滑动带水的最低一层含水层之下的不透水层内,沟顶铺设隔渗层(图2-6)。

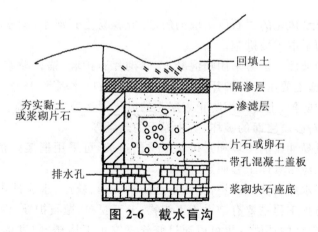

图2-6　截水盲沟

②支撑盲沟

支撑盲沟是一种兼具排水和支撑作用的工程设施,低于滑动面埋藏不深。滑坡体有大量积水,或地下水分布层次较多、难于在上部截除的滑坡,可考虑采用修建盲沟的办法来进行治理。支撑盲沟布置在平行于滑坡滑动方向有地下水露头处,从滑坡脚部向上修筑,平面上呈"Y"形或"I"形(图2-7)。有时在上部分岔成支沟,支沟方向与滑动方向成30°~45°交角。支撑盲沟的宽度根据抗滑需要、沟深和便于施工的原则来确定。如果滑坡推力较大,可采用支撑盲沟与抗滑挡墙结合的结构形式。

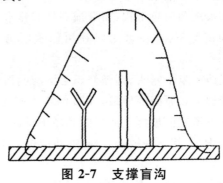

图 2-7　支撑盲沟

3. 改变滑坡体外形、修筑支挡工程

（1）削坡减重

削坡减重常用于治理处于"头重脚轻"状态而在前方又没有可靠抗滑地段的滑体，使滑体外形改善、重心降低，降低坡体的下滑力，以提高滑体的稳定性。常用的工程措施是：将较陡的边坡减缓，或者将滑坡体后缘的岩土体削去一部分，或者拆除坡顶处的房屋和搬走重物等。

减重常用于滑面不深、上陡下缓、滑坡后壁及两侧有岩层外露或土体稳定不可能继续向上发展的滑坡。在对滑坡体做减重处理时，必须切实注意施工方法，尽量做到先上后下、先高后低，均匀减重，以防止挖土不均匀而造成滑坡的分解和恶化。对于减重后的坡面要进行平整，及时做好排水和防渗。需要说明的是，用减重的方法治理滑坡并不适用于所有滑坡。对于牵引式滑坡或滑动带具有卸载膨胀性的滑坡就不宜使用该法。

（2）斜坡护坡

对于风化强烈或易风化的岩石所组成的斜坡，或者易受到河水、湖水、水库水或海水等波浪冲蚀的斜坡都必须采取护坡措施。

对于岩石边坡的坡面防护常采用喷混凝土、浆砌片石护墙、锚杆喷浆护坡、挂网喷浆护坡等护面工程，这些措施主要用于防护开挖边坡坡面的岩石风化剥落、碎落及落石掉块等现象。

对于土质斜坡的防护，主要采用防止表层土的风化剥落等工程措施。例如，采用植树种草的办法，可防止风沙对砂质路面的破坏、防止冻土的热融等。

对于坡度较陡且易冲刷的土坡和强风化严重的边坡，可采用框架内植草护坡的措施。至于框架的大小和形状应由具体工程而定。

对于江河湖海和水库斜坡的防护，应该重点防御凹岸、软岸、水流冲击面或局部有冲刷的地方。采取的直接防护工程主要有铺设土工织物、土工膜布、抛石护坡、做片石护锥等，以降低波浪、水流对路基和斜坡的冲刷。也可以通过修建三维土工格栅、防洪堤、丁坝、导流渠、透水格栅和防水林等间接防护工程，改变边坡受威胁地段的水流流向。

（3）修筑支挡工程

设置支挡结构以支挡滑体或把滑体锚固定在稳定地层上，常采用抗滑土垛、抗滑片石垛、抗滑挡墙、抗滑桩、锚固等工程措施。

①抗滑土垛

抗滑土垛是在滑坡下部填土以增加抗滑部分重量以达到增加斜坡的稳定性之目的的工程

措施。

②抗滑片石垛

抗滑片石垛主要是依靠片石垛的重量,以增加抗滑力的一种措施。抗滑片石垛一般用于滑体不大、自然坡度平缓、滑动面位于路基附近或坡脚下部较浅处的滑坡,也就是说,抗滑片石垛只适用于中小型滑坡。片石垛的基础必须埋置于可能形成的滑面以下 0.5～1.0 米处,一般都用浆砌片石或混凝土做成厚约 0.5 米的整体基础。码砌石块时,必须平行于基底分层砌筑,石块间尽可能相互咬紧,为了保证片石垛具有良好的透水性能,在垛后需要置放砂砾滤层。

③抗滑挡墙

抗滑挡墙是在滑坡下部修建抗滑挡土墙的工程措施。它适用于治理因河流冲刷或因人为切割支撑部分而产生的中、小型滑坡,但不适宜治理滑床比较松软、滑面容易向下或向上发展的滑坡。抗滑挡墙,一般多设置于滑坡的前缘,基础埋入完整稳定的岩层或土层中一定深度。挡墙背后应设置顺墙的渗沟以排除墙后的地下水,同时在墙上还应设置泄水孔,以防止墙后积水泡软基础。

④抗滑桩

抗滑桩是一种用桩的支撑作用稳定滑坡的有效抗滑措施,一般适用于非塑性土、浅层和中厚层滑坡前缘。抗滑桩应设置在滑体中下部,滑动面接近于水平,而且也是滑动层较厚的部位。一定要保证桩身有足够的强度和锚固深度,桩高和桩间距离都要适当。

⑤锚固

锚固是利用穿过软弱结构面、深入至完整岩体内一定深度的钻孔,插入钢筋、钢棒、钢索、预应力钢筋及回填混凝土,借以提高岩体的摩擦阻力、整体性与抗剪强度的一种工程措施。锚固包括锚杆喷射混凝土联合支护、锚杆和预应力锚索等。

锚杆喷射混凝土联合支护(简称锚喷结构或锚喷支护)是喷射混凝土与锚杆相结合的一种支护结构(图 2-8)。

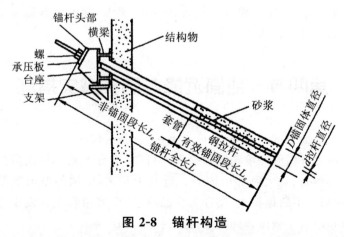

图 2-8　锚杆构造

锚杆是指钻凿岩孔,然后在岩孔中灌入水泥砂浆并插入一根钢筋,当砂浆凝结硬化后钢筋便锚固定在围岩中,借助于这种锚固在围岩中的钢筋能有效地控制围岩或浅部岩体变形,防止其滑动和坍塌。对一些顺层滑坡,因坡脚开挖路堑或半路堑可能牵引斜坡上部产生多级滑塌,事先可采用锚杆加固来阻止斜坡岩层产生滑动。

预应力锚索是由钻孔穿过软弱岩层或滑动面,把一端(锚杆)锚固在坚硬的岩层中(称内锚头),然后在另一个自由端(称外锚头)进行张拉,从而对岩层施加压力,对不稳定岩体进行锚固的工程措施,简称锚索。

4.改善滑动带土石性质

改善滑动带土石性质就是通过土质改良,增强滑动面岩土的物理力学性质,改善滑体内土体的结构,从而达到增加坡体强度、加大抗滑能力和减轻下滑的目的。采取的措施主要有爆破灌浆法、焙烧法、电渗排水等。

(1)爆破灌浆法

爆破灌浆法是一种用炸药爆破破坏滑动面,随之把浆液灌入滑带中以置换滑带水并固结在滑带上,从而达到使滑坡稳定的一种治理方法。目前这种方法仅用于小型滑坡。例如在我国黄土区的一些滑坡,曾用石灰、水泥和黏土浆液压注裂缝的方法来加固滑带土的方法就属于爆破灌浆法。

(2)焙烧法

焙烧法是利用导洞焙烧滑坡脚部的滑动带土,使之形成地下"挡墙"而稳定滑坡的一种措施。利用焙烧法可以治理一些土质滑坡。用煤焙烧砂黏土时,当烧土达到一定温度后,砂黏土会变成象砖块一样,具有相当高的抗剪强度和防水性,同时地下水也可从被烧的土裂缝中流入坑道而排出。焙烧程度应以塑性消失和在水的作用下不致膨胀和泡软为准。

(3)电渗排水

电渗排水是利用电场作用而把地下水排除,达到稳定滑坡的一种方法。这种方法最适用于粒径0.005~0.05毫米的粉质土的排水,因为粉土中所含的黏土颗粒在脱水情况下就会变硬。

需要说明的是,运用物理化学方法改善滑带土石性质借以提高滑坡稳定性的治理方法,目前尚处于试验阶段,在滑坡治理中并未被广泛采用。在实际工作中,排水、支挡还是整治滑坡的两项主要措施。实际上,由于滑坡成因复杂、影响因素多,因此常常需要上述几种方法同时使用、综合治理,整治滑坡的目的才可能达到。

第四节　地面沉降与防灾减灾措施

地面沉降又称为地面下沉或地陷,从广义上讲,它是区域性地面高程下降的一种环境地质变化,也是永久性、不可补偿的环境和资源损失。目前,世界上发生地面沉降比较严重的国家主要有美国、日本、墨西哥、意大利和中国等。近几十年来,中国的城市地面沉降现象日趋严重,沉降城市及面积都在不断地扩大,迄今为止已有96个城市和地区发生过不同程度的地面沉降,在天津、上海和西安等城市该问题显得尤为突出和严重。

一、地面沉降的成因

地面沉降是有渐进性和累积性的,属于地质环境恶化型地质灾害,往往有一个量变的累计过程,环境恶化到一定程度而形成灾害。

(一)地面沉降的成因机制

在孔隙承压含水层中,抽取地下水引起承压水位降低,必然要使含水层本身及其上、下相对隔水层中的孔隙水压力随之减小。由于透水性能的显著差异,孔隙水压力减小、有效应力增大的过程在砂层和黏土层中是截然不同的。

(1)在砂层中,随着承压水头降低和多余水分的排出,有效应力迅速增至与承压水位降低后的水压相平衡的程度,所以砂层压密是"瞬间"完成的。

(2)在黏性土层中,压密过程进行得十分缓慢,往往需要几个月、几年甚至几十年的时间。

(二)地面沉降形成的因素

1. 产生地面沉降的物质基础

地面沉降形成的主要原因是抽取地下流体引起土层压缩,而厚层松散细粒土层的存在构成了地面沉降的物质基础。易于发生地面沉降的地质结构为砂层、黏土层的松散土层结构。

2. 全球海平面上升

气候变暖导致中国沿海城市地区大都面临着海平面上升问题,而海平面的上升也会导致地面下降。近几年来,全球海平面上升了10～20厘米,并且未来还要加速上升。

3. 过量抽取地下流体

根据相关资料,国内外城市出现地面沉降,其首位的原因就是长期过量抽取地下流体,如地下淡水、石油、天然气等。我国存在地面沉降突出问题的城市主要是北京、上海和天津等。它们是我国经济建设的前沿阵地,拥有众多大型工业企业,人口众多,对地下水的需求很大。

4. 建筑施工造成的局部沉降

相对于抽取地下流体引起的地面下沉而言,城市建设造成的地面沉降是局部的,有时是不可逆转的。城市建设施工造成局部地面沉降主要是以高层建筑基础工程为代表,如基坑开挖、降排水、沉桩等。造成沉降明显的工程有开挖、降排水、盾构掘进、沉桩等。众多高层建筑的重量施加到底层上势必引发地面沉降,这个现象在上海表现得较为突出。

二、地面沉降的危害及其特点

(一)地面沉降的危害

地面沉降已影响到城市建设的布局与规划,对城市建设和基础设施已造成一定程度的危害,工厂、居民区楼房墙壁开裂、地基下沉、地下管道工程遭到损坏,同时导致一些建筑物的抗震能力降低和大量测量水准点失准,对城市经济和社会的发展、人民财产安全产生较大影响。

其引起的灾害主要有以下几个方面。

1. 对市政管线、建筑物造成破坏和影响

(1)地面沉降会引起自来水管线和燃气管线破损。例如,从2000年初到2006年3月,北京市自来水供水管线破损事故共发生6 048起,其中由于地基下沉造成的有2 073处,占总事故量的34.28%。

(2)地面沉降对CBD地区建设安全存在潜在危害。据相关资料显示,北京市CBD在1955～2005年累计沉降量达到300～500毫米。

(3)对轨道工程安全构成潜在威胁。

(4)对部分规划新区建设存在安全隐患。

2. 形成地裂缝

地裂缝频发危及城乡安全。地面沉降和地裂缝在成因上有的一定联系,地裂缝是地面沉降的灾变,地面不均匀沉降诱发地裂缝,如果二者相伴出现或叠加,其危害性更大。地裂缝的主要危害是造成房屋开裂,破坏地面设施、城市地下管道等生命线工程,造成农田漏水。西安、太原、大同均有10条上下不等的裂缝,长度在15.5千米到72千米之间。

3. 对地下建筑物、设施带来不良影响

地面沉降还会造成地下建筑物开裂、渗水和地下管道(如地下煤气管道、供水管道和排水管道)扭曲断裂等,可能造成煤气爆炸、输水管损坏和排水管排水功能降低,甚至引起污水溢出造成地下水水质污染等,严重影响城市安全。另外,许多机井因地面沉降,井管较地面相对上升,泵房地面及墙体开裂,造成泵房破坏,严重地影响抽水。最终不得不对其进行翻修或重建,也因此蒙受了很大的经济损失。

4. 造成地面水准点、地面标高失准

地面水准点和标高是城市测绘、城市规划建设等的重要基准和依据。由于地面沉降使地面水准点失效,地面高程资料失真,容易使城市规划建设、城市土地利用混乱。有时还会影响其他领域的工作,如使河流水位、海洋潮位、地形高程失真。

5. 影响建筑物抗震能力

由于地面不均匀沉降,造成建筑物地基下沉,导致建筑物开裂、漏雨、倾斜,甚至倒塌,建筑物的稳固性、整体性受损,若遇地震会加重其危害程度。

6. 加剧洪涝灾害

地面沉降导致地面高程损失,影响临近海域的城市防汛安全,城市防洪、泄洪能力下降,导致海水上岸海河泄洪能力降低,如遇较大洪水和海水侵袭和风暴潮灾害,有淹没市区的危险。例如,上海在1921～2006年间地面沉降量达1.966米,目前中心城区地面高程在3.5米左右,普遍低于黄浦江高潮位,城市面临长期的防汛压力。在水利工程方面,天津市最突出的问题就是河道堤防(包括防潮堤)标高的降低,严重影响防汛工作。

此外,地面沉降也会造成河道纵坡降变形(沉降不均),河道防洪排涝能力降低,影响南水北调等引水工程安全;桥下净空变小影响泄洪和航运,给码头运输带来困难。

7. 造成海潮泛滥及海水入侵地下水,引起一系列环境问题

地面沉降会导致海堤的沉降,使海堤失去其应有的作用,造成海水泛滥,从而入侵地下水体,使得浅层地下水位相对变浅,从而引起一系列环境问题。

(1)市区建筑物地基承载力下降,造成建筑物地基破坏。
(2)加快混凝土及金属管线的腐蚀,基础侵蚀增强。
(3)降低交通干线路基的强度,缩短了使用寿命。
(4)影响城市绿化,造成树木成活率低下。
(5)加大城市建设成本。
(6)滨海平原潜水位抬高,加重土壤的次生盐渍化、沼泽化、土地盐碱化。
(7)沿海地区,地下水位下降,海水倒灌,造成饮用水污染,工农业生产用水紧张。

8. 影响交通运输业发展及运营安全

地面沉降造成道路高低不平,给公路、铁路运输增加了许多不安全因素,有时甚至使公路、铁路改线,对地面要求较高的机场一旦出现地面不均匀下降,其危险性是相当大的。地面不均匀沉降会导致轨道异常位移或基础破坏等现象,严重影响轨道交通的安全运行。

(二)地面沉降的危害特点

1. 发展缓慢,难以觉察

地面沉降一般是在地壳长期变形过程中缓慢形成的,如果不进行长期的定点地面监测,人们是感觉或观察不到的。随着时间的推移和地形变化积累,地面不均匀沉降或者地裂缝就会突显出来。

2. 地面沉降一旦发生,造成的后果将非常严重

即使采取了有效措施,并根除了沉降原因,也仅能控制住地面沉降的进一步发展,几乎不可能完全复原。

3. 规模大、影响范围广、经济损失严重

沉降范围一般从几平方千米到几千平方千米,一旦出现了区域性地面沉降与地裂缝等地质灾害,其造成的经济损失是巨大的,甚至是不可估量的。

三、地面沉降的地质环境模式

按发生地面沉降的地质环境可分为现代冲积平原模式、三角洲平原模式、断陷盆地模式

三种。

(一)现代冲积平原模式

现代冲积平原模式主要发育在河流中下游地区现代地壳沉降带中。因河床迁移频率高，所以沉积物多为多旋回的河床沉积物。一般来说，这些沉积物为多层交错的叠置结构，平面分布呈条带状或树枝状，侧向连续性较差，不同层序的细粒土层相互衔接包围在砂体的上下及两侧。我国东部许多河流冲积平原的地面沉降多发生在此种地质环境中。

(二)三角洲平原模式

三角洲平原模式分布在河流冲积平原与滨海大陆架的过渡带，即现代冲积三角洲平原地区。河口地带接受陆相和海相两种沉积物沉积，其沉积结构具有陆源碎屑物(以含有机黏土的中细砂为主)和海相黏土交错叠置的特征。我国长江三角洲发生的地面沉降多发生在此种环境中。

(三)断陷盆地模式

断陷盆地模式又可分为近海式和内陆式两类。近海式断陷盆地位于滨海地区，常受到近期海浸的影响，其沉积结构具有海陆交互相地层特征，如我国宁波等。内陆式断陷盆地位于内陆近代断陷盆地中，其沉积物源于盆地周围陆相沉积物，如西安、大同的地面沉降发生在此种环境中。

四、地面沉降的控制和治理

地面沉降的控制与治理，实质上是寻求控制或避免地面沉降灾害的有效办法和措施的过程。一般需要做好以下工作。

(一)地面沉降的监测

地面沉降防治的基本原则是监测。长期开展地面沉降调查与监测，随时掌握其发展变化，是控制地面沉降灾害的必要和重要条件。

1. 地面沉降的监测方法

(1)对研究区的水准测量点定期进行测量。

(2)对含水层地下水开采量(含回灌量)和地下水位进行长期监测。

(3)进行室内试验和野外试验。包括常规试验、微观结构研究、高压固结、三轴剪切、长期流变、孔隙水压力消散、室内模型试验等。野外试验主要有抽水试验、井灌试验和静力触探等。

(4)设立沉降标、孔隙水压力标和基岩标以深入了解各土层和含水层的变形规律及地下水位动态变化规律。

(5)对地裂缝的监测可采用音频大地电场仪对地形、地质构造、复杂又有覆盖层的基岩山区进行勘测，确定地裂缝的深度及其延伸情况。还可采用裂缝位移监测这种常规的方法，即在地表裂缝两侧定点监测位移变化情况。另外,也可采用浅层高分辨纵波反射法。

2. 地面沉降的监测技术

(1)水准测量

水准测量即对研究区的水准测量点定期进行测量。其具有测量精度高、成果可靠、操作简便、仪器设备价格便宜、较易推广等特点。但该方法作业的效率低、劳动强度大,不能进行自动化观测。

(2)三角高程测量

三角高程测量通过观测两点间的水平距离和天顶距(或高度角)测定两点间高差,是一种间接测高法。该观测方法简单,受地形条件限制小,施测速度快,但大气折光会影响高程测量的精度。

(3)数字摄影测量

数字摄影测量即利用摄像技术,实现真正的数字化测图。数字摄影测量的实质是通过获取的数字影像,利用计算机软件生成数字地面模型(DTM)与正射影像图。通过 DTM 的比对,可以分析出各地区的沉降情况。此法操作程序较复杂,设备也相对昂贵,其精度与摄影测量的精度有关。

(4)GPS 监测技术

GPS 具有全天候、自动化观测的优点。GPS 相对定位测量精度高,在地面沉降应用中的精度已达到亚毫米级,且获得的成果稳定可靠,具有广阔的应用前景。

此外,还有 InSAR 技术、D-InSAR 技术、GPS/InSAR 数据融合技术等,其测高精度达到米级、亚米级,甚至接近或达到理论精度(即亚厘米级)。

(二)地面沉降灾害的防治规划及治理措施

1. 规划方面

(1)针对地面沉降的主要成因,要对地下水开采加强科学管理,避免盲目性、统一利用规划、减少过量开采。

(2)控制地下水开采量,不断调整供水水源结构。限制或减少地下水开采量。充分和尽量以地表水代替地下水资源,推进工业、旅馆业等循环用水,实行一水多用。

(3)实行建设项目地质灾害危险性评估制度。

(4)地面沉降危险性区划。

2. 行政管理方面

(1)城市规划建设应充分注意地质环境的制约与反作用,控制和调整城市人口和发展规划,量水而行,量水发展,以水定规模,不建设耗水量大的工业项目。

(2)制定相关的水资源保护、节约、重复利用等相配套的法律法规。

(3)要进行地面沉降区的土地利用规划,建设项目,尤其是重大项目,要进行地面沉降方面的地质调查。

（4）建立水资源核算制度，采取经济于段，实行奖励节约用水和加大处罚浪费水的措施。

（5）加大教育宣传力度，提高全民的节约与保护地下水的意识。同时根据水资源污染情况，地下水管理部门应定期公布地下水质量与数量的监测数据。

3. 技术管理方面

（1）加强地面沉降调查与监测工作，长期开展地面沉降调查与监测工作。要不断完善监测站的设备与监测方法。要采用高精度监测技术以及相关高精度监测仪器。另外，还要不断推进地面沉降监测网络建设，并形成区域性地面沉降监控网络体系。

（2）进一步强化地面沉降信息管理工作，建设好地面沉降地理信息系统，充分发挥信息系统优势，做好地面沉降信息的分析和发布。

（3）要提高水资源最大可利用率，开辟新水源，加强污水资源化工作，实行中水回灌技术，补充地下水源；截断污染源，提高地下水质量。

（4）加密地面沉降监测网，对重点地区、地段进行水资源的重点监控，并开展专题研究与评价工作。

（5）建立地面沉降和由其诱发的其他次生自然灾害（如地裂缝、滑坡、崩塌、岩溶塌陷等）的联合预警预报系统，以利于采取措施，避免造成更多更大的危害。

（6）加强地下水水位监测，随时掌握地下水动态的变化，为开展地面沉降研究、优化地下水开采方案提供依据。

4. 地面沉降的具体治理措施

对已经产生地面沉降的地区进行地面沉降控制与治理，必须要根据灾害规模和严重程度采取地面整治及改善环境相结合的治理措施。主要治理措施有以下几个方面。

（1）在沿海低平原地带修筑或加高挡潮堤、防洪堤、防洪闸、防潮闸以及疏导河道，兴建排洪排涝工程、垫高建设场地，防止海水倒灌淹没低洼地区。

（2）改造低洼地形，人工填土加高地面。

（3）适当增加地下管网强度等，危害较大时改建城市给水排水系统和输油气管线，整修因沉降而被破坏的交通路线等线性工程，使之适应地面沉降后的情况。

（4）修改城市建设规划，调整城市功能分区及总体布局，一些对沉降比较敏感的新扩建工程项目，要尽量避开地面沉降严重和潜在的沉降隐患地带，以免造成不必要的损失。

第三章　地震灾害与防灾减灾措施

我国是一个地震多发的国家,而地震是一种破坏性和危害性都极大的突发性自然灾害,严重危害了人民的生命财产安全以及我国经济社会的可持续发展。因此,提高抵御地震灾害的能力,预防并减轻地震造成的灾害和损失是非常重要的。

第一节　地震灾害概述

地震灾害在人类社会的发展过程中始终伴随着,随着科学技术的进步以及经济的发展,人们对于地震的认识和探索也将继续。

一、地震

地震就是因地下某处岩层突然破裂或局部岩层坍塌、火山喷发等引发的震动以波的形式传到地表而引起的地面摇动和颠簸现象。据相关统计资料显示,全球每年大约要发生数百万次的地震。这些地震绝大多数很小,只能借助灵敏的仪器才能观察到,但也有近 20 次强烈地震,能够造成严重的破坏。

(一)地震带的分布

在全球各地中,地震的分布并不是平均的,而是受一定地质构造条件的控制,有一定的空间分布规律。也就是说,大地震通常在某些特定的地区发生,而这些地震活动频繁而强烈的地带就被称为地震带。

1. 全球的地震带分布

全球主要有两大地震带,即地中海—喜马拉雅地震带和环太平洋地震带。

(1)地中海—喜马拉雅地震带

地中海—喜马拉雅地震带又称欧亚地震带,横穿欧亚两洲,西起大西洋中的亚速尔群岛,中间经地中海、土耳其、伊朗抵达帕米尔,沿着喜马拉雅山弧东行,穿过中南半岛西缘,直至印度尼西亚的班达海与太平洋,全长 2 万多千米。在这条地震带上,地震释放的能量约占全球地震释放总能量的 20%。

（2）环太平洋地震带

环太平洋地震带全长 3.5 万多千米，是全球最大的地震带。北起太平洋北部的阿留申群岛，分东西两支沿太平洋东西两岸向南延伸。其中，东支经阿拉斯加、加拿大、美国、墨西哥、中美洲后直下南美洲；西支经千岛群岛、日本群岛、琉球群岛、台湾群岛向南，绕过澳大利亚至新西兰与南太平洋相接。这条地震带活动性非常强，释放的能量约占全球地震释放总能量的 75％。

2. 我国的地震带分布

我国地处地中海—喜马拉雅地震带和环太平洋地震带的中间，地震活动较多且十分强烈，是全球中地震较多的国家之一。我国有许多的地震带（图 3-1），东部有郯城—庐江地震带、燕山—渤海地震带、河北平原地震带、东南沿海地震带、台湾地震带等；中部有斜穿大陆腹地的南北地震带；西部有昆仑山地震带、祁连山地震带、天山地震带、喜马拉雅山地震带等。

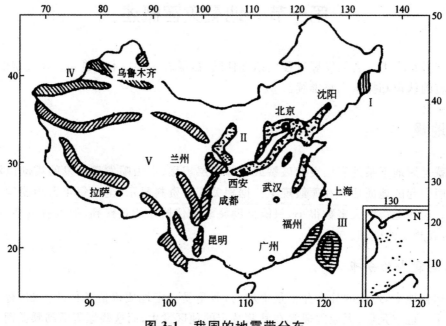

图 3-1　我国的地震带分布

纵观这些地震带的分布，可以发现我国的地震主要分布在五个地区，即东南沿海地震区、华北地震区、台湾地震区、西北地震区和西南地震区。其中，东南沿海地震区涉及广东、福建等地；华北地震区涉及山东、河南、河北、内蒙古、陕西、山西、江苏、安徽、宁夏等省的全部或部分地区；台湾地震区涉及台湾省及其附近海域；西北地震区涉及甘肃河西走廊、青海、宁夏、天山南北麓等地；西南地震区涉及新疆、西藏、青海、四川、甘肃、宁夏、云南等省的全部或部分地区。

（二）地震的级别

地震的级别是地震的基本参数之一，表示地震的大小或强弱，通常用字母 M 表示。震级是依据地震仪记录的地震波图来确定的，而震级有三种表示方式，即里氏震级、面波震级和体波震级。其中,里氏震级是目前国际上比较通用的表示方式。里氏震级是在 1935 年由美国地震学家里克特提出的,规定以距震中 100 千米处"标准地震仪"所记录的水平向最大振幅的常用对数为该地震的震级。但实际上,在距震中 100 千米处不一定设有地震仪,且观测点的地震仪也不一定是标准地震仪,因而要得到所需的地震震级,还需要进行适当的修正和换算。

震级根据地震的破坏能力大小,可以划分为五个级别:超微震,即震级小于 1 的地震,该级别的地震人们不能感觉,只有用仪器才能测出;微震,即震级大于 1 但小于 3 的地震,该级别的地震人们也不能感觉,且只有用仪器才能测出;有感地震,即震级大于 3 但小于 5 的地震,该级别的地震人们可以感觉,但通常不会造成大的破坏;破坏性地震,即震级大于 5 但小于 7 的地震,该级别地震可以造成不同程度的破坏;大地震,即震级 7 级及以上的地震,该级别地震可造成十分严重的破坏。目前,运用里克特提出的测量地震级别的方法测算的已知震级中,最大的为 8.9 级。

地震的震级和地震释放的能量多少有关,通常来说,震级每相差 1.0 级,能量相差大约 32 倍;每相差 2.0 级,能量相差约 1 000 倍。也就是说,一个 6 级地震相当于 32 个 5 级地震,而 1 个 7 级地震则相当于 1 000 个 5 级地震。

(三)地震的烈度

地震的烈度表示地震在地面造成的破坏程度,它主要受震级、距震源的远近、震源深度、地面状况、地层构造、建筑物动力特征等因素的影响。通常来说,一次地震的震级只有一个,但它对不同地点造成的破坏程度是不一样的,也就是说在不同的地方会表现出不同的烈度。就烈度与距震源的远近而言,距震源越近,地震影响越大,烈度就越大;反之,距震源越远,烈度就越低。

1. 地震烈度的评定

地震的烈度通常是根据人们的感觉和地震时地表产生的变动,还有对建筑物的影响来确定的。而要评定地震的烈度,就需要建立一个标准,即地震烈度表。地震烈度表以描述震害宏观现象为主,即根据建筑物的损坏程度、地貌变化特征、地震时人的感觉、家具动作反应等方面对地震烈度进行区分。我国将地震的烈度划分为 12 度,并公布了相应的地震烈度表,具体内容见表 3-1。

表 3-1　我国的地震烈度表[①]

烈度	地面上人的感觉	房屋震害程度		其他现象	物理参量	
		震害现象	平均震害指数		峰值加速度（米/平方秒）	峰值速度（米/平方秒）
I	忽略					
II	室内个别静止中人有感觉					

① 周云等:《防灾减灾工程学》,北京:中国建筑工业出版社,2007 年,第 28 页。

烈度	地面上人的感觉	房屋震害程度		其他现象	物理参量	
		震害现象	平均震害指数		峰值加速度（米/平方秒）	峰值速度（米/平方秒）
III	室内少数静止中人有感觉	门、窗轻微作响		悬挂物微动		
IV	室内多数人、室外少数人有感觉，少数人梦中惊醒	门、窗作响		悬挂物明显摆动，器皿作响		
V	室内普遍、室外多数人有感觉，多数人梦中惊醒	门窗、屋顶、屋架颤动作响，灰土掉落、抹灰出现微细裂缝，有檐瓦掉落，个别屋顶烟囱掉落		不稳定器物摇动或翻倒	0.31（0.22～0.44）	0.03（0.02～0.04）
VI	站立不稳，少数人惊逃户外	损坏——场地出现裂缝，檐瓦掉落、少数屋顶烟囱裂缝、掉落	0～0.10	河岸和松软土出现裂缝，饱和砂层出现喷砂冒水；有的独立砖烟囱出现轻度裂缝	0.63（0.45～0.89）	0.06（0.05～0.09）
VII	大多数人惊逃户外，骑自行车的人有感觉，行驶中的汽车驾乘人员有感觉	轻度破坏——局部破坏、开裂，小修或不需要修理可继续使用	0.11～0.30	河岸出现塌方；饱和砂层常见喷砂冒水，松软土地上地裂缝较多；大多数独立砖烟囱中等破坏	1.25（0.90～1.77）	0.13（0.10～0.18）
VIII	多数人摇晃颠簸，行走困难	中等破坏——结构破坏，需要修复才能使用	0.31～0.50	干硬土上亦有裂缝；大多数独立砖烟囱严重破坏；树梢折断；房屋破坏导致人畜伤亡	2.50（1.78～3.53）	0.25（0.19～0.35）
IX	行动的人摔倒	严重破坏——结构破坏，局部倒塌，修复困难	0.51～0.70	干硬土上许多地方出现裂缝；基岩可能出现裂缝、错动、滑坡塌方常见；独立砖烟囱出现倒塌	5.00（3.54～7.07）	0.50（0.36～0.71）

续表

烈度	地面上人的感觉	房屋震害程度		其他现象	物理参量	
		震害现象	平均震害指数		峰值加速度（米/平方秒）	峰值速度（米/平方秒）
X	骑自行车的人会摔倒，处在不稳状态的人会摔出，有抛起感	大多数倒塌	0.71～0.90	山崩和地震断裂出现；基岩上拱桥破坏；大多数独立砖烟囱从根部破坏或倒毁	10.00（7.08～14.14）	1.00（0.72～1.41）
XI		普遍倒塌	0.91～1.00	地震断裂延续很长；大量山崩滑坡		
XII				地面剧烈变化，山河改观		

在使用该地震烈度表时，要特别注意：第一，地震烈度的评定，从 I 到 V 度是以地面上人的感觉为主的；从 VI 到 X 度是以房屋震害为主的，人的感觉仅提供参考；从 XI 到 XII 度是以地表现象为主的。第二，确定平均震害指数时，可在调查区域内用随机抽查或普查的方法。第三，由于表中提到的房屋是未加固、未经抗震设计的单层或多层的砖混和砖木房屋，因而对于质量特别好或特别差的房屋，需要依据具体情况降低或提高表中各烈度相应的震害程度和震害指数。第四，由于人站在高楼上比站在地面上感受到的地震更明显，因而依据人在高楼上的感受来评定地震烈度时，应适当降低评定值。第五，依据该地震烈度表在农村评定地震烈度时，可以自然村为单位；而在城镇评定地震烈度时，应以面积为 1 平方千米左右分区为宜。第六，凡是有地面强震记录资料的地方，都要将表中所列物理参量可作为综合评定烈度和制定建设工程抗震设防要求的依据。

2. 地震烈度的分类

地震烈度依据不同的频度和强度，可以划分为三种类型，即小震烈度、中震烈度和大震烈度。

（1）小震烈度

小震烈度也就是众值地震烈度，即在 50 年期限内、一般场地条件下可能遭遇的超越概率为 63％的地震烈度值，与 50 年一遇的地震烈度值相当。

（2）中震烈度

中震烈度也就是基本烈度，即在 50 年期限内、一般场地条件下可能遭遇的超越概率为 10％的地震烈度值，与 474 年一遇的地震烈度值相当。

（3）大震烈度

大震烈度也就是罕遇地震烈度，即在 50 年期限内、一般场地条件下可能遭遇的超越概率为为 2％～3％的地震烈度值，与 1 600～2 500 年一遇的地震烈度值相当。

需要注意的是,这三种地震烈度之间有一定的关系(图 3-2),即基本烈度与众值烈度相差约为 1.55 度,而基本烈度与罕遇烈度相差约为 1 度。也就是说,当地震烈度为 8 度时,其众值烈度为 6.45 度左右,罕遇烈度为 9 度左右。

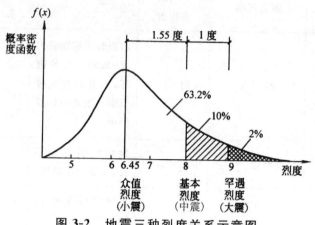

图 3-2　地震三种烈度关系示意图

3. 地震烈度区划图

在我国,为了更好地指导各个地区的工程抗震工作,还编制了中国地震烈度区划图(图 3-3)。所谓地震烈度区划图,就是在地图上按地震基本烈度的差异划分出不同区域的图,以表示不同地区的历史震害情况,并给出各地区未来地震活动的趋向。

图 3-3　中国地震烈度区划图

从上图可以知道,我国的地震低烈度区即地震烈度≤7 度的地区主要分布在华南、内蒙古北部、东北、西北等地区;地震高烈度区即地震烈度≥9 度的地区主要分布在西部,全国有 34 个。

(四)地震的类型

地震主要有两种类型,即天然地震和人工地震。

1. 天然地震

天然地震主要包括构造地震、塌陷地震和火山地震三种类型，都是因自然原因而引发的地震。

（1）构造地震

构造地震是由于地下深处岩石受地球构造运动影响而发生破裂、错动，导致长期积累的能量突然释放出来，以地震波的形式传播，引起地表的震动，如图 3-4 所示。

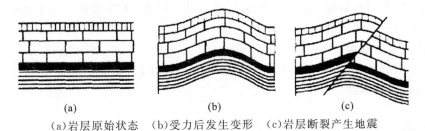

(a)岩层原始状态　(b)受力后发生变形　(c)岩层断裂产生地震

图 3-4　构造地震的形成示意图

构造地震在所有的地震中，是发生机会最多的，释放的能量影响范围非常广泛。构造地震多发生在大陆边缘，但也有一些发生在大陆内部。虽然构造地震在大陆内部发生的概率较低，但有时其强度很大，若是在人口密集的大城市及其周边地区发生，破坏力是极大的，如 1976 年发生的唐山大地震在短短的几十秒内就几乎将唐山这座用了近百年时间才建设起来的工业城市夷为平地。

（2）塌陷地震

塌陷地震是由于地表或地下的洞穴突然塌陷而引起的地震。一般来说，洞穴包括石灰岩溶洞和矿山采空区。在石灰岩发育的地区，地下水会沿着石灰岩的裂隙不断地渗透，造成对石灰岩的溶蚀，长此以往会导致裂隙不断扩大形成溶洞，而当溶洞无法承受它上面岩石的重量时，溶洞顶巨大的岩石块体就会突然塌落下来，产生小范围的地震。而在矿山空采区，当矿柱和顶板无法承受巨大的地压时便会塌落下来，产生小范围的地震。

（3）火山地震

火山地震是由于火山喷发而引起的地震。在火山爆发时，岩浆在强大压力作用下会沿着地壳中有断裂的薄弱地带喷出地表，而岩浆向上喷出时的冲力是非常猛烈的，因而能激起地面的振动，产生地震。

火山地震多分布在太平洋沿岸国家，如印度尼西亚、日本、南美等，而在我国很少见。另外，火山地震的影响范围通常来说是比较小的，且不会造成大面积的人畜伤亡和破坏。

2. 人工地震

人工地震多是由工业爆破、地下核爆炸、大型水库蓄水、深井高压注水等引起的，通常来说地震强度较低，影响范围较小，破坏程度也较轻。另外，人工地震中，发生频率相对较高的有爆炸地震、水库地震和油田注水诱发地震。

（1）爆炸地震

爆炸地震是由于工业大爆破或地下核爆炸而引发的地震,其中,地下核爆炸引发的地震是最为严重的。一般来说,一次核爆炸本身就产生一次地震,而爆炸中心相当于一个 6 级左右的地震源。

（2）水库地震

水库地震是由于水库蓄水而引发的地震。发生地震的水库多建在活动断裂带上或活动断裂带的边缘,而水库蓄水之所以能引起地震,是因为巨大的水量增加了水库基岩的荷载,而且水在渗透到水库基岩的裂缝中后会使断裂更易滑动。因此,水库地震实际上是由于水库蓄水负荷的触发而引起的构造地震。

（3）油田注水诱发地震

在开采油田的过程中,人工注水驱动工艺的广泛运用也会导致地震的发生,但这种地震大多震源浅,而且震级不高。

二、地震灾害

所谓地震灾害,就是由于地震引发的强烈地面运动和地震断层运动等造成的自然及生态环境破坏、房屋及各种设施毁坏以及人员的伤亡等,它直接、广泛而深刻地影响着社会生活以及地区经济的快速发展。

（一）地震灾害的指数

当前,全球通用的地震灾害指数是根据 20 世纪初以来发生在一个国家的单位面积中,6级以上的地震数量（个/平方千米）、人口密度（人/平方千米）、单位面积的 GDP 值（美元/平方千米）、教育水平（每百人大学毕业生人数）而计算出来的[①],反映了地震活动性、人口和经济情况、教育水平等。

地震灾害指数能够对地震预报的客观决定因素进行反映,进而在地震预报的决策中起到较为重要的作用。另外,地震灾害指数有助于抗震设防管理的实行和震后紧急救援的准备工作的进行。

（二）地震灾害的特点

地震灾害是有一定的特点的,而要想切实做好防震减灾工作、防止或减轻地震造成的破坏和损失,就必须首先对地震灾害的特点有清晰而深刻的认识。地震灾害的特点,具体来说有以下几个。

1. 突发性

地震的发生往往是很突然的,而且很难做出准确的预测和预报。到目前为止,能在地震发生前就做出成功预报的震例是极少数的,大多数的地震都是在没有准确预报的情况下发生的,

---

① 周长兴:《城市综合防灾减灾规划》,北京:机械工业出版社,2011 年,第 42 页。

往往使人们猝不及防。

2. 灾难性

据相关资料记载,全球近百年来遭受到地震毁灭性破坏的城市有 26 座,一些大地震更是在短短几秒到几十秒的时间内就能将整个城市变成一片废墟,造成众多的人员伤亡和受灾人口。因此,地震灾害具有灾难性。

3. 续发性

地震发生后,会造成众多的房屋工程设施被破坏或倒塌,继而导致人员伤亡、牲畜死亡等,而人畜的遗体如果得不到及时的处理,还可能引发瘟疫蔓延等次生灾害;会对自然环境造成严重的破坏,在城市可能导致生命线工程的破坏、引发火灾,在山区可能引发山体滑坡并阻断交通,埋没农田、村庄,截断河流,引发水灾等,从而形成一系列的灾害。

4. 社会性

对于整个社会来说,地震造成的破坏效应是多方面的。一旦地震发生,人们会处于极度的恐惧和失落之中,生存以及物质匮乏等问题也会提到前所未有的高度,导致社会失控。因此,地震灾害具有社会性,对社会的经济、政治以及人们的心理等都着重要影响。

5. 区域性

地震会使大面积的房屋和工程设施受到破坏,并会使自然环境发生变化,但其破坏程度随震中距的增大而减弱,即呈现出区域性的特征。

(三)地震灾害的表现

地震灾害的表现有两个,即地震直接灾害和地震次生灾害。

1. 地震直接灾害

地震直接灾害即与地震有直接联系的灾害,具体来说就是在强烈地震发生时,地面受地震波的冲击产生的强烈运动、断层运动及地壳形变等出现的各种破坏现象。

通常来说,在发生强烈地震后,会出现地面的断裂错动和地裂缝,导致道路中断、铁轨扭曲、桥梁断裂、房屋破坏,严重的还可导致河流改道、水坝受损;会出现喷砂和冒水等现象,导致农田、矿井淹没,水渠、道路堵塞,水库、土坝开裂滑动;会造成局部土地塌落和滑坡,导致道路破坏、村庄掩埋、堵河成湖、房屋倒塌等;会造成建筑物破坏或倒塌,严重危及人们的生命安全;会导致港口码头的水运系统瘫痪等。

2. 地震次生灾害

地震次生灾害即与地震存在有关的灾害,具体来说就是在强烈地震以后,以地震直接灾害为导因引起的一系列其他灾害。

地震次生灾害主要有火灾、水灾和海啸等。其中,地震火灾是最常见,也是造成损失最大的次生灾害,而在城市地震灾害中以火灾为首的次生灾害有时并不亚于直接灾害造成的损失;地震水灾依据其致灾方式可以分为多种类型,包括水啸型、堰塞坝溃决型、堤坝溃决型、泥石流型、沉没型、堰塞湖型、震雨同发型、地裂涌水涌砂等;地震海啸是沿海地区极为严重的地震次生灾害,它既能能颠覆船只、冲毁港口码头设施,还能登陆上岸,摧毁、淹没城镇、村庄、房屋、道路、桥梁、田野,溺死人畜。

(四)地震灾害的损失预测

1. 地震灾害损失预测的影响因素

一般来说,地震灾害损失预测的工作量和精度取决于两个因素,即所取的空间和时间的尺度。

(1)空间因素

从空间方面来说,可以是预测一个城市的损失,也可以是预测区域的、甚至是全国范围内的损失。

(2)时间因素

从时间方面来说,可以是预测地震后数天之内的损失,也可以是预测地震后一年或十年后的损失。

2. 地震灾害损失预测的类型

地震灾害损失预测的类型,常用的有以下几种。

(1)一般型地震灾害损失预测

一般型地震灾害损失预测是一种全国范围大尺度的地震灾害损失预测研究,宏观估计不同地区在一定时期内所受到的地震危险和震害损失,对于国家制定减灾决策具有重要作用。

(2)经济冲击型地震灾害损失预测

经济冲击型地震灾害损失预测就是对地震给国民经济造成的短期及长期影响进行评估和预测。一般来说,短期影响较容易观察,也能够比较准确地进行估计;而长期影响涉及较多的因素,而且很多因素还具有不确定性,因而只能粗略地以一种或几种数字模型来描述。另外,这种类型的地震灾害损失预测结果能够为国家或地方政府的计划部门服务。

(3)城市和区域减灾型地震灾害损失预测

城市和区域减灾型地震灾害损失预测就是以城市和区域为对象估计地震灾害损失,其成果多用于地方政府对减灾措施的制定。

(4)金融风险型地震灾害损失预测

金融风险型地震灾害损失预测就是将评估的重点放在对生命和财产的地震风险估计以及对保险公司的保险风险评估方面,结果通常是较为精确的,影响着保险、抵押租赁和投资决策。

(5)生命线工程减灾和应急预案型地震灾害损失预测

生命线工程减灾和应急预案型地震灾害损失预测就是以包括供水、供电、煤气、交通和通信等系统的生命线工程为目标,对其自身灾害损失和次生灾害损失进行研究。这种类型的地震灾害损失预测结果多用于地方政府和公共事业部门对减灾措施和应急预案的制定方面。

(五)我国地震灾害严重的原因

在我国,地震引发的灾害是非常严重的,究其原因主要有以下几个。

1. 我国民众对地震灾害的防范意识不高

在我国,有相当长的一个时期内为了摆脱贫困、提高人民的生活水平而将发展经济看得重于一切,从而忽视了提高整个社会的防灾意识,导致了人民的防灾意识淡薄、防灾知识缺乏。因此,当地震将要发生时,人民通常的表现都是惊慌失措,导致有效的自救和互救无法顺利展开,甚至还会因混乱引发更严重的灾害,并由此引发一系列的社会问题。因此,加强对民众防灾知识的教育,使其真正树立起防灾意识是当前非常迫切的一项任务。

2. 我国的抗震防灾体系不够完善

与美国、日本等发达国家相比,我国的抗震防灾体系是比较差的,因而若发生同等强度的地震,造成的伤亡和损失会更加严重。因此,我国应积极完善抗震防灾体系。当然,抗震防灾体系的完善需要有一个漫长的过程,既要有正确的防灾意识作为指导思想,也要有切实可行的法律、法规来保证其贯彻和实施。

3. 我国建筑的抗震能力普遍较低

一次又一次的地震灾害充分证明,建筑的质量和震害有着非常密切的关系。建筑的质量好、抗震能力强,则地震灾害的影响小,反之则地震灾害的影响大。在我国,由于历史的原因,大部分城市的房屋抗震性能较差,而且有很多建筑工程在建设时并没有考虑到抗震设防,因而我国大部分城镇的整体抗震能力是非常薄弱的。再加上近年来日益加快的城镇化进程,导致城市的建筑物和人群越来越密集,虽呈现出一片繁荣的景象,但因城市中各个系统之间的相互关联愈加紧密反而在突发灾害面前更为脆弱。因此,严把建筑的质量关,提高建筑的普遍抗震能力,是今后建筑的建设中必须要注意到的一个问题。

第二节　抗震工程设计

建造抗震能力好的建设工程是减轻地震灾害的根本途径之一,而要建造出抗震能力好的建设工程,首先需要进行相应的抗震工程设计。通常来说,抗震工程设计包括两方面的内容,一方面是进行抗震工程设防,另一方面是进行抗震工程的概念设计。

一、抗震工程设防

所谓抗震工程设防,就是对建筑结构进行抗震设计,并采取一定的抗震构造措施。

（一）抗震工程设防的目的

抗震工程设防的目的是在一定经济条件的基础上提高建筑物的抗震能力，以有效地减轻地震造成的人员伤害和经济损失。

（二）抗震工程设防的依据

抗震工程设防的依据是抗震工程设防烈度，而抗震设防烈度是按照国家批准权限审定的作为一个地区抗震工程设防依据的地震烈度。通常情况下，可以采用中国地震烈度区划图的地震基本烈度；做过抗震防灾规划的城市可以按照国家批准的抗震设防区划进行抗震工程设防，当前我国规定的抗震工程设防区指的是地震烈度为6度或6度以上的地区。

（三）抗震工程设防的要求

抗震工程设防的要求，具体来说有以下几个。

(1)建筑物在遭受到低于本地区设防烈度的地震影响时，要确保一般不受损失或是不需要修理就可以继续使用。

(2)建筑物在遭受到本地区规定的设防烈度的地震影响时，可能会有一定的损坏，但不能危及人们的生命以及生产设备的安全，而且在经过一般的修理或是不需要修理的情况下仍可继续使用。

(3)建筑物在遭受到高于本地区设防烈度的预估罕遇地震影响时，要保证不倒塌、不出现危及人们生命的严重破坏。

（四）抗震工程设防的类别

抗震工程设防的类别，依据其不同的用途可以分为四类，即甲类建筑、乙类建筑、丙类建筑和丁类建筑。

1. 甲类建筑

甲类建筑包括重大的建筑工程以及发生地震时可能发生严重次生灾害的建筑。由于这类建筑物遭到地震破坏后会导致严重后果，因而必须经国家的批准权限批准。

2. 乙类建筑

乙类建筑是在发生地震时使用功能不能中断或需尽快恢复的建筑，主要是城市的生命线工程，如供水、供电、供气、供热、通信、消防、交通、救护等系统的核心建筑。

3. 丙类建筑

丙类建筑就是除甲类建筑、乙类建筑和丁类建筑以外的一般建筑。

4. 丁类建筑

丁类建筑是在发生地震时不易造成人员伤亡和较大的经济损失的次要建筑，包括一般的仓库、人员较少的辅助建筑物等。

(五)抗震工程设防的标准

在进行工程抗震设防时,需要依据其具体类型选择不同的抗震工程设防标准,具体如下。

1. 甲类建筑的抗震工程设防标准

甲类建筑的地震作用应该高于本地区抗震设防烈度的要求,因而其抗震工程设防标准应按照国家批准的地震安全性评价结果确定。当抗震工程设防烈度为6～8度时,应该符合本地区抗震工程设防烈度提高1度的要求;当抗震工程设防烈度为9度时,应该符合比9度抗震工程设防更高的要求。

2. 乙类建筑的抗震工程设防标准

乙类建筑的地震作用应该与本地区抗震工程设防烈度的要求相符合。通常情况下,对于较大的乙类建筑,当抗震工程设防烈度为6～8度时,应该符合本地区抗震工程设防烈度提高1度的要求;当抗震工程设防烈度为9度时,应该符合比9度抗震工程设防更高的要求。而对于较小的乙类建筑,当其结构改用抗震性能较好的结构类型时,应允许其仍然按照本地区抗震工程设防烈度的要求采取相应的抗震措施。

3. 丙类建筑的抗震工程设防标准

丙类建筑的抗震措施应该与本地区抗震工程设防烈度的要求相符合。

4. 丁类建筑的抗震工程设防标准

丁类建筑的地震作用通常来说也应与本地区抗震工程设防烈度的要求相符合,但允许其比本地区抗震工程设防烈度的要求适当降低,但抗震工程设防烈度为6度时不应降低。

要特别指出的是,当抗震工程设防烈度为6度时,除《建筑抗震设计规范》(GB 50011—2010)有具体规定外,对乙、丙、丁类建筑可不进行地震作用计算。

二、抗震工程的概念设计

(一)抗震工程概念设计的含义

所谓抗震工程概念设计,就是根据地震灾害和工程经验等形成的基本设计原则和设计思想,进行建筑和结构总体布置并确定细部构造的过程。概念设计的依据是震害和工程经验所形成的基本设计原则和思想,设计内容包括建筑物场地的选择、建筑形状、结构体系的布置和抗震构造设计等。[①]

---

① 教育部高等学校安全工程学科教学指导委员会组织编写:《防灾减灾工程》,北京:中国劳动社会保障出版社,2011年,第97页。

(二)抗震工程概念设计的内容

一般来说,抗震工程概念设计的内容包括以下几个部分。

1. 建筑场地的选择

建筑场地的选择对于建筑物的抗震具有非常重要的影响,因而在进行工程建设时要特别注意选择场地。而在选择建筑场地时,要遵循选择有利地段、避开不利地段以及不在危险地段建造甲类建筑、乙类建筑和丙类建筑的原则。若是必须要在不利地段和危险地段进行工程建设,则要采取一些必要的措施加强其抗震性。

《建筑抗震设计规范》(GB 50011-2010)给出了有关建筑有利地段、不利地段和危险地段的明确规定(表 3-2),对于建筑场地的选择具有重要的指导意义。

表 3-2　有利地段、不利地段和危险地段的划分

地段类别	地质、地形、地貌
有利地段	稳定基岩,坚硬土,开阔、平坦、密实、均匀的中硬土等
不利地段	软弱土,液化土,条状突出的山嘴,高耸孤立的山丘,非岩质的陡坡,河岸和边坡的边缘,平面分布上成因、岩性、状态明显不均匀的土层(如故河道、疏松的断层破碎带、暗埋的塘浜沟谷和半填半挖地基)等
危险地段	地震时可能发生滑坡、崩塌、地陷、地裂、泥石流等的发震断裂带上可能发生地表错位的部位

2. 建筑形状的选择

建筑的形状影响着结构体形,而结构体形影响着建筑物的抗震性。因此,在进行工程建设时也要特别注意选择建筑物的形状。而在选择建筑物形状时,需要遵守以下几个要求。

(1)建筑的平面布置要简单规整

建筑平面形状的凹凸可以对建筑平面的简单或复杂进行区分。一般来说,简单的建筑平面图形多为凸形,也就是说在图形内任意两点间的连线不与边界相交,如图 3-5 所示。而复杂的建筑平面图形多为凹角,也就是说在图形内任意两点间的边线可能同边界相交,如图 3-6 所示。而有凹角的结构很容易产生应力集中或变形集中,形成抗震薄弱环节。

方形　　　矩形　　　圆形　　　凸形　　　正多边形
图 3-5　简单的建筑平面

(2)建筑的竖向布置要连续和均匀

过于复杂的建筑体形会使得建筑的结构体系沿竖向强度与刚度分布不均匀,从而在地震作用下出现过大的局部振动和应力与变形的集中。因此,在进行工程建造时,要尽量保证建筑的竖向布置连续、均匀。

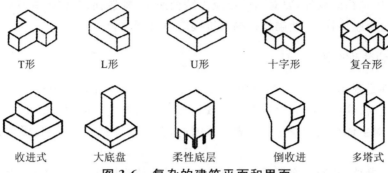

图 3-6　复杂的建筑平面和里面

（3）建筑的质量中心和刚度中心要相同

质量中心是建筑中抗侧力构件合力作用点的位置，一般来说要是质量中心和刚度中心不重合，在发生地震时就会产生扭转效应，使远离刚度中心的构件产生较大应力而严重破坏。

3. 合理抗震结构体系的选择

抗震结构体系主要是用来承担侧向地震作用，因而对建筑的安全性和经济性有着直接的影响。在选择抗震结构体系时，要依据建筑物的重要性、设防烈度、房屋高度、场地、地基、基础、材料和施工等因素进行设计，同时要遵循以下几方面的要求。

（1）要有合理的地震作用传递途径以及明确的结构计算简图。

（2）要有必要的强度、良好的耗能能力和变形能力。

（3）要有多道抗震防线，以防因部分结构或构件受到破坏而使整个的建筑结构体系失去抗震的能力。多道抗震防线就是在一个抗震结构体系中，一部分延性好的构件在地震作用下，首先达到屈服，充分发挥其吸收和耗散地震能量的作用，即担负起第一道抗震防线的作用，其他构件则在第一道抗震防线屈服后才依次屈服，从而形成第二、第三或更多道抗震防线，这样的结构体系对保证结构的抗震安全性是非常有效的。[1]

（4）要有合理的强度和刚度分布，以免因局部削弱或突变形成薄弱部位，产生过大的应力集中或变形集中。

4. 合理结构构件的选择

结构构件要有足够的强度、适当的刚度和良好的延性，也要有一定的经济性和可行性。另外，构件之间也有要有一定的可靠连接，以确保结构空间的整体性。因此，在选择结构构件时，需要遵守以下几方面的要求。

（1）构件节点的强度要高于其连接构件的强度。

（2）对于钢结构的构件，要对构件的尺寸进行合理控制，以防局部或整个构件失稳。

（3）对于混凝土结构的构件，要对构件的尺寸、配置纵向钢筋和箍筋进行合理选择，以防钢筋锚固粘结先于构件破坏、混凝土压溃先于钢筋屈服破坏、剪切先于弯曲破坏等。

---

① 周云：《防灾减灾工程学》，北京：中国建筑工业出版社，2007 年，第 57 页。

（4）对于砌体结构的构件，要对钢筋混凝土结构圈梁、构造柱、芯柱等进行规定设置或是采用配筋砌体和组合砌体柱，以使砌体结构的抗震能力得到改善。

5. 非结构构件的选择

非结构构件是附属于主体结构的构件，包括幕墙、女儿墙、隔墙、围护墙、装饰贴面、吊顶等。在地震发生时，这些部件如果构造不当或处理不妥会发生局部倒塌或装饰物脱落，不仅会砸伤人员，还会对主体结构的安全产生影响。因此，在选择非结构构件时，需要遵守以下几方面的要求。

（1）女儿墙、幕墙、装饰贴面等要和主体结构有可靠的连接或锚固，以防倒塌后砸伤人或仪器设备。

（2）围护墙、隔墙等要充分考虑其对主体结构抗震的利弊影响，以防因设置的不合理而破坏主体结构。

6. 建筑材料的选择

选择的建筑材料的强度等级要符合最低要求，钢筋接头及焊接质量要满足规范要求。

第三节　地震灾害防灾减灾的其他措施

破坏性地震会对人们的生命财产以及社会经济的发展造成非常严重的损失，因而采取有效的措施预防或减轻地震灾害是极其重要的。当前，预防或减轻地震灾害的措施除了加强抗震工程的设计外，还有以下几个。

一、做好对群众的防震减灾知识教育

人民群众的防震减灾意识薄弱和知识匮乏是造成我国地震灾害严重的一个重要原因，因而各级政府要组织有关部门开展对群众的防震减灾知识教育，提高其防震减灾意识，增强其在地震灾害中自救、互救的能力。

二、做好地震监测预报

地震监测预报是预防或减轻地震灾害最直接、最经济的一种手段，就是通过科学的思路和方法预测未来地震尤其是强烈地震的发震时间、发震地点和发震强度等，并将其及时向人民发布，以避免或减轻地震灾害。通常来说，地震预报应当具有高度的可靠性，否则会引起居民不必要的恐慌，给社会、经济带来损失。但是，尽管世界各国的地震科技人员一直都在进行着不懈的努力，地震监测的仪器和手段也在不断更新，但由于人类对地震的成因和规律的认识还不够，因而要想非常准确地预测地震是极其困难的。

（一）地震预测的方法

一般来说，地震预测的方法主要有以下几种。

1. 地震前兆预测法

所谓地震前兆预测方法，就是依据前兆现象对未来地震的发震时间、发震地点和发震强度等进行预测。

所谓地震前兆，就是在地震发生之前一段时间内出现的并能预示地震将要发生的异常自然现象和仪器反应。异常的自然现象是人可以观察到的，因而称为宏观前兆；而仪器反应需要借助仪器的检测，因而被称为微观前兆。当前，已经观测到的震前异常现象有地震波、地磁、地电、地下水异常，地壳形变异常，地震活动性异常，地声、地光、动物行为异常等。要特别提醒的是，地震前兆的表现形式非常复杂的，而且震前异常现象和地震并非是一一对应关系，也就是说，所有的异常现象只是可能的地震前兆，而非必然的地震前兆。因此，需要对地震前兆进行研究。而在研究地震前兆时，可以运用两种方法，一是经验的方法，就是从震前异常现象中去寻找和筛选；二是综合的方法，即在对地震的发震机制和地球物理的研究达到一定深度后，从某种理论前提出发，提出地震发生模式，据此推断可能发生的地震前兆和不同前兆之间的关系。

2. 地震统计预测法

所谓地震统计预测法，就是从地震发生的记录中去探索可能存在的统计规律，并对地震的危险性进行估计，从而得出某种强度地震发生的概率。在运用这种方法时，其可靠程度取决于资料的多少。

3. 地震地质预测法

所谓地震地质预测法，就是以地震发生的地质构造条件为基础，对地震发生的地点和强度进行宏观的估计。运用这种方法，可以在大面积上划分未来地震的危险地带，确定不同强度的危险地区即地震区域划分，但无法对地震的发生时间进行预测。

通常来说，地震统计预测法只是对地震发生的概率以及地震活动的某种"平均"状态进行了分析，地震地质预测法也只是以地震发生的地质条件以及在比较大的空间、时间尺度内地震活动的变化为着眼点的，因此，要想对地震发生的时间、地点和强度进行准确地预测，还需要考虑地震前的征兆。

（二）地震预报的类型

地震预报以时间为依据，可以分为以下几种类型。

1. 临震预报

即对 10 日内将要发生的地震的发震时间、发震地点和发震等级进行预报。

2. 短期预报

即对 3 个月内将要发生的地震的发震时间、发震地点和发震等级进行预报。

3. 中期预报

即对未来 1 到 2 年内可能发生的破坏性地震的地域和强度进行预报。

4. 长期预报

即对未来 10 年内可能发生的破坏性地震的地域进行预报。

(三)地震预报的发布

在我国,依据《中华人民共和国防震减灾法》中的相关规定,地震预报意见要实行统一发布制度。具体来说,全国范围内的地震中期预报意见和长期预报意见要由国务院发布;省、自治区、直辖市行政区域内的地震预报意见要由政府依照国务院规定的程序进行及时的发布;个人和单位可以发表自己对中期及长期震活动趋势的研究成果,也可以进行相关的学术交流,但其对地震预测的意见以及评审结果等是不能向社会散布的。

三、做好地震转移分散

所谓地震转移分散,就是把可能在人口密集的大城市发生的大地震,通过能量转移,诱发至荒无人烟的山区或远离大陆的深海,或通过能量释放把一次破坏性的大地震化为无数次非破坏性的小地震。[1]

目前,这种方法还在探索阶段,尚未进行应用。不过,这种方法即使能成功,也会因巨大的经济投入导致其使用价值不会很大。

四、做好地震前的准备工作

只有做好地震前的准备工作,才能将地震灾害造成的损失降到最低。

(一)政府及有关职能部门应做的准备工作

1. 做好抗震防灾规划

我国自从 20 世纪 80 年代后期开始,一些城市就陆续展开了抗震防灾规划的编制工作。近年来,伴随着城市和科技的不断发展,有不少城市又根据自身的实际情况,并运用现代的信息化技术,对抗震防灾规划进行了修订。而在进行城市抗震防灾规划的编制工作时,应注意达到以下几个目标。

---

① 周云:《防灾减灾工程学》,北京:中国建筑工业出版社,2007 年,第 52 页。

(1)当遭受多遇地震时,城市一般功能正常。

(2)当遭受相当于抗震设防烈度的地震时,城市一般功能及生命系统基本正常,重要工矿企业能正常或者很快恢复生产。

(3)当遭受罕遇地震时,城市功能不瘫痪,要害系统和生命线工程不遭受破坏,不发生严重的次生灾害。

当前,随着广大村镇地区的发展,其抗震防灾规划将会逐渐纳入到技术法规管理的轨道,以使村镇地区防御地震灾害的能力得到切实提高。

2. 做好临震应急

临震应急,就是政府部门及各相关负责单位在地震短临预报发布后,要及时而充分地做好应对可能发生地震的准备。为此,要做好以下几方面的工作。

(1)建立临时避难场所。地震经常会震坏房屋,因而保证群众在震后有安身之处是非常重要的。这就需要临时搭建防震、防雨、防火、防寒的防震棚,并做到因地制宜。

(2)作好救灾物资的准备。在地震发生后,食品、医药等日常生活用品的生产和供应都会受到严重影响,而水塔、供水管线等一旦被震坏就会造成供水中断。为了能使群众度过震后初期的生活难关,临震时政府应有计划地准备一定数量的食品、水和日用品。

(3)建立防灾指挥机构,做好救灾人员的准备,并对部门在地震发生时应承担的职责和工作进行明确。

(4)加强对群众防灾自救知识的教育,并注意对地震谣言传播的防范。

(5)陆续将各种公共场所的活动暂停,组织观众或顾客有秩序地撤离;中、小学校可临时改在室外上课;车站、码头可改为在露天等候。

(6)划定疏散场地。由于城市人口过于密集,且人员避震和疏散有着相对较大的难度,因而为确保震时人员安全,要在震前要按街、区分布就近划定群众避震疏散路线和场地。

(7)设置伤员急救中心,备好床位、医疗器械、照明设备和药品等,以及时治疗地震中受伤的人员。

(8)要迅速而有秩序地动员和组织群众撤离,并注意将重要财产运到安全的地方,以降低损失。

(9)确保机要部门的安全。在城市内,有很多的机要部门和银行,要对其加强安全保卫,防止地震后造成国有资产损失和机密泄漏。

3. 做好地震应急预案

地震应急预案从属于突发公共事件总体应急预案,其编制和完善是做好地震应急工作的基础,还能保证在地震发生时各部门、各地区不惊慌失措、反应迟缓,同时获得救灾的最好时机,减轻震害。地震应急预案要从国家到地方分级编制,同时在编制时要切实从实际出发,实事求是、因地制宜,以起到减少人员伤亡、减轻损失的积极作用。另外,在编制完地震应急预案后,还要注意进行定期更新,长期生效,保证震时能迅速投入应急状态。

一般来说,地震应急预案需要包括应急机构的组成和职责;应急通信保障;抢险救援人员的组织和资金、物资的准备;应急、救助装备的准备;灾害评估准备;应急行动方案等几方面的内容。

(二)家庭和个人应做的准备工作

1. 做好家庭的防震计划

家庭的防震计划,通常来说应包括以下几个方面。

(1)做好躲避地震灾害的行动安排,需要确定是选择室内避震还是室外避震、在何种情况下疏散以及疏散的方式。

(2)明确家庭成员之间的分工,如谁要负责断电、谁要负责灭火、谁要负责照顾老弱病幼等。

(3)商量好地震发生后家人该用怎样的方式进行联络。

2. 对住房环境进行了解

在地震发生前,需要确认住房周围有没有容易倒塌的建筑物或其他危险因素,以及是否易发生次生灾害。

3. 做好住房的检查和加固

(1)住房的检查

要在地震发生前检查住房的抗震性,可以从以下几个方面着手。

第一,场地和地基。通常来说,坚实均匀、开阔平坦的基岩有利于抗震,而松软土、淤泥、人工填土、古河道、旧池塘、高耸的山包、陡峭的山坡等地基不利于抗震。

第二,房屋的结构形式。通常来说,抗震性能较好的房屋造型简单、规则、对称、整体性强、高度低;反之则住房的抗震性能较差。

第三,房屋的质量及损伤程度。整个房屋的骨架是承重的墙体和木构架等,因而拥有无裂缝、酥松、倾斜的墙体和无腐蚀、虫蛀的木柱的房屋抗震性能较好。

(2)住房的加固

在对住房进行了检查后,若是发现有不利抗震的因素,或是根据实际的条件进行相应的加固,若无法加固则应及时撤离。

在加固房屋时,可以根据住房现状分别采用加拉杆,在墙外加支柱或附墙,修补更换腐蚀、破损的木柱,加扒钉、垫板、斜撑等办法,增强墙体的抗震性能、屋盖的稳定性和屋盖与墙体连接的牢固性。另外,屋顶的烟囱、高门脸、女儿墙、阳台、雨篷、高背瓦等是地震中最容易破坏的部位,必要时应采取加固措施或降低其高度。

4. 合理放置屋内的物品

(1)家具的摆放要轻在上、重在下;高大的家具要固定好,防止倾倒砸人;牢固的家具要将其下面清空,以备震时藏身。

(2)取下或是牢固固定屋顶和墙上悬挂的物品,以防地震时掉落伤人。

(3)床要避开外墙、窗口、房梁,并要选择室内坚固的内墙边放置;床的上方不要悬挂金属和玻璃制品及其他重物;床的下面也是很好的避震空间,因而要将杂物清理掉。

(4)清理阳台护墙,将花盆、杂物等都拿掉。

(5)将家中的危险品放置好,以防引起地震次生灾害。

(6)及时清理门口、楼道等公共通道堆放的杂物。

5. 准备必要的防震物品

将食品、水、急救医药品、衣物、电筒、干电池、应急灯、收音机、现金、贵重物品、绳索等集中放在轻巧的小提箱内,并要将这个小提箱放在便于取到的地方。

6. 进行家庭防震演练

家庭防震演练应包括三个方面的内容,具体如下。

(1)避震演练

避震演练的目的是确定地震发生时应如何合理的避震。在演练过程中,要注意根据自己的日常生活状态确定避震的位置和方式,同时计算出避震时所花费的时间,以便衡量是否达到紧急避震的时间要求。若没有达到,则要总结经验,对行动方案进行修改,并再次进行演练。

(2)震后紧急撤离演练

震后紧急撤离演练的目的是确定地震停止后该如何从家中及时撤离到安全的地段。在演练过程中,要注意带上防震包,也要注意关上水、电、气和熄灭炉火,同时青壮年人还要负责照顾老年人和孩子。

(3)紧急救护演练

紧急救护演练的目的是掌握伤口消毒、止血、包扎等知识,学习人工呼吸等急救技术,了解骨折等受伤肢体的固定,以及某些特殊伤员的运送、护理方法等,以便在地震中受伤后可以进行简单的及时治疗。

7. 和邻里相互合作

破坏性地震发生时,会对很大的区域都造成破坏,致使房屋倒塌、道路堵塞。在这种情况下,消防车、救援队等要及时赶到是非常困难的,因而在日常生活中要通过街道、社区等组织和邻里相互合作,以便在地震发生后可以进行及时的自救和互救。

五、做好地震中的避震工作

在地震发生时,由于情况紧急而复杂,因而每个人都应根据不同的情况,审时度势地采取灵活的应急对策进行有效避震。

(一)地震中避震的原则

在地震中要想能真正避震,需要遵守一定的原则,具体来说有以下几个。

1. 因地制宜原则

在地震发生时,每个人所处的环境、状况都是不同的,因而避震方式也不可能千篇一律,应该具体情况具体分析。

2. 果断行动原则

避震的成功往往是取决于千钧一发之际的,因此,在地震中避震时决不能瞻前顾后,犹豫不决。

3. 伏而待定原则

在地震发生时,切不可急着跑出室外,而是应该抓紧求生时间寻找合适的避震场所,同时采取蹲下或坐下的方式静待地震过去,这样即使房屋倒塌人也不会有生命危险。

(二)地震中的家庭避震

(1)地震发生时,在楼房、高层公寓等建筑物密集区居住的居民决不能贸然外逃,而是应立即在居所内选择避震空间。通常来说,室内适合避震的地方有厨房、厕所、储藏室等,因为这些地方开间小相对牢固,而且跨度小、楼板又多为现浇钢筋混凝土,整体性好,再加上上下水道等的支撑,相对来说是比较安全的;避震时也可以暂时躲在坚固的家具附近、床的下面、承重墙的墙根或墙角处等。而在室内,不稳定的高大家具旁、没有支撑物的床上、周围无支撑的地板上以及玻璃和大窗户旁都是非常不利于避震的,应注意远离。地震发生时如果选择了匆忙外逃,就要特别注意楼顶栏杆、装饰门脸、阳台上的花盆等,以免被其砸伤。

(2)在地震发生时,要抓紧时机将电源切断、炉火熄灭、煤气关闭,以防电线短路和煤气外溢造成火灾或爆炸等次生灾害。

(3)在地震发生时,居民若居住在楼房较少、平房较多的农村或城里,则可在条件允许的情况下逃至户外,如来不及最好也在室内避震。另外,外逃时最好头顶被子、枕头或安全帽,以防被掉落的重物砸伤头部。

(三)地震中的学校避震

在地震发生时,学校避震最需要的就是学校领导和教师的冷静与果断,并紧急疏导学生进行避震。

(1)地震发生时,若学生正在课堂上课,则应迅速将书包放置头顶,躲避在课桌、讲台旁;教学楼内的学生可以到开间小、有管道支撑的房间里,但绝对不能乱跑或跳楼,直到地震停止后由教师统一指挥,迅速撤离教室,到最近的开阔地带进行避震。

(2)地震发生时,若学生正在操场或室外,可原地不动蹲下,双手保护头部,同时注意避开高大的建筑物和危险物,但要注意不可跑到教室内。

(3)地震发生时,若学生是无自理能力的孩子,则教师应立即组织孩子在桌子、床的旁边避震,地震停止后迅速带领孩子疏散到开阔地带进行避震。

（四）地震中的工作单位避震

（1）正在工厂上班的工人，要立即将机器关闭，将电源切断，并在车机床及较高大的设备旁躲避，震后要迅速撤离。

（2）正在办公楼内的工作人员，要立即躲到办公桌旁边，震后有秩序地从楼梯迅速撤离到安全地点。

（3）正在高温、高压环境下的工作人员，要按照工作程序和有关规定立即停止生产，并要按照规范紧急关闭、处理可能产生灾害的源头，杜绝隐患。

（4）正在井下作业的工人，要立即停止生产，同时不可急着外逃，注意选择有支撑的巷道避震，还要避开巷道或竖井等危险地区，震后有秩序地向地面转移。

（5）正在高空作业的工作人员，要立即停止工作，同时迅速降低重心或返回地面，并寻找安全的地方进行躲避。

（6）正在化工行业作业的工作人员和正在使用或生产有毒、放射性、细菌类物品的工作人员，要先依据自身行业的特点及作业规范依照程序停止使用和生产，并要注意将火源熄灭、生产或存储有毒气体的阀门关闭等，然后再采取措施避震。

（7）正在做手术的工作人员，要坚守现场，并在震后照常进行手术或采取其他措施保证病人的生命安全。

（8）正在自动控制、资料储存、重要档案储存库等电脑系统中工作的人员，要采取耐震措施，防止数据丢失。

（9）正在海上航行或捕捞的船只，要立即停止航行，并就近靠岸。

（五）地震中的体育场馆和影剧院避震

在地震发生后，要立即停止体育场馆里的比赛和影剧院里的活动，同时注意稳定观众的情绪，以防出现混乱和拥挤等现象。一般来说，体育场馆和影剧院多采用大跨度的薄壳结构屋顶，重量轻且震时不易倒塌，故而观众可以采取就地避震的方式，但要注意避开吊灯、电扇等悬挂物，震后有秩序地向外疏散。

（六）地震中的超市和商场避震

在地震发生时，首先要保持镇静，然后注意躲在近处的大柱子和体量较大的商品旁边（避开商品陈列橱）或是朝着没有障碍的通道逃避，并要注意屈身蹲下，震后听从服务员的安排有秩序的撤离。处于较高楼层时，从原则上来说应该向底层转移，然而楼梯间通常是建筑物抗震较为薄弱的部位，因而往底层转移时要注意把握时机，同时不可使用电梯。

（七）地震中的户外避震

1. 行人的避震

在地震发生时，正在街上行走的人要保持镇静，立即将身边的皮包或柔软的物品顶在头上，若是没有这些物品就需要将手护在头上，以防被掉落的物品砸伤头部危及生命，同时要趴下或蹲下,以免摔倒,若是有可能则要立即跑到比较开阔的地区躲避。行人在避震时,还要注意避开以下几个危险地点。

(1)要避开高大建筑物和楼房,尤其是有玻璃幕墙的建筑。

(2)要避开立交桥、过街桥、水塔、高烟囱等。

(3)要避开变压器、电线杆、路灯等危险物和高耸物。

(4)要避开广告牌、吊车等悬挂物。

(5)要避开狭窄的街道、危墙、危旧房屋、高门脸等危险场所。

(6)要避开砖瓦、木料等物的堆放处。

2. 车辆的避震

在地震发生时,正在街上行驶的车辆应该尽快减速,同时逐步刹车。若有可能则要尽快离开车辆到比较开阔的地区躲避。

3. 火车的避震

在地震发生时,火车上的乘客要用手牢牢抓住拉手、拉杆或坐席等,并注意防止行李从架上掉下伤人;面朝行车方向的人要将胳膊靠在前坐席的靠背上,身体倾向通道,并用两手护住头部;背朝行车方向的人则要两手护住后脑部,并抬膝护腹,紧缩身体,做好防御姿势。

(八)地震中的野外避震

(1)住在山区傍山而建的建筑物内的居民,要立即撤离到安全的地带;若是遇到山崩或滑坡,切不可顺着滚石方向往山下跑,而是要注意向垂直于滚石前进方向的地方逃避,也可以在结实的障碍物下躲避或是蹲在地沟、坎下,但都要注意将自己的头部保护好。

(2)正在山区的人员,要高度警惕山边的危险环境,注意避开山脚、陡崖及陡峭的山坡,以防止因山崩、滚石、泥石流、地裂、滑坡等受到伤害。

(3)居住在海边或船上的人员以及正在海边游玩的人员,要立即撤离船只到陆地上,并尽快向转移到高处。

六、做好地震后的救援工作

(一)政府要做好地震后的应急工作

震后应急就是政府部门及各相关负责单位在地震发生后,要紧急处置各种各样的情况,做好救援工作。为此,要做好以下几方面的工作。

(1)在地震后初期应以生命的救助为主,尽量减少伤亡。

(2)要迅速启动地震应急预案,并明确职责,统一指挥,对人力和物力进行最快速度的调配。

(3)妥善安置震后群众的生活,并注意预防疾病的发生与传播。

(4)检测并控制次生灾害的,以防止出现次生灾害,造成更大的损失。

（5）及时对地震破坏的生命线工程进行修复。

（6）对建筑灾害情况进行全面清查，以防止震后危险建筑坍塌再次伤人。

（二）个人要做好震后的自救和互救工作

1. 震后的自救

（1）被埋废墟下的自救

个人如果被埋在废墟下，要进行自救就要做到以下几个方面。

第一，一定要保持沉着冷静和头脑清醒，鼓起求生的勇气，消除恐惧心理，同时利用一切办法与外界联系，但不要因惊慌紧张大声呼救，而要听到外面有人时再呼救，以保存体力自救或耐心等待救援。

第二，在可以自己离开险境的情况下，要尽量想办法脱离险境。此时，若是发觉周围有较大空间的通道，就要试着从下面爬过去或者仰面蹭过去，但要确保自己身上没有任何东西会被中途的阻碍物挂住，然后向有光线和空气流通的方向移动。

第三，在无法自己离开险境的情况下，要设法挣脱出手脚，将压在自己身上尤其是腹部以上的物体清除掉，并对伤处进行简单处理；要支撑可能塌落的重物，扩大安全生存空间，并设法寻找食品和水；要用毛巾、衣服等捂住口鼻，以保持呼吸通畅，防止烟尘呛入窒息等，以等待救援。

（2）遇到火灾时的自救

遇到火灾时，要趴在地上，同时用湿毛巾捂住口鼻，待地震停止后迅速转移到安全的地方。在转移时，要注意匍匐、逆风而行。

（3）遇到燃气或毒气泄露时的自救

遇到燃气泄露时，要迅速用湿毛巾将口鼻捂住，同时千万不能使用明火，待地震停止后设法转移到安全的地方。而遇到毒气泄露时，要尽量用湿毛巾将口鼻捂住，然后迅速向逆风方向跑，同时尽量绕到上风方向去。

2. 震后的互救

在地震发生后，大批的救援人员和救援设备需要经过一定的时间才能赶赴到救灾现场，在这种情况下，为了能救助更多地被埋在废墟中的人们，灾区群众应积极投身到互救中。而且，震后的互救是减轻人员伤亡最及时、最有效的办法。

（1）震后互救的原则

在震后进行互救时，不能盲目地进行，而是要遵循一定的原则，以保证确实做到互救。具体来说，震后互救的原则有以下几个。

第一，先救命后治伤原则。在营救他人时，首先要确定伤员的头部位置，若是伤员伤势不重，可帮其他暴露头部、胸部和腹部后，让其自救脱离险境；若是伤员出现窒息、出血等情况，要立即采取适当的急救措施，待其被救出后再治疗伤势。运用这种原则进行震后救护，可以争取时间对更多的人进行抢救。

第二，先救易后救难原则。地震发生后的场面是非常混乱的，而且群众在震后初期进行互救时大多只能运用手挖肩扛的方式,因而要依据自身的体力情况、待救人员身体状况以及所处环境的复杂程度迅速作出判断,对易救的人员进行首先救援,绝不可不量力的鲁莽行事,对伤员造成二次伤害。

第三,先救近后救远原则。在地震后的救援中,最宝贵的就是时间。伤员在废墟中被埋压的时间越长,生还的可能性就越小。因此,在进行震后的互救时,要用最短的时间从最近处找寻、抢救被埋压的人员,然后再由近及远地逐步进行抢救。

第四,先救青壮年和医务人员的原则。地震后的救援需要相当多的人手,这时救出一个青壮年就相当于多了一份救援的力量,而救出一个医生可以尽快医治和护理好一批伤病人员。

(2)震后互救的方法

在进行震后互救时,要根据所处的环境以及不断变化的情况,因地制宜地采取行之有效的方法,以安全地从废墟中救出被埋压人员。而有关震后互救的方法,最常用到的有以下几种。

第一,准确定位被埋压者位置的方法。可以依据建筑物倒塌的特点来准确定位被埋压者的位置,一般来说建筑物在倒塌以后会形成一些“安全岛”,在这里有时可以找到遇险者;也可以利用人工喊话、敲击的方式,请被埋压者的家属、同事或邻居提供被埋压位置线索的方式,利用先进科学技术手段的方式等,来准确确定被埋压人员的位置。

第二,扒挖的方法。扒挖时,要有计划、有步骤,切不可鲁莽;要注意不要造成粉尘碎物飞扬,若灰尘过大可喷水降尘,以让封闭的空间尽早与外界沟通,以便新鲜空气进入;要注意将水、食物、药品递给被埋压者,以使其延长其生命。另外,徒手扒挖时,要量力而行,不能强拉硬拖,以防加重伤员伤情;利用工具扒挖时,要特别注意安全,分清哪些是支撑物,哪些是压埋的阻挡物,尽量保护支撑物并在需要时加设必要的支撑,同时要在接近被埋压者时最好不用利器,徒手扒挖。

第三,施救的方法。在施救时,要先将伤员的头部位置确定,并以最快且十分轻巧的动作使其头部暴露出来,然后对其口鼻内的尘土进行迅速清除,最后是将其胸部和腹部暴露出来,若出现窒息现象则要进行人工呼吸。若是埋压人员难以一时救出,就要设法保证废墟下面空间的通风,并定时向其递送水和食物,等待时机再进行施救。但在进行再次施救前,要确保有人时常进行探望,以免伤员受到余震的威胁。

第四,护理的方法。当抢救出废墟中的人员后,对于伤者要用竹木床板、担架等进行运,决不能一人抬手、一人抬腿,以防造成伤员瘫痪,同时要及时将伤势较重的伤员送往医疗点救治,以使其尽快脱离危险;对于没有伤但埋压过久的人要用物品遮住其眼睛,避免受到强光的刺激,而没有伤但长时间处于饥饿状态的人要先给予部分饮水,在根据情况给少量食物,切不可让其一次进食过多。另外,对于所有在地震中被救出的人员,都要密切关注其在情绪上的变化,要通过耐心开导帮助他们早日走出阴影。

第四章　洪水灾害与防灾减灾措施

当洪水给人类正常生活、生产带来的损失与祸患时称为洪水灾害。我国是一个多洪水的国家,洪灾发生频繁,影响范围广,造成损失大。而且,近年来人口增长和经济发展迅速、人类对自然界的开发进一步加剧、城市化进程明显加快,致使全球性气候变暖、水资源和水环境问题日益突出,造成新时期的防洪形势更加严峻,防洪任务也更加繁重。为了有效地抗御洪水,使洪灾损失减小到最低程度,就必须清楚地了解洪水灾害、认识洪水灾害,并且掌握防洪的基本知识。

第一节　洪水灾害概述

一、洪水灾害的概念

洪水是一种自然水文现象。当洪水超过人们的防洪能力时,就会给人类生产、生活和生命财产造成危害和损失,这就是洪水灾害。洪水灾害是通常所说的水灾和涝灾的总称。水灾一般是指因河流泛滥淹没田地所引起的灾害;涝灾是指因过量降雨而产生地面大面积积水或土地过湿使作物生长不良而减产的现象。因为水灾和涝灾常同时发生,有时也难以区别,所以常把水灾和涝灾统称为洪水灾害,简称洪灾。

确定洪灾的发生必须具备三个条件:一是存在诱发洪灾的主因,即灾害性洪水;二是存在洪水危害的对象,即洪水淹没区内有人居住或分布有社会财产,并因被洪水淹没受到了损害;三是人们在洪灾威胁面前,采取回避、适应或防御洪水的对策。

我国是洪水灾害频发的国家,也是洪水灾害危害最严重的国家之一。由于我国所处的地理纬度,受地形和季风气候的影响,水土资源分布是很不均衡的。除沙漠和极端干旱区、高寒山区等人类极难生存的地区外,大约 2/3 的国土面积有着不同类型和不同危害程度的洪水灾害,有 80% 以上的耕地受到洪水的危害。在历史上,黄河、长江、珠江、海河、淮河、辽河、松花江等流域都发生过特大洪水,给当地人民的生命财产带来了巨大损失。

二、洪水灾害的分类

洪水灾害的形成受气候、地面等自然因素与人类活动因素的影响。我们可以将常见的洪水分为以下几种类型。

(一)暴雨洪水

暴雨洪水是最常见、威胁也最大的洪水。它是由较大强度的降雨引起的江河水量迅速增加并导致水位急剧上升的现象,通常我们简称为"雨洪",主要分布在长江、黄河、淮河、海河、珠江、松花江、辽河等7大江河下游和东南沿海地区。其主要特点是峰高量大,持续时间长,灾害波及范围广。

暴雨洪水的主要成因是大强度、长时间的集中降雨。按暴雨的成因,暴雨洪水可分为雷暴雨洪水、台风暴雨洪水和锋面暴雨洪水。山洪和泥石流也多由暴雨引起。

我国的暴雨洪水主要有三个特点。

第一,各地暴雨洪水出现的时序有一定的规律。夏季集中出现的雨带,一般呈东西向,南北来回移动。

第二,暴雨洪水集中程度高,这种强度高、覆盖面广的暴雨,经常形成极大的洪峰流量,造成洪水严重泛滥。我国实测最大1小时降雨达401毫米(内蒙古上地),最大6小时降雨达830毫米(河南林庄),最大24小时降雨达1 672毫米(台湾新寮),不同历时的最大点暴雨纪录相当接近甚至超过世界各地相应最大纪录。

第三,严重的洪水灾害存在着周期性变化。一般认为,暴雨洪水有重复发生的规律性,大洪水也存在着相对集中的时期。从暴雨洪水发生的历史规律来看,造成严重洪水灾害的历史特大洪水存在着周期性的变化。从历史资料中不同年代发生特大洪水的次数分析,20世纪30年代、50年代及90年代,是中国洪涝灾害最为频繁的时期。且据资料显示,近代主要江河发生过的大洪水,历史上几乎都出现过极为类似的洪水,其成因和分布情况极为相似。

(二)融雪洪水

融雪洪水是以积雪融水为主要来源所形成的洪水,一般发生在4~5月份,最迟6月就结束。主要发生在高纬度积雪地区或高山积雪地区,如我国的新疆阿尔泰和东北一些地区。

(三)冰川洪水

冰川洪水是以冰川融水为主要来源所形成的洪水。冰川洪水的流量与温度有明显的同步关系,洪水水位的涨落随气温的升降而变化,即气温升高使冰雪融化,气温越高,冰川洪水流量越大。我国的天山、昆仑山、祁连山和喜马拉雅山北坡等高山地区有丰富的永久积雪和现代冰川,夏季气温高,积雪和冰山开始融化,最容易形成冰川洪水。

(四)冰凌洪水

冰凌洪水指江河中大量冰凌壅积成为冰塞或冰坝,使水位大幅度升高,而当堵塞部分由于壅积很高,水压过大而被冲开时,上游的水位迅速降落,而流量却迅速增加,形成历时很短、急剧涨落的洪峰,又称凌汛。冰凌洪水主要发生在黄河、松花江等北方江河上。黄河的冰凌洪水集中在上游的宁蒙河段和下游的山东河段;松花江冰凌洪水集中在哈尔滨以下河段。在冬春季节气温开始上升期间,由于某些河段由低纬度流向高纬度,在气温上升,河流开冻时,低纬度的上游河段先行开冻,而高纬度的下游河段仍封冻,上游河水和冰块堆积在下游河床,形成冰坝,容易造成灾害。在河流封冻时,也有可能产生冰凌洪水。

冰凌洪水主要有以下几个特点。

(1)流量小而水位高。冰凌使水流受阻流速减小,水位壅高,因而同流量的凌汛水位高于暴雨洪水水位。

(2)凌汛洪峰流量沿程递增。在凌汛期,由于河槽蓄水量逐段释放叠加,洪峰最大流量沿程不断增大。

(3)冰坝上游水位上涨幅度大、涨速快。

(4)冰排撞击,破坏力大。

(5)抢险护堤困难较大。

(五)风暴潮

风暴潮也称风暴增水、风暴海啸、气象海啸等,是指由强烈大气扰动(如热带气旋、温带气旋等)引起的海面异常升降,由此危害人类生命财产安全的现象,其突出特点是出现海面异常升高。风暴潮有4个等级:风暴增水,增水值小于1米;弱风暴潮,增水值1～2米;强风暴潮,增水值2～3米;特强风暴潮,增水值大于3米。风暴潮洪水不仅具有一般洪水淹没土地的危害,还因海水含盐,有腐蚀作用,对受其浸淹的耕地、建筑物和其他物品的危害,比一般洪水更大。而且,风暴潮作用于建筑物的波浪冲击力也很大,其破坏作用也非一般洪水可比。

风暴潮可分为由热带气旋引起的热带风暴潮和由温带气旋引起的温带风暴潮。

我国位于太平洋西岸,是世界上风暴潮影响比较大的国家之一。在我国,热带风暴潮即是通常所说的台风风暴潮,主要由台风域的气压降低和强风作用所引起。这种风暴潮在我国沿海从南到北都有发生,在东南沿海发生频次较多、增水量较大。其发生的季节与台风同步,一年四季都有可能,而以台风盛行的7月、8月、9月份机会最多。

温带风暴潮则是在北部海区由寒潮大风引起的风暴潮,主要出现在莱州湾和渤海湾沿岸一带,与寒潮大风季节同步,主要发生在冬季半年(春秋和冬季)。

我国的风暴潮有以下几个特点。

(1)各潮位站平均每年发生风暴潮1.5次左右,其中福建、广东和广西沿海次数尤多,平均每年约2～3次。

(2)台风风暴潮增水,东南沿海频次最多,量值最大。北部沿海也有台风风暴潮发生,频次很少,量值较小。

(3)台风风暴潮最大增水值多出现在7月、8月、9月三个月。

(4)寒潮大风诱发的温带风暴潮最大增水记录为3.77米,于1969年4月23日出现在山东小清河口濒临莱州湾的羊角沟。

(六)溃坝洪水

溃坝洪水指水坝在蓄水状态下突然崩塌而形成的向下游急速推进的巨大洪流。习惯上把因地震滑坡或冰川堵塞河道引起水位上涨后,堵塞处突然崩溃而暴发的洪水也归入溃坝洪水。此外,在山区河流上,在地震发生时,有时山体崩滑,阻塞河流,形成堰塞湖。一旦堰塞湖溃决,也形成类似的洪水。这种溃坝洪水虽然范围不太大,但破坏力很大。

(七)山洪

山洪是山区溪沟中发生的暴涨暴落的洪水。由于山区地面和河床坡降都较陡,降雨后产流和汇流都较快,形成急剧涨落的洪峰。所以山洪具有突发性、水量集中、破坏力强等特点,但一般灾害波及范围较小。这种洪水如形成固体径流,则称作泥石流。山洪主要是由山地的地形条件和地质条件决定的,但人为因素,即人类不合理的经济活动也是其成因之一。

(八)雨雪混合洪水

雨雪混合洪水指高寒山区和纬度较高地区的积雪,因春夏季节强烈降雨和雨催雪化而形成的洪水。

三、洪水造成的灾害

洪水灾害是可持续发展的重要制约因素,严重影响国家或地区的自然生态、经济和社会的可持续发展。频繁的洪灾破坏了原有的自然生态系统,影响了农业生产的发展,也威胁到了动物和植物的生存,同时也破坏了原有的水利和饮水系统,使水质恶化,影响到人类的生存环境。不仅如此,洪灾还直接威胁洪泛区人民的生命财产安全,造成农田减产或绝收、房屋倒塌、工厂停产或破坏、交通中断,给当地的经济带来巨大的损失。洪灾还往往导致人民生活环境的重大改变,引起诸多社会问题,进而影响国家经济收入乃至国民经济政策和国家重大方针的调整。同时,大范围的洪水还会带来人体的淹溺、创伤、传染病的流行和各种次生灾害,具体如下。

(一)淹溺

淹溺是由于洪水灌入呼吸道、消化道,或冷水刺激引起喉头痉挛造成窒息、缺氧的一种临床急症。

根据溺水量的多少和持续时间的长短,溺水可分为轻度溺水、中度溺水和重度溺水。

轻度溺水者仅表现为呼吸加快、咳嗽、心动过速等。

中度溺水者常常因吸入、吞入大量水分,而出现神志模糊、呼吸表浅、血压下降、心率减慢、神经反射减弱异常。

中度溺水者可表现为昏迷状态,面部肿胀、青紫,口鼻有血性泡沫,甚至呼吸停止、心跳微弱或停止。

(二)创伤

一方面,由洪水引发的山体滑坡、泥石流等,可将人体埋压导致各类创伤、窒息。另一方面,房屋被洪水冲塌,可导致颅脑外伤、脊柱脊髓损伤、骨折、出血、挤压伤等。

(三)传染病流行

灾害发生后,人畜粪便及腐败的尸体污染水源,可引起痢疾、伤寒、肝炎等肠道传染病的流行。而且,洪灾常常使灾民饮食、居住等生活条件明显下降,人的机体抗病能力降低,尤其是老、弱、病、幼者,更容易被各种传染病侵袭,人感染水源性传染病的机会也会大大增加。

(四)次生灾害

洪水暴发之后引发的次生灾害也有多种,例如灾后聚居于简陋拥挤的帐篷中,天气寒冷,没有取暖设备,可致人冻伤;因烤火取暖或炊事失慎,容易引发火灾;在水中的带电电缆、倒塌电杆上的电线,会使人遭到电击伤;被洪水浸泡而外溢的农药、毒物、污染水源或食物可致人中毒,等等。

四、我国洪水灾害的影响因素

洪水、洪灾现象是自然和人文两方面因素共同作用的结果,自然因素是产生洪水的最直接原因,人文因素则可以削减或加剧洪水。洪水形成的最主要原因是暴雨和大雨,特别是降雨强度大、影响面积较广、历时较长的阵雨。成灾洪水除气象因素(降水、冰凌、气温等)外,还有非气象因素,其中主要是地震等自然因素和人为阻塞河道、侵占蓄滞洪区、围垦湖泊洼地等。

(一)河流和流域

1. 河流的分段与河长

一条河流沿水流方向自高到低可分为河源、上游、中游、下游、河口等。自河源至河口的距离称为河长。

河源就是河流的发源地,多为泉水、沼泽、湖泊等。

上游直接连着河源,在河流的上段,其特征是河谷窄、落差大、水流急、下切强、有急滩和瀑布。

中游在上游以下,河道的纵坡被水流冲刷得逐渐平缓,急滩和瀑布消失,纵断面形成平滑的上凹曲线,水流下切力衰退但转向两岸进行侵蚀,因此河槽逐渐变宽和曲折。

下游在河流最下段,河谷宽,坡度缓、流速小,浅滩沙洲多、河曲发育。

河口是河流的终点,也是河水流入海洋、湖泊或其他河流的处所。

2. 流域

流域是指河流的集水区域。从河口起,通过横断流域的若干割线的中点面达流域最远点的连线长度,称为流域长度,也称流域的轴长。分水线所包围的面积,称为流域面积。在相同暴雨条件下,流域面积愈大,河网愈密,汇流洪水愈大。

我国主要分为黄河、长江、松花江、珠江、淮河、海河、辽河七大流域,这些大流域内又包含了许多小流域。在流域内的地面水都沿着陆地坡面流入该河系,最终由于流流出。因此,河川径流变化特征与流域特征有关。

河流的径流变化主要受到气候条件的影响,包括降水、蒸发、温度、湿度、风等。其中,降水量及其时空变化是直接关系河川径流的大小及变化的因素。同时,流域的土壤及地质、植被和湖泊、沼泽也影响着径流变化。一方面,土壤、岩石性质和地质构造影响入渗量及地下水的补给量。砂土入渗多,地面径流少,黏土入渗少,地面径流多。另一方面,植被增加地面糙度,使地面水流动缓慢,加大入渗量,森林还可以增加降水量。湖泊和沼泽也对径流起调节作用,能调蓄洪水井改变径流在年内的分配。

(二)降水及降水量分布

降水是水循环中的重要一环,它对河流补给起很大作用。降水的形式有多种,如雨、雪、雹、霰、露、霜等,其中以雨、雪为主。我国大部分地区,一年内降水多数是雨水,雪水仅占很少一部分。

1. 降水量

降水性质常用几个基本降水要素来表征,如降水量、降水历时、降水强度、降水面积及暴雨中心等。

降水量为一定时段内降落在某一点或某一面积上的总水量。降水量的大小是用在一定时间内落到地面的水层深度来表示,单位为毫米(毫米)。

降水历时是降水的持续时间,以分钟或小时计。

降水强度(或雨率)是单位时间的降水量,以毫米/分,毫米/小时计。按降雨强度,降水量分为小雨、中雨、大雨、暴雨、大暴雨、特大暴雨六个等级,在气象水文中,按24小时降雨量划分为:降水量小于10毫米,称小雨;降水量10~25毫米,称中雨;降水量25~50毫米,称大雨;降水量50~100毫米,称暴雨;降水量100~200毫米,称大暴雨;降水量大于200毫米,称特大暴雨。

降水面积(或雨面)是降水所笼罩的水平面积,以平方公里计。

暴雨中心是指暴雨集中的较小的局部地区。

2. 我国的降水量分布

我国大部分地区在大陆季风气候影响下,降雨时间集中,强度很大。汛期(东部地区的北方一般在6~9月份,南方一般在5~8月份)集中全年雨量的60%~80%,而汛期中雨量最大的一个月的降雨量占全年的25%~50%,这一个月的降雨又往往是几次大暴雨的结果。其中有三个明显的高值带。

(1)从辽东半岛往南直岛到广西的十万大山南侧滨海地带,包括台湾、海南岛屿,受台风和热带云团的影响,经常出现强烈大暴雨,是我国暴雨强度最大的地带。

(2)燕山、太行山、伏牛山东侧迎风坡的最大24小时雨量一般可达600~800毫米,最大可达到1 000毫米以上(河南林庄1 060.3毫米)。

(3)长江上游四川盆地周边山地以及中下游幕阜山、大别山、黄山山区也是暴雨强度较高的地区,最大24小时雨量一般可以达到400~600毫米。东北地区(辽东半岛、渤海湾西岸除外)、关中地区、云贵高原以及南岭和武夷山的背风区即赣江、湘江上游,暴雨极值比较低。

图4-1为我国年最大24小时点雨量多年平均值等值线廊图(隐去其中局部的高值区和低值区),图中3条等雨量线的分布反映了我国不同暴雨特征地域区界。这3条等雨量线的分

布,概括地反映了我国不同暴雨特征地域区界。

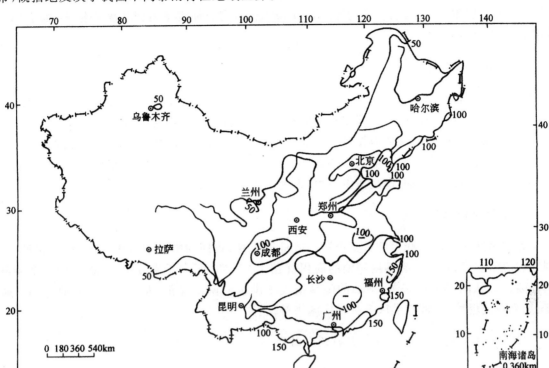

图 4-1　我国年最大 24 小时点雨量(毫米)均值等值线廊图

在图 4-1 中,50 毫米这条等雨量线,从云南腾冲往北至黑龙江省呼玛,将我国大陆面积分成大致相等的东西两半部。东半部多年平均年暴雨日数一般在 1 天以上,最高地区多达 16 天,雨季集中,暴雨强度大,为我国主要暴雨洪水区;而西半部气候干燥,大部地区属高寒山地和戈壁沙漠,极少发生暴雨,不过天山南北坡、祁连山、贺兰山麓和内蒙古草原偶有暴雨发生。

100 毫米这条等雨量线,从辽东半岛往西沿燕山、太行山、伏牛山、巫山东南山麓至云贵高原南缘,是我国分成了大面积暴雨与局地性暴雨地理。内蒙古高原、山陕高原、云贵高原等地的暴雨特点是以短历时局地性暴雨为主。而在 100 毫米等雨量线以东的平原丘陵区,受天气系统和地形影响,暴雨历时长、笼罩面积广、发生频率高,是我国大面积暴雨集中分布地区。此外,四川盆地、陕西的关中地区、东北的长白山区等地区也可以出现较长历时的大面积暴雨。

150 毫米等雨量线,从浙江舟山往南至广西北部湾滨海迎风坡,这条线以东及滨海地区和岛屿大暴雨主要受台风影响造成,是我国暴雨日数最多、强度最大的地带。

(三)人为因素

除全球环境变化、自然大势的作用外,人类活动对自然环境的破坏对洪水灾害的形成也有着非常重要的影响。

1. 毁林开荒

据研究,1 万公顷森林所能含蓄的水量,相当于一座库容为 3×10^6 立方米的水库。森林被盲目砍伐,一方面在暴雨之后不能蓄水于山上,使洪峰来势迅猛,峰高量大,增加了水灾的频率;另一方面加重了水土流失,使水库淤积、库容减少,同时使得下游河道淤积抬升,河道调洪和排洪的能力减弱。

2. 城市化的影响

(1)近年来,城市发展迅速,城市建设面积不断扩大,不透水地面也不断增加。降雨后,地表径流汇流速度因此而加快,洪峰出现时间提前,洪峰流量成倍增长。

(2)城市的"热岛效应"使得城区的降暴雨频率与强度提高,增加了洪水的成灾因素。

(3)新建城区多向临时滞纳洪水的低洼地区发展,必要的排洪设施建设滞后,有些城郊的排洪河道变成市内排污沟,而且清淤不力,人为提供了洪涝的成灾条件。

3. 泄洪湖泊急剧减少

湖泊对削减江河洪峰起着重要作用。但是近年来,我国周围湖泊垦田发展很快,仅湖南、湖北、江西、安徽、江苏五省围垦湖泊的面积就在 $1.2×10^4$ 平方千米以上,比现在的 4 个洞庭湖还要大。从防洪角度来看,湖泊的围垦损失了洪水的调蓄容积,人们只能依靠修建山区水库、加高河流堤防、开辟滞洪区等种种措施来补偿。

4. 水利工程的修建也带来了新的致灾因素

(1)由于水文、地震等系列观测资料不足,有些水库设计标准偏低,在洪水期间容易发生漫顶溃坝。

(2)修建水库带来环境灾害的事例也不容忽视,在水库下游干旱地区出现沙化灾害的事例,无论是在我国还是在其他国家都有发生。

(3)有部分水库大坝抗震强度不够,强震后坝体出现裂缝和滑坡移滑等险情,构成新的潜在威胁。

(4)堤防如果修建不力,一旦洪水决堤而出,灾情会更加严重。特别是在下游河床逐年淤高的高含沙河流上,不断增高的堤防本身就表明其致灾能量也随之不断地聚积。

五、防洪减灾原理

(一)防洪整治的一般规定

(1)防洪整治应结合实际,遵循综合治理、确保重点;防汛与抗旱相结合、工程措施与非工程措施相结合的原则。

(2)应合理利用岸线,防洪设施选线应适应防洪现状和天然岸线走向。

(3)受台风、暴雨、潮汐威胁的地区,整治时应符合防御台风、暴雨、潮汐的要求。

(4)根据历史降水资料易形成内涝的平原、洼地、水网圩区、山谷、盆地等地区整治应完善除涝排水系统。

(5)在行洪河道内居住的居民,应逐步组织外迁;阻碍行洪的障碍物应制定限期清除措施;

在指定的分洪口门附近和洪水主流区域内，严禁设置有碍行洪的各种建筑物，既有建筑物必须拆除。

（6）结合当地江河走向、地势和农田水利设施布置泄洪沟、防洪堤和蓄洪库等防洪设施。对可能造成滑坡的山体、坡地，应加砌石块护坡或挡土墙。防洪（潮）堤的设置应符合国家有关标准的规定。

（7）防洪区内的地区，应在建筑群体中设置具有避洪、救灾功能的公共建筑物，并应采用有利于人员避洪的建筑结构形式，满足避洪疏散要求。

（8）蓄滞洪区的土地利用、开发必须符合防洪要求，建筑场地选择、避洪场所设置等应符合《蓄滞洪区建筑工程技术规范》（GB 50181—1993）的有关规定。

（二）防洪规划

防洪规划是防洪工程建设的前期工作，是指为防治某一流域、河段或者区域的洪涝灾害而制定的总体部署，主要内容是拟定防洪标准和选择优化的防洪系统，包括对现有河流、湖泊的治理计划及兴修新的防洪工程的战略部署等。它是江河、湖泊治理和防洪工程设施建设的基本依据，对河道治理及防洪设施的建设起长期的指导作用，可分为流域的、区域的与单项工程的防洪规划。防洪规划一般结合流域规划或地区水利规划进行。

防洪规划作为一项专业规划，应当服从总体发展规划，在综合规划的基础上编制，与综合规划相协调。综合规划是指综合研究一个流域或区域的水资源开发利用和水害防治的规划，是根据水具有多种功能的特点，在综合考虑了社会经济发展的需要和可能，统筹兼顾各方面的利益、协调各种关系的基础上，以综合开发利用水资源、兴利除害为基本出发点制定的。综合规划确定的开发目标和方针、选定的治理开发的总体方案、主要工程布局与实施程序都体现了开发利用水资源与防治水害相结合，开发利用和保护水资源服从防洪总体安排的原则。

（三）确定防洪措施

防洪减灾是一项长期艰巨的任务，需要进行工程措施和非工程措施相结合的综合治理。

工程措施主要包括：为使洪水约束在河槽里并顺利向下游输送，可修筑堤防、整治河道；修建水库可控制上游洪水来量，调蓄洪水、削减洪峰；在重点保护地区附近修建分洪区（或滞洪、蓄洪区），使超过水库、堤防防御能力的洪水有计划地向分滞洪区内分减，以保护下游地区的安全。这几种主要工程措施，在防洪运用中也是综合运用和合理调度的。

防洪非工程措施是指通过法令、政策、经济手段和工程以外的其他技术手段，以减少洪灾损失的措施。非工程措施包括加强洪泛区土地管理、建立洪水预报警告系统、拟定居民的应急撤离计划和对策、实行防洪保险等。

防治洪水还应当蓄泄兼施、标本兼治，有计划地进行堤防加固、水库除险和河道整治；实行封山育林，退耕还林，扩大林草植被，涵养水源，加强流域水土流失的综合治理。

六、防洪存在的主要问题与面临的挑战

由于洪水灾害对国计民生有重大影响，历朝历代都把防洪抗灾作为国家基本建设的大事，

予以特别重视。新中国成立以后,我国防灾减灾事业才有了长足发展,并取得了巨大的成就。但是,完全消除洪灾是不可能的。我国的防洪形势仍然很严峻,防洪任务还十分艰巨,必须从长计议、科学治理。

(一)防洪存在的主要问题

1. 防洪工程建设进度滞后

规划中的控制性防洪枢纽工程还未全部建成,仅靠堤防或水库防洪不能调控大洪水。控制性防洪枢纽建设进度的滞后,导致部分河段堤防工程的过度建设,出现大量洪水流入河道的现象(也称洪水归槽),加大了河道洪水流量,增加了防洪风险。

2. 堤防工程质量不高

(1)堤防工程(包括江堤和海堤)堤线长,这给防守带来了极大的困难。

(2)现有堤防多建于 20 世纪五六十年代,普遍存在着堤顶高程不够、堤身单薄的现象,部分堤防不同程度地存在迎流顶冲、急流迫岸的险工险段,还存在渗水、冒沙及穿堤建筑物老化失修等隐患,虽历经加高培厚和除险加固,仍难完全消除隐患。

(3)随着河道的变迁及其他因素的影响,新的险情又不断出现。

3. 城市防洪建设滞后

城市防洪建设滞后,防洪能力低,部分堤防工程尚在建设中,一些城市的防洪(潮)堤也未达标,规划范围内的一些国家重点防洪城市的城区防洪工程体系还未形成,防洪能力亟待提高。

4. 各种破坏自然环境的现象仍然存在

目前,我国仍然存在着各种破坏自然环境的现象,如肆意砍伐树木、侵占河滩地、违章建设、肆意倾倒沙石、无序围垦和桥梁、码头及其他跨河建筑物的兴建等,影响了河道泄洪功能的正常发挥。而且,由于林草植被屡遭破坏,土层变浅变薄,水旱灾害频繁,暴雨期间,地表径流汇流迅速,引起洪水暴涨暴落。由于水土流失面积较大,大量泥沙随洪水下泄,淤塞河道、水库,削弱了河道的行洪能力,减小了水库的有效库容。

(二)面临的挑战

目前,防洪仍面临着严峻的挑战,这些挑战既来自自然,也来自人类社会。

1. 暴雨洪水频繁

气候环境及地形地貌特点决定了流域暴雨频繁,洪水峰高、量大、历时长的特性。加上人口、资源与环境的巨大压力,决定了防洪任务的复杂性、长期性。

2. 人类活动加重了防洪压力

正如上文所述,水土流失引起河道泄洪能力降低,堤防工程的建设引发洪水归槽下泄,加大了下游地区的防洪压力,涉水建筑物数量增加影响行洪,城市化进程加快,排涝压力加大,等等,这些都增加了洪灾风险。

3. 社会经济发展快、防洪建设任务艰巨

流域经济相对发达的地区多为平原,珠江三角洲平原是珠江流域经济最发达的地区,也是全国经济发展最快、城市化水平最高的地区之一。但是,这些地区地势低、河道比降缓、集雨面积大,要承泄流域洪水量大,泄洪任务繁重,沿海地区还同时面临着风暴潮的威胁。

总之,当前我国的防洪设施现状难以满足社会经济发展对防洪安全的要求,防洪建设任务十分艰巨。

第二节　堤防工程设计

流域的防洪工程体系由各防洪保护区的堤防工程、防洪枢纽工程(水库)、蓄滞洪区及若干分洪水道、河口整治工程共同组成。堤防工程是江河洪水的主要屏障,是防洪工程体系的重要组成部分,也是古今中外最广泛采用的一种防洪工程措施。本节重点对堤防工程设计的相关内容进行研究。

一、堤防工程的类型

一般情况下,根据抵御洪水的类型分,有河堤、湖堤、海塘。根据建筑材料类型来分,有土堤、土石堤、石堤、(钢筋)混凝土防洪墙、浆砌石防洪墙等。根据堤身断面形式来分,有斜坡式、直墙式以及复合式。在这里,主要简单介绍根据有无防渗体以及防渗体的位置可分的心墙土堤、斜墙土堤、均质土堤三种土堤。

(1)心墙土堤。其特点是在土堤纵向的中心部位,用不透水的黏土做堤心,这种堤型施工比较麻烦、干扰较大。

(2)斜墙土堤。其特点是在土堤靠近堤外侧的一边采用土质为不透水或渗透性较弱的土料筑堤。这种堤型主要是在当地黏土质和壤土质土料较少、无法满足筑堤需求时采用。

(3)均质土堤。其特点是整段土堤均采用同一种土质的土料筑堤,由于均质土堤施工不受干扰,修筑方便,因此在有足够数量的黏性土或壤土的情况下,均质土堤是比较好的选择。

二、国内重点防洪城市和主要堤防工程

(一)国内重点防洪城市

我国重点防洪城市详见表4-1。

表 4-1　全国重点防洪城市

城市名称	所属省(区、市)	城市名称	所属省(区、市)
哈尔滨	黑龙江	芜湖	安徽
齐齐哈尔	黑龙江	安庆	安徽
佳木斯	黑龙江	上海	上海
长春	吉林	南京	江苏
吉林	吉林	南昌	江西
沈阳	辽宁	九江	江西
盘锦	辽宁	黄石	湖北
北京	北京	荆州	湖北
天津	天津	长沙	湖南
郑州	河南	岳阳	湖南
开封	河南	成都	四川
济南	山东	广州	广东
蚌埠	安徽	南宁	广西
淮南	安徽	柳州	广西

（二）国内主要堤防工程

国内主要堤防工程见表 4-2。

表 4-2　国内主要堤防工程

堤防名称	所在位置	所属流域	长度（千米）	保护范围	保护农田（万亩）
永定河大堤	北京市石景山区至天津武清县	黄河	170	北京市	
黄河大堤	黄河下游	黄河	1 583.22	河南、山东	
淮北大堤	淮河中游正阳关以下干流河道北侧	淮河	238.4	淮北大平原	1 000
洪泽湖大堤（高家堰）	淮河洪泽湖水库	淮河	67.25		
荆江大堤	湖北枝城至湖南城陵矶长江中游段	长江	182.35	湖北江汉平原	800
汉江大堤	湖北省长江中下游左岸	长江	942.67	湖北江汉平原	1 800

续表

堤防名称	所在位置	所属流域	长度（千米）	保护范围	保护农田（万亩）
同马大堤	安徽省长江中下游左岸	长江	175.5	安徽、湖北	282
无为大堤	安徽省长江中下游左岸	长江	124	安徽省的无为、和县、庐江、含山、舒城、肥东、肥西等县及巢湖市、合肥市	427.3
北江大堤	广东省北江中下游左岸	珠江	60	广东省的广州市、清远、三水、莅县、南海、佛山市	100

三、堤防工程规划与总体布置

（一）堤防工程总体布置

（1）堤防工程的起点、终点应根据地形地质条件选定，排涝涵闸、排涝泵站位置应按照排涝要求及地形条件选定，然后确定堤防工程范围内穿堤建筑物、交叉建筑物的联结方式。

（2）城市堤防工程建设要结合城市建设的特点，在进行工程布置时，要服从城市总体建设规划和城市防洪规划，全面考虑，统筹安排。有条件的地方可以考虑将堤防与城市交通道路结合建设，并与城区交通道路相连接，发挥防洪抢险道路在非汛期的作用。在城市沿江的堤防，要注重城市景观和节省土地等要求。必要时可与其他市政工程建设相结合。

（3）在设计中，要对工程布置进行多方案比较、论证，不仅要保证达到工程建设目的，还要尽可能做到经济合理，节省工程投资。

（二）堤线布置及堤型选择

1. 堤线布置

堤线布置应根据防洪规划、地形、地质条件，河流或海岸线变迁，结合现有及拟建建筑物的位置、施工条件、已有工程状况以及征地拆迁、文物保护、行政区划等因素，经过技术经济比较后综合分析确定。

堤线布置要遵循一下几方面原则。

（1）堤线应力求平顺，各堤段平缓连接，不得采用折线或急弯。

（2）河堤堤线应与河流流向相适应，并与大洪水的主流线大致平行。一个河段两岸堤防的间距或一岸高地一岸堤防之间的距离应大致相等，不宜突然放大或缩小。

（3）湖堤、海堤应尽可能避开强风或风暴潮的正面袭击。

（4）堤线应布置在占压耕地、拆迁房屋等建筑物少的地带，避开文物遗址，以利于防汛抢险和工程管理。

（5）堤防工程应尽可能利用现有堤防和有利地形，修筑在土质较好、比较稳定的滩岸上，留有适当宽度的滩地,尽可能避开软弱地基、深水地带、古河道、强透水地基。

2. 堤型选择

根据防渗体设计,堤型可分为均质土堤、斜墙式土堤和心墙式土堤等。

根据堤身的断面形式,堤型可分为斜坡式堤、直墙式堤和直斜复合式堤(图 4-2)。

根据筑堤材料不同,堤型可分为土堤、石堤、混凝土或钢筋混凝土防洪墙、分区填筑的混合材料堤等。

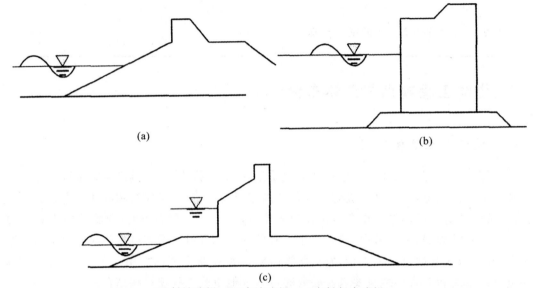

(a)斜坡式堤;(b)直墙式堤;(c)直斜复合式堤

图 4-2　斜坡式堤、直墙式堤和直斜复合式堤

选择堤型要遵循因地制宜、就地取材的原则,参考堤段所在的地理位置、重要程度、堤线地质条件、筑堤材料、水流及风浪特性、环境景观、工程造价、施工条件、运用和管理要求等因素,经过技术经济比较论证,综合确定堤防的形式。此外,在同一堤线的不同堤段可根据具体条件采用不同的堤型。在堤型变换处应做好连接处理,必要时应设过渡段。

(三)堤顶高程的确定

现阶段,堤顶高程要视所在位置的设计洪水位或设计高潮位加堤顶超高确定。设计洪水位与设计高潮位应根据国家现行有关标准规定计算。而关系到整个工程的投资多少的堤顶超高值则要按下式进行计算:

$$Y = R + e + A$$

其中,Y 代表堤顶超高(米),R 代表设计波浪爬高(米),e 代表设计风壅增水高度(米),A 代表安全加高(米)。其中风壅增水高度值 e 和波浪爬高值 R 需单独计算确定。通常,1 级、2 级堤防的堤顶超高值不应小于 2.0 米。

1. 风壅水面高度计算

在有限风区的情况下,风壅水面高度可按下式计算:

$$e = \frac{KV^2F}{2gd}\cos\beta$$

其中,e代表计算点的风壅水面高度(米);K代表综合摩阻系数,可取$K=3.6\times10^{-6}$;V代表设计风速,按计算波浪的风速确定(米/秒);F代表由计算点逆风向到对岸的距离(米);d代表水域的平均水深(米);β代表风向与垂直于堤轴线的法线的夹角(°)。

2.波浪爬高计算

(1)在风的直接作用下,正向来波在单一斜坡上的波浪爬高可按下列方法确定。

当斜坡坡率米=1.5～5.0时,可按下式计算:

$$R_p = \frac{K_\Delta K_v K_p}{\sqrt{1+m^2}}\sqrt{HL}$$

其中,R_p代表累积频率为户的波浪爬高(米);K_Δ代表斜坡的糙率及渗透性系数;K_v代表经验系数,可根据风速V(米/秒)、堤前水深天(米)、重力加速度g(米/秒^2)组成的无维量$V/\sqrt{gd}$;Kp代表爬高累积频率换算系数对不允许越浪的堤防,爬高累积频率宜取2%,对允许越浪的堤防,爬高累积频率宜取13%;m代表斜坡坡率,$m=\cot a$,a为斜坡坡角(°);$\overline{H}$代表堤前波浪的平均波高(米);L代表堤前波浪的波长(米)。

(2)带有平台的复合斜坡堤(图4-3)的波浪爬高,可先确定该断面的折算坡度系数m_e,再按坡度系数为m_e的单坡断面确定其爬高。

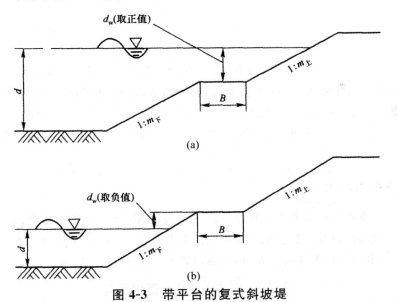

图4-3　带平台的复式斜坡堤

折算坡度系数m_e可按下列公式计算:

当Δ米=(米$_\mathrm{下}$—米$_\mathrm{上}$)=0,即上下坡度一致时:

$$m_e = m_\mathrm{上}\left(1 - 4.0\,\frac{|d_w|}{L}\right)K_b$$

$$K_b = 1 + 3\frac{B}{L}$$

$\Delta _*<0$，即下坡陡于上坡时：

$$m_e = (m_上 + 0.5\Delta m + 0.08\Delta m^2)\left(1 + 3.0\frac{d_w}{L}\right)K_b$$

当 Δ 米 >0，即下坡缓于上坡时：

$$m_e = (m_上 + 0.3\Delta m - 0.1\Delta m^2)\left(1 - 4.5\frac{d_w}{L}\right)K_b$$

其中，$m_上$ 为平台以上的斜坡坡率；$m_下$ 为平台以下的斜坡坡率；d_w 为平台上的水深（米），当平台在静水位以下时取正值，平台在静水位以上时取负值，$|d_w|$ 表示取绝对值；B 为平台宽度（米）；L 为波长（米）。

四、防洪设计标准

（一）确定防洪设计标准的因素

防洪设计标准是指通过采取各种措施后使防护对象达到的防洪能力，一般以江河的某一段所能防御的一定重现期的洪水表示，简称防洪标准。防洪标准的高低取决于防护对象在国民经济中所处的地位和重要性，也受制于人们控制自然的实际可能性，包括工程技术的难易程度、所需投入的多少等。防洪标准越高，进行江河治理需要的投入越多，承担的风险越小。相反，标准越低，投入越少，承担的风险越大。所以，采用的防洪标准实质上是国家在一定时期内技术政策和经济政策的具体体现，要在防洪规划中根据任务要求，结合国家或地区的经济状况和工程条件，通过技术经济论证确定。

由于我国是发展中国家，目前财力有限，不可能用大量投资进行防洪建设。考虑我国现阶段的社会经济条件，水利部于1994年重新颁布了《防洪标准》，把防护对象分成了九类：城市、乡村、工矿企业、交通运输设施、水利水电工程、动力设施、通信设施及文明古迹和旅游设施，还指出，各类防护对象的防洪标准，应根据防洪安全的要求，并考虑经济、政治、社会、环境等因素，综合论证确定。

（二）具体防洪设计标准

目前，我国分别按防护对象重要程度和洪灾损失情况，统一规定了适当的防洪安全度，确定适度的防洪标准，以该标准相应的洪水作为防洪规划设计、施工和管理的依据，详见表4-3、表4-4、表4-5所示，其中，重现期为50年一遇、100年一遇等。

表 4-3　城市的等级和防洪标准

等级	重要性	非农业人口（万人）	防洪标准（重现期/年）
I	特别重要的城市	≥150	≥200
II	重要的城市	150～50	200～100
III	中等城市	50～20	100～50
IV	一般城镇	≤20	50～20

表 4-4 乡村防护区的等别和防洪标准

等别	防护区人口(万人)	防护区耕地面积(万亩)	防洪标准(重现期/年)
Ⅰ	≥150	≥300	100~50
Ⅱ	150~50	300~100	50~30
Ⅲ	50~20	100~30	30~20
Ⅳ	≤20	≤30	20~10

表 4-5 工矿企业的等别和防洪标准

等别	工矿企业规模	防洪标准(主要厂区或车间)(重现期/年)
Ⅰ	特大型	200~100
Ⅱ	大型	100~50
Ⅲ	中型	50~20
Ⅳ	小型	20~10

注:辅助厂区(或车间)和生活区可以单独进行防护的,其防洪标准可适当降低。

为保证水库和大坝等永久性水工建筑物的安全,《防洪标准》又规定了校核标准,规定在进行设计时要提供两种标准的洪水情况进行设计与校核,以保证在两种运用条件下主要建筑物都不破坏。表 4-6 是水库工程水工建筑物的防洪标准。

表 4-6 水库工程水工建筑物的防洪标准

水工建筑物级别	防洪标准(重现期/年)				
	山区、丘陵区			平原区、滨海区	
	设计	校核		设计	校核
		混凝土坝浆砌和石坝及其他水工建筑物	土坝、堆石坝		
1	1 000~500	5 000~2 000	可能最大洪水(PMF)或 10 000~5 000	300~100	2 000~1 000
2	500~100	2 000~1 000	5 000~2 000	100~50	1000~300
3	100~50	1 000~500	2 000~1 000	50~20	300~100
4	50~30	500~200	1 000~300	20~10	100~50
5	30~20	200~100	300~200	10	50~20

五、堤防工程的设计标准、设计依据和设计原则

（一）堤防工程的设计标准

堤防工程防洪标准是指堤防工程措施使防护对象达到的防洪能力。确定堤防工程的级别要以堤防工程的防洪标准为依据，如表 4-7 所示。

表 4-7　堤防工程的级别

防洪标准（重现期/年）	≥100	<100,且≥50	<50,且≥30	<30,且≥20	<20,且≥10
堤防工程级别	1	2	3	4	5

要注意的是，堤防工程的级别还应该考虑受灾情况，遭受洪灾或失事后损失及影响较小或使用期限较短的临时堤防工程，其级别可适当降低；遭受洪灾或失事后损失巨大，影响十分严重的堤防工程，其级别可适当提高。

此外，堤防的安全加高值应根据堤防工程的级别和防浪要求，按表 4-8 规定确定。

表 4-8　堤防工程的安全加高值

堤防工程的级别		1	2	3	4	5
安全加高值（米）	不允评越浪的堤防工程	1.0	0.8	0.7	0.6	0.5
	允许越浪的堤防工程	0.5	0.4	0.4	0.3	0.3

（二）堤防工程的设计依据

1. 气象与水文资料

要设计堤防，必须先清楚地了解当地的气温、风况、蒸发、降水、水位、流量、流速、泥沙、波浪、冰情、地下水等气象资料，以及与工程有关的水系、水域分布、河势演变和冲淤变化等水文资料。

2. 社会经济资料

要进行堤防工程设计，必须要具备防护区及堤防工程区的社会经济资料，这主要包括：（1）面积、人口、耕地、城镇分布等社会概况；（2）生态环境概况；（3）农业、交通、能源、工矿企业、通信等行业的规模、资产、产量、产值等国民经济概况；（4）历史洪、潮灾害情况。

3. 工程地形及工程地质资料

要进行堤防工程设计，必须要具备地形测量资料，包括地形图、纵断面图及横断面图等。3级及以上的堤防工程设计的工程地质及筑堤材料资料，应符合国家现行标准《堤防工程地质勘

察规程》的规定。4 级、5 级的堤防工程设计的工程地质及筑堤资料,可适当简化。

(三)堤防工程的设计原则

(1)堤防工程的设计应具备可靠的气象水文、地形地貌、水系水域、地质及社会经济等基本资料。堤防加固、扩建设计,还应具备堤防工程现状及运用情况等资料。

(2)堤防工程的设计应以所在河流、湖泊、海岸带的综合规划或防洪、防潮专业规划为依据。城市堤防工程的设计,还应以城市总体规划为依据。

(3)堤防工程设计应贯彻因地制宜、就地取材的原则,积极慎重采用新技术、新工艺、新材料。

(4)堤防工程设计应满足稳定、渗流、变形等方面要求。

(5)堤防工程设计应符合国家现行有关标准和规范的规定。

(6)位于地震烈度 7 度及其以上地区的 1 级堤防工程,经主管部门批准,应进行抗震设计。

六、设计水位和排涝流量的确定

(一)设计水(潮)位的统计和计算

重现期的水位(海岸地区为潮位)的设计应使用频率分析的方法确定,通常要求有不少于20 年的年最高水(潮)位资料,并需要调查历史上出现的特高水(潮)位值。

重现期水(潮)位频率分析线型的设计,内陆江河和受径流影响的潮汐河口地区宜采用皮尔逊Ⅲ型分布曲线,海岸地区宜采用极值Ⅰ型分布曲线,也可采用其他线型进行水(潮)位频率分析计算。但在进行重现期潮位频率分析的设计时,应采用包含风壅增水影响在内的年最高潮位资料作为统计资料。

1. 按极值Ⅰ型分布率进行频率分析

按极值Ⅰ型分布率进行频率分析,应符合下列规定。

(1)对 n 年连续的年最高潮位序列 h_i,其年频率为 p 的潮位值及统计参数,可以按下列公式计算:

$$\overline{h} = \frac{1}{n} \sum_{i=1}^{n} h_i$$

$$S = \sqrt{\frac{1}{n} \sum_{i=1}^{n} h_i^2 - \overline{h}^2}$$

$$h_p = \overline{h} + \lambda_{pn} S$$

其中,h 表示年最高潮位序列的均值,h_i 表示第 i 年的年最高潮位值,S 表示潮位系列的均方差,h_p 表示与年频率 p 对应的潮位值,λ_{pn} 表示与频率户及资料年数 n 有关的系数。

(2)除 n 年连续的年最高潮位序列 h_i 外,根据调查在考证期 N 年中有 a 个特高潮位值 h_j,其年最高潮位均值 $\overline{h}$ 及均方差 S 可按下列公式计算:

$$\overline{h} = \frac{1}{N}\left(\sum_{j=1}^{a} h_j + \frac{N-a}{n}\sum_{i=1}^{a} h_i\right)$$

$$S = \sqrt{\frac{1}{N}\left(\sum_{i=1}^{a} h_j^2 + \frac{N-a}{n}\sum_{i=1}^{a} h_i^2\right) - \overline{h}^2}$$

其中，h_j 表示特高潮位值（$j=1,\cdots,a$），h_i 表示连续年最高潮位序列（$i=1,\cdots,n$）。

2. 按皮尔逊Ⅲ型分布律进行频率分析

按皮尔逊Ⅲ型分布律进行频率分析时，应符合下列规定。

（1）对 n 年连续的年最高水（潮）位系列 h_i，其均值 $\overline{h}$ 可按上式计算，离差系数 Cv 可按下式计算确定：

$$C_v = \sqrt{\frac{1}{n-1}\sum_{i=1}^{a}\left(\frac{h_i}{\overline{h}} - 1\right)^2}$$

（2）除 n 年连续的年最高水（潮）位序列外，根据调查在考证期 N 年中有 a 个特高潮位值 h_j，其年最高水（潮）位均值 $\overline{h}$ 如前所算，离差系数 C 秒则按下式计算确定：

$$C_s = \sqrt{\frac{1}{N-1}\left(\sum_{j=1}^{a}\frac{h_j}{\overline{h}} - 1\right)^2 + \frac{1}{n}\sum_{i=1}^{a}\left(\frac{h_j}{\overline{h}} - 1\right)^2}$$

3. 经验频率计算

经验频率计算应符合下列规定。

（1）按递减次序排列的年最高水（潮）位序列中，第 m 年的经验频率按下式计算确定：

$$P = \frac{m}{n+1} \times \%$$

（2）除 n 年连续的年最高水（潮）位序列外，根据调查在考证期 N 年中有 a 个特高潮位值，第 m 项特高水（潮）位的经验频率可按下式计算确定：

$$P = \frac{M}{N+1} \times \%$$

（3）重现期 T（年）与频率 P（%）的关系为：

$$T_R = \frac{100}{P}$$

4. 极值同步差比法

在缺乏长期连续水（潮）位资料，但有不少于连续 5 年的年最高水（潮）位情况下，水（潮）位的设计可用"极值同步差比法"与附近有不少于连续 20 年资料的长期水（潮）位站资料进行同步相关分析，以确定所需的设计潮位，其计算公式如下：

$$h_{PY} = A_{NY} + \frac{R_Y}{R_X}(h_{PX} - A_{NX})$$

其中，h_{PY}、h_{PX} 分别为待求站与长期站的设计高水（潮）位（米），R_Y、R_X 分别为待求站与长期站的同期各年年最高水（潮）位的平均值与平均水（潮）位的差值（米），A_{NY}、A_{NX} 分别为待求站与长期站的同期平均水（潮）位值（米）。

在使用这种方法的同时,待求站与长期站之间要满足四个条件:一是地理位置邻近,二是受河流径流(包括汛期)的影响近似,三是潮汐性质相似,四是受增减水的影响近似。

(二)排涝流量计算

(1)设计排涝流量,根据涝区特点、资料条件和设计要求,可以采用产流、汇流方法推算,或者按排涝期平均排除法估算,或者按排涝模数经验公式估算。

(2)根据设计暴雨间接推算设计排涝流量,设计暴雨历时应根据暴雨特性、涝区特点和设计要求确定。按有关规范的规定分析计算设计暴雨量、设计雨型、设计净雨深、最大涝水流量和涝水过程线,确定设计暴雨要合理拟定设计暴雨量、设计雨型、设计暴雨历时、设计净雨深等因素。

(3)对排涝田的泵站,排涝流量采用排涝期间涝水量平均排除法估算。

(4)对坡水地区,排涝流量一般采用地区排涝模数经验公式估算。对坡水地区的骨干排水河道,一般采用由实测暴雨径流资料分析率定的排涝模数经验公式估算。对于较大面积的涝区,考虑上述因素采用产流、汇流方法精确计算。

(5)对有排渍要求的涝区,应根据地区气象、土壤、水文地质等因素,计算排水河道的设计排渍流量。

(6)人类活动使流域产流、汇流条件有明显变化的,要考虑其影响。

(7)采用各种方法计算的设计排涝流量,都应与本流域实测调查资料,以及相似地区计算成果进行比较,检查其合理性。

七、堤防结构设计

(一)堤身断面设计

堤身断面可以分为直立式断面、斜坡式断面和混合式断面,如表4-9所示。

表 4-9　堤身断面的分类

分类	材料和特点	施工堤段
直立式断面	底部基础多采用抛石基床。但波浪遇直立墙时几乎全部反射,引起堤防附近波高加大,当堤前水深小于波浪的破碎水深时,波浪将破碎,对堤防产生很大的动水压力,挡墙材料可采用混凝土、浆砌块石	一般用于基础条件较好、水深中等的堤段
斜坡式断面	施工方便,易于设置各种消浪措施,但当堤身较高时,堤身填土材料用量大,会导致投资加大	可用于任何地基上
混合式断面	一般堤身高度大于5米,既有较好的消浪性能,又能较好地适应各种地基变形的需要,堤身堤基整体稳定性好。	一般用于临水侧滩脚低、淘刷严重的堤段

(二)渗流及渗透稳定计算

1. 双层堤基渗流计算

(1)无限长等厚双层堤基的渗流计算

双层堤基就是堤基表土层的渗透系数为下卧强透水层的渗透系数的 1% 及以下(图 4-4)。堤基表层弱透水层底板下的承压水头可用下式进行计算:

CD 段
$$h = He^{-Ax}(1 + Ab + \text{th}AL)$$

BC 段
$$h = \frac{H(1 + Ax)'}{1 + Ab + \text{th}AL}$$

其中,h 为弱透水层底板下的承压水头(米);A 为越流系数;th 为双曲正切函数。

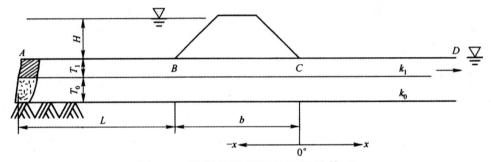

图 4-4 无限长等厚双层地基计算图

(2)有限长等厚双层堤基的渗流计算

有限长等厚双层堤基计算如图 4-5 所示。

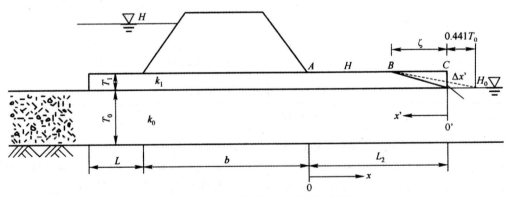

图 4-5 有限长等厚双层堤基计算图

(3)不等厚或不均质双层堤基的渗流计算

当弱透水层为不等厚或不均质(各段渗透系数不同)时,可用递推公式先求得临水侧和背水侧的不透水等效长度 $S_上$ 和 $S_下$,如图 4-6 所示,再按不透水底板求出弱透水层底面各点的承压水头,如图 4-7 所示。

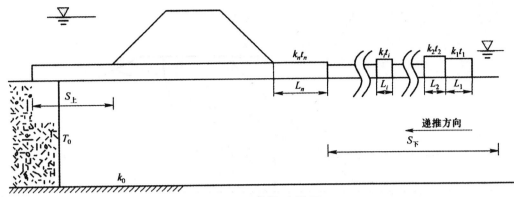

图 4-6　递推计算图

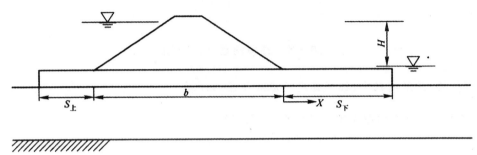

图 4-7　承压水头计算图

（4）盖重的计算

加盖重以后，如果盖重材料的渗透系数很大，通过弱透水层的渗透水能畅通排出，则可以不再核算。如果盖重材料的渗透系数不是很大，则加盖重后等效长度加长，应重新计算，把盖重段当做一段来递推。

2. 渗透稳定计算

渗透比降为沿渗流途径的水头变化率，当渗透途径为 L，渗透水头差为 h_2-h_1 时，其渗透坡降 J 为：

$$J = (h_2 - h_1)/L$$

若 J 小于土体的抗渗允许坡降，则土体是渗透稳定的，否则，表明土体不能满足抗渗稳定要求，需要进行加固处理。

（三）抗滑与抗倾稳定计算

1. 土堤边坡抗滑稳定计算

土堤边坡抗滑稳定一般采用圆弧滑动法计算，如图 4-8 所示。

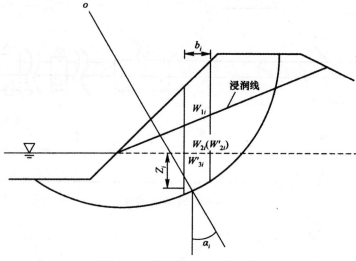

图 4-8　圆弧滑动法示意图

2. 挡土墙、防浪墙抗滑、抗倾稳定及基底压应力计算

(1)挡土墙的抗滑稳定安全系数应按下式计算

$$K_c = \frac{f \cdot \sum W}{\sum P}$$

其中，K_c 为抗滑稳定安全系数；f 为底板与堤基之间的摩擦因数；$\sum W$ 为作用于墙体上的全部垂直力的总和(kN)；$\sum P$ 为作用于墙体上的全部水平力的总和(kN)。

(2)挡土墙、防浪墙的抗倾稳定性应按下式计算

$$K_0 = \frac{\sum M_V}{\sum M_H}$$

其中，K_0 为抗倾稳定安全系数；M_V 为抗倾覆力矩(kN·m)；M_H 为倾覆力矩(kN·m)。

(3)挡土墙基底的压应力应按下式计算

$$\sigma_{\max,\min} = \frac{\sum G}{A} \pm \frac{\sum M}{\sum W}$$

其中，式中 $\sigma_{\max,\min}$ 为基底的最大和最小压应力(kPa)；$\sum G$ 为竖向荷载(kN)；A 为挡土墙底面面积(平方米)；$\sum M$ 为荷载对挡土墙底面垂直于横剖面方向的轴的力矩(kN·m)；$\sum W$ 为挡土墙底面对垂直于横剖面方向形心轴的截面系数(立方米)。

要注意，挡土墙基底的最大压应力应小于地基的允许承载力，压应力最大值与最小值之比的允许值，黏土宜取 1.2～2.5；沙土宜取 2.0～3.0。基底压力的不均匀系数不应过大。

(四)沉降计算

软土地区堤的沉降量较大，历时较长，1～3 级堤防需进行沉降量计算。沉降计算应包括海中心线处堤身和堤基的最终沉降量，并对计算结果按地区经验加以修正，对沉降敏感区尚应计算断面的沉降及沉降差。

根据堤基的地质条件、土层的压缩性、堤身的断面尺寸、地基处理方法及荷载情况等，可分

为若干堤段，每段选取代表性断面进行沉降量计算。

第三节　洪水灾害防灾减灾的其他措施

一、防洪减灾的工程措施

（一）排洪沟

排洪沟是为了使山洪能顺利排入较大河流或河沟而设置的防洪设施，应对原有冲沟的整治，加大其排水断面，理顺沟道线形，使山洪排泄顺畅。布置排洪沟要遵循以下几个原则。

第一，布置排洪沟应充分考虑周围的地形、地貌及地质情况。为减少工程量，可尽量利用天然沟道，但应避免穿越城区，保证周围建筑群的安全。其进出口宜设在地形、地质及水文条件良好的地段。出口与河道的交角宜大于90°，沟底标高应在河道常水位以上。

第二，排洪沟的纵坡应根据天然沟道的纵坡、地形条件、冲淤情况及护砌类型等因素确定，当地面坡度很大时，应设置跌水或陡坡，以调整纵坡。

第三，在一般情况下，排洪沟应做成明沟。如需做成暗沟时，其纵坡可适当加大，防止淤积，且断面不宜太小，以便抢修。

第四，在排洪沟内不得设置影响水流的障碍物，当排洪沟需要穿越道路时，宜采用桥涵，并避免发生壅水现象。

第五，排洪沟的安全超高宜在0.5米左右，弯道凹岸还需考虑水流离心力作用所产生的超高。排洪沟的宽度改变时应设渐变段，平面上尽量减少弯道，使水流通畅。如果必须使用弯道，那么弯道半径一般不得小于5～10倍的设计水面宽度。

（二）截洪沟

截洪沟是排洪沟的一种特殊形式。位居山麓或土塬坡底的城镇、厂矿区，可在山坡上选择地形平缓、地质条件较好的地带，也可在坡脚下修建截洪沟，拦截地面水，在沟内积蓄或送入附近排洪沟中，以免危及村庄安全。布置截洪沟要遵循以下几个原则。

第一，应结合地形及住宅区的排水沟、道路边沟等统筹设置。

第二，截洪沟应均匀布设，沟的间距不宜过大，沟底应保持一定坡度，使水流畅通，避免发生淤积。

第三，截洪沟的主要沟段及坡度较陡的沟段不宜采用土明沟，应以块石、混凝土铺砌或采用其他加固措施。

第四，比较长的截洪沟因各段水量不同，其断面大小应能满足排洪量的要求，不得溢流出槽。

第五，在用地坡度较大的地区，应在建筑外围修筑截洪沟，使雨水迅速排走。

（三）防洪闸

防洪闸指村庄防洪工程中的挡洪闸、分洪闸、排洪闸和挡潮闸等。防洪闸的设置应该选在水流流态平顺,河床、岸坡稳定的河段,其中,泄洪闸宜选在顺直河段或截弯取直的地点;分洪闸应选在被保护村庄上游,河岸基本稳定的弯道凹岸顶点稍偏下游处或直段;挡潮闸宜选在海岸稳定地区,以接近海口为宜,并应减少强风强潮影响,上游宜有冲淤水源。

（四）排涝设施

当防洪区地势较低,在汛期排水发生困难以致引起涝灾时,可修建排水泵站排水,或者将低洼地填高,使水能自由流出。

（五）建设控制性工程

水库具有调蓄洪水的能力,同时可以利用水库的防洪库容与兴利库容结合,有效库容调节河川径流,发挥水库的综合效益,是水资源开发利用的一项重要的综合性工程措施,是一种非常有效的蓄洪工程。在防洪规划中,大江大河通常被利用有利地形、合理布置干支流水库,共同对一定范围内的洪水起有效的控制作用。特别是一些控制性水库,可能更多地承担着调控洪水的任务,其防洪任务主要是针对上中游型和全流域型洪水,将削减下游防洪控制断面洪水,往往对整个流域的防洪起着决定性的作用。

（六）疏浚与整治河道

疏浚与整治河道是河流综合开发中的一项综合性工程措施,其目的是为了使河床平顺通畅,提高河道宣泄洪水的能力,并稳定河势,护滩保堤。通常的做法包括拓宽和浚深河槽、裁弯取直(图 4-9)、消除阻碍水流的障碍物等。疏浚是用人力、机械和炸药来进行作业,整治则是通过修造建筑物来影响或改变水流流态,二者常互相配合使用。

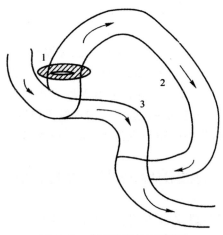

图 4-9　裁弯取直示意图

1. 堵口锁坝;2. 原河道;3. 新河道

（七）蓄滞洪区与洪泛区划定与管理

防洪区是指洪水泛滥可能淹及的地区,可划分为洪泛区、蓄滞洪区和防洪保护区。

洪泛区是指尚无工程设施保护的洪水泛滥所及的地区。

蓄滞洪区是指包括分洪口在内的河堤背水面以外临时储存洪水的低洼地区及湖泊等。

防洪保护区是指在防洪标准内受防洪工程设施保护的地区。

分洪、滞洪与蓄洪是中国长期使用的三项防洪措施,如图 4-10 所示。分洪是在过水能力不足的河段上游适当地点,修建分洪闸,开挖分洪水道(又称减河),将超过本河段安全泄量的部分洪水引走,以减轻本河段的泄洪负担。滞洪是利用水库、湖泊、洼地等暂时滞留一部分洪水,以削减洪峰流量,洪峰一过,即将滞留的洪水放归原河下泄,以腾空蓄水容积迎接下次洪峰。蓄洪则是蓄留一部分或全部洪水,待枯水期供水利部门使用,也同样起到削减洪峰流量的作用。

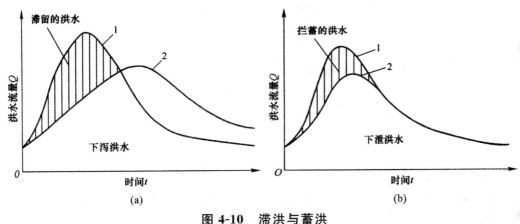

图 4-10 滞洪与蓄洪

(a)入库洪水过程线;(b)泄流过程线

1. 入库洪水过程线;2. 泄流过程线

（八）治理水土流失

水土流失是因大规模破坏植被而引起的自然环境严重破坏现象,不仅会导致水库、湖泊、河道中下游严重淤积,降低防洪工程的作用,而且还会改变自然生态,加剧洪旱灾害发生的频次。水土保持是针对高原及山丘地区水土流失现象而采取的根本性治山治水措施,对减少洪水灾害很有帮助。治理水土流失,要与当地农业基本建设相结合,综合治理并合理开发水土资源,如广泛利用荒山、荒坡、荒滩及"十边地"植树种草,封山育林,甚至退田还林,改进农牧生产技术,合理放牧、修筑梯田、零用免耕或少耕技术,大量修建谷坊、塘坝、小型水库等拦沙蓄水工程,等等。

（九）防治山洪灾害

山洪灾害具有灾害范围小、发生频率高、突发性强、伤亡严重、破坏作用大的特点,往往造成毁灭性破坏。因此,应当组织负责地质矿产管理工作的部门、水务主管部门和其他有关部门对山体滑坡、崩塌和泥石流隐患进行全面调查，划定重点防治区，对威胁乡镇、农村和淹没一般农田的山洪按一定标准设防，对威胁县城、国（省）道、铁路等交通生命线和大型工矿企业的山洪按较高标准设防，采用新建水库和堤围、整治河道、修筑（整治）保护区排洪渠和水土保持，排水、削坡、减重反压、抗滑挡墙、抗滑桩、锚固（预应力锚固）和抗滑键等措施进行防治。

（十）治涝工程

治涝的措施主要有修筑围堤和堵支联圩、开渠撇洪、整修排水系统。

（1）修筑围堤用以防护洼地，以免外水入侵，所圈围的低洼田地称为圩或垸。对于排涝能力分散薄弱的地区，应将分散的小圩合并成大圩，堵塞小沟支汊，整修和加固外围大堤，并整理排水渠系，以加强防汛排涝能力，称为堵支联圩。

（2）开渠撇洪即沿山麓开渠，拦截地面径流，引入外河、外湖或水库，不使之向圩区汇集。若与修筑围堤相配合，常可收到良好的效果。

（3）整修排水系统包括排水沟渠和排水闸，必要时还包括机电排涝泵站。排水沟渠可以利用航运水道，排涝泵站有时也可兼作灌溉提水泵站用。

二、防洪减灾的非工程措施

只靠工程措施既不能解决全部防洪问题，又受费用制约，因而可以采用防洪非工程措施。新中国成立以来，我国建成的防洪非工程设施如下。

（一）防汛指挥调度通信系统

目前，以国家防汛抗旱总指挥部办公室为中心，可供水利部门使用的微波通信干线有15 000千米，微波站500个。这个通信网连接七大流域机构、21个重点省、市防汛指挥部，先后在长江的荆江分洪区和洞庭湖区，黄河的"三花"（三门峡至花园口）区间和北金堤滞洪区，淮河正阳关以上各蓄滞洪区，永定河官厅山峡、永定河泛区、小清河分洪区等河段的地区，建成了融防汛信息收集传输、水情预报、调度决策为一体的通信系统。此外，在全国多处重点蓄滞洪区都建有通信报警系统和信息反馈系统等。

（二）水文站网和预报系统

我国目前基本上在大中河流都设置了水文报汛网，一种是较先进的水文自动测报系统；另一种是由雨量站通过有线或无线通信，把雨情报给防汛部门，防汛部门再根据降雨和径流模型，经计算分析，预报流域各站洪水。近年来，一些利用水文气象基本资料和数学模型，并广泛应用现代电子技术如遥感、遥控、卫星定位和通信的新型洪水预报预测系统正在兴起，其预报速度快、精度高、有效期长，是今后洪水预报预测的发展方向。

（三）洪水预报和警报系统

作为非工程措施中的一项关键技术，洪水预报预警系统越来越受到人们的重视，它对防御洪水和减少洪灾损失具有特别重要的作用。有了洪水预报，才能据此制定防洪方案，并抢在洪峰到来之前,利用过去的资料和卫星、雷达、计算机遥测收集到的实时水文气象数据,进行综合处理,作出洪峰、洪量、洪水位、流速、洪水达到时间、洪水历时等洪水特征值的预报,及时提供给防汛指挥部门,必要时对洪泛区发出警报,组织抢救和居民撤离,以减少洪灾损失。

(四)洪水保险和灾后救济

实行防洪保险,属于减轻洪水泛滥影响的措施,洪水保险具有社会互相救助的性质,即社会以投保者按年(或季)一定的支出来补偿少数受灾者的集中损失,以改变洪灾损失的分担方式,减少洪灾影响。

建立救灾基金和救灾组织,以及临时维持社会秩序的群众组织等。多年的实践表明:只有把工程防洪措施与非工程防洪措施紧密结合,才能缩小洪水泛滥的范围,大幅度地减少洪灾损失和人口伤亡。

(五)蓄滞洪区管理

通过政府颁发法令或条例,对蓄滞洪区土地开发利用、产业结构、工农业布局、人口等进行管理,为蓄滞洪区运用创造条件。制定撤离计划,就是事先建立救护组织、抢救设备,确定撤退路线、方式、次序以及安置等预案,并在蓄滞洪区内设立各类洪水标志。在紧急情况时,根据发布的洪水警报,将处于洪水威胁地区的人员和主要财产安全撤出。

(六)河道管理

根据有关法令、条例保障行洪通畅,依法对河道范围内修建建筑物、地面开挖、土石搬迁、土地利用等进行管理,对违反规定的,要按照"谁设障,谁清除"的原则处理。

三、体系联合调度

防洪减灾体系是根据流域的自然地理条件、洪水特点及主要防洪保护区的分布情况,经科学论证后,提出各防洪区及流域的防洪总体布局。防洪工程体系由各防洪保护区的堤防工程,防洪枢纽工程(水库),蓄滞洪区及若干分洪水道、河口整治工程共同组成。建立健全的流域防洪减灾体系,通过科学的调配,可以最大限度地发挥各项防洪工程措施或非工程措施的作用,提高防洪能力,在发生常遇洪水和较大洪水时,能保障经济发展和社会安全;在遭遇大洪水或特大洪水时,经济活动和社会生活不致发生大的动荡,生态环境不会遭到严重破坏,可持续发展进程不会受到重大干扰。

四、河道整治工程

为了稳定河势、改善和调整河道形态,以满足防洪、输水等的要求,需要对流道加以整治。河道的整治工程主要有护岸工程、整治建筑物、分洪工程(进洪设施、泄洪设施、分洪道和滞洪区)。

（一）护岸工程

护岸工程包括护坡、护脚两部分。护坡一般采用干砌石、浆砌石、混凝土板、砖、草皮等；护脚又可分为垂直防护和水平防护，水平保护一般采用抛石、石笼等柔性结构，垂直防护多采用浆砌块石或干砌条石，其深度应超过河床可冲刷的深度。防岸工程适合于能满足泄洪要求，又能符合河床演变规律并保持相对稳定的主要工程。

（二）整治建筑物

整治建筑物就是为稳定河势、调整水流修建的水工建筑物，通常有顺坝、丁坝等。

(1)顺坝是一种大致与河道平行的水工建筑物，分为透水的和不透水的，一般多作成透水的。其主要作用是调整河宽、保护堤岸、引导水流趋于平顺，以改善水流条件，如图 4-11 所示。

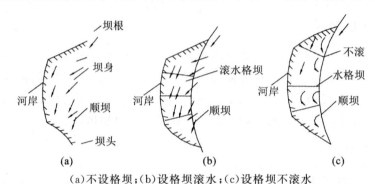

(a)不设格坝；(b)设格坝滚水；(c)设格坝不滚水

图 4-11　顺坝半面布置

(2)丁坝是与河岸汇交或斜交、伸入河道中的水工建筑物，如图 4-12，可分为长丁坝、短丁坝和圆盘坝。

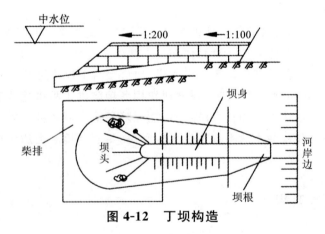

图 4-12　丁坝构造

（三）分洪工程

分洪一般包括进洪设施、泄洪设施、分洪道和滞洪区，如图 4-13 所示。

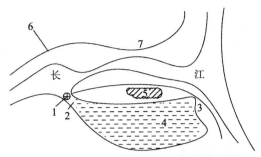

图 4-13　分洪与滞洪工程示意图

1. 分洪闸；2. 分洪道；3. 泄洪闸；4. 滞区；5. 安全区；6. 防洪堤；7. 保护区

（1）进洪设施

进洪设施一般建于河道堤防一侧的分洪区或分洪道的首部，可分为有控制的进洪设施、半控制的进洪设施和无控制的进洪设施。

（2）分洪道

分洪道一般分为直接分洪入海或其他河流的分洪道、分洪入分洪区或洼淀的分洪道和分洪后仍归原河道的分洪道。

（3）滞洪区

滞洪区是利用天然湖泊、洼地或修筑围堤来调蓄分洪流量的临时平原水库，把洪水约束在所规定的范围之内，在出口设置排水退水设施。这种方法对峰型尖瘦、洪水陡涨陡落的河流具有显著的削减洪峰的效果。要注意的是，滞洪区边上必须设置避洪安全区。

五、抢险与堤防加固

（一）堤防除险加固

1. 堤防渗透破坏的除险加固

堤防发生渗透破坏是非常普遍的。渗水可以引起防洪堤背水面发生脱坡、漏洞、渗水和坑陷等险情。因此，必须对有隐患的堤段进行加固，其方法主要是在防洪堤堤身的临水面或中间设置防渗体（如防渗斜墙和防渗心墙），它一般由黏土、水泥土、钢筋混凝土组成。当地基中存在较大的承压含水层时，可采用减压排水井与地基防渗体结合使用的方式来加固除险。为防止堤防渗透破坏，加强堤身的稳定性，还可以采用背水后戗，即透水压浸平台的加固方式。如果由于冲刷而引起了堤身缺陷，则可采用灌浆、回填等办法进行处理。

2. 堤防滑坡失稳加固

根据滑坡险情，采用适当的方法进行加固除险。若由于渗流问题所引起的滑坡隐患，可以采用上面渗透破坏除险加固的方法来消除。若滑坡已经发生，则要看滑坡破坏的程度。若仅仅是浅层滑坡，地基土体基本保持原样，可以将滑坡体挖除后，重新按照堤防填筑标准回填即可。

若滑坡为深层滑动,由于滑动面一部分深入地基,此时挖除全部滑坡会产生比较大的危险。因此,可以考虑挖除部分堤身滑坡体,根据滑坡后重新设计的稳定断面填筑。也可以考虑采用地基加固处理滑坡,地基处理的方法有水泥土搅拌桩、高压旋喷桩、振冲碎石桩、压力灌浆等。

(二)堤防改建

当堤防出现下列情况时可以考虑改建。

(1)堤距过窄,局部形成卡口,影响洪水正常宣泄。

(2)主流逼岸,堤身坍塌,难以固守。

(3)海涂淤涨扩大,需要调整堤线位置。

(4)原堤线走向不合理。

(5)原堤身存在严重问题难以加固。

需要注意的是,改建堤段应与原有堤段平顺连接。当改建堤段与原堤段不相同时,两者的结合部位应设置渐变段。

(三)堤防扩建

当现有的堤防高度不能满足防洪要求时,应进行扩建。土堤扩建宜采用临水侧帮宽加高。当临水侧滩地狭窄或有防护工程时,可采用背水侧帮宽加高。对新老堤防的结合部位及穿堤建筑物与堤身的连接部位应进行专门设计。土堤扩建使用的土料应与原土料特性相近,若土料特性相差较大,则应设置过渡层。扩建所用的土料标准不应低于原堤身的填筑标准。

第五章　火灾害与防灾减灾措施

在人类社会生活中,火灾是威胁公共安全、危害人们生命财产的灾害之一。由于人们用火用电管理不慎,或者设备故障,或者人为纵火等原因不断产生火灾,对人类的生命财产构成了巨大的威胁。所以,了解火灾的相关知识,做好火灾的防灾减灾措施是十分必要的。

第一节　火灾害概述

一、火灾的定义和常见术语

(一)火灾的定义

火灾,是指在时间或空间上失去控制的燃烧所造成的灾害。火创造了人类文明,推动了社会的进步,在人类的生产、生活活动中是不可缺少的。但是火如果失去了控制,就会危害人类,造成生命和财产损失,成为火灾。火灾不仅造成严重的经济损失,而且会致人死亡或伤残,使人产生严重的心理创伤。在各类灾害中,火灾是一种不受时间、空间限制,发生频率最高的灾害。

对于火灾,在我国古代,人们就总结出"防为上,救次之,戒为下"的经验。随着社会的不断发展,消防工作的重要性就越来越突出。无论是在中国还是在其他国家,减少火灾对生产、生活及资源环境的危害都已经成为国家的重大任务,中国科协的减灾白皮书中曾专门将火灾作为重大灾种加以分析。

(二)常见的火灾术语

(1)燃烧,即可燃物与氧化剂作用发生的放热反应,通常伴有火焰、发光和(或)发烟现象。

(2)可燃物,即能与空气中的氧或其他氧化剂起燃烧化学反应的物质。可燃物按其物理状态可分为气体可燃物、液体可燃物和固体可燃物三种类别。

(3)氧化剂,是指帮助和支持可燃物燃烧的物质,即能与可燃物发生氧化反应的物质。

(4)燃烧产物,是指由燃烧或热解作用产生的全部物质。燃烧产物包括燃烧生成的气体、能量、可见烟等。

(5)释热速率,即火灾中随时间而变化的放热强度,是决定火灾温度高低及烟气产生量的重要参数。

（6）燃点，即在可燃物上可发生持续燃烧的最低温度。

（7）闪点，即在规定条件下，用指定点火源点燃可燃物，其表面出现的短时气相火焰的最低温度。

二、火灾的等级

根据 2007 年公安部下发的《关于调整火灾等级标准的通知》，新的火灾等级标准由原来的特大火灾、重大火灾、一般火灾三个等级调整为特别重大火灾、重大火灾、较大火灾和一般火灾四个等级。

（一）特别重大火灾

特别重大火灾是指造成 30 人以上（含本数，下同）死亡，或者 100 人以上重伤，或者 1 亿元以上直接财产损失的火灾。

（二）重大火灾

重大火灾是指造成 10 人以上 30 人以下死亡，或者 50 人以上 100 人以下重伤，或者 5 000 万元以上 1 亿元以下直接财产损失的火灾。

（三）较大火灾

较大火灾是指造成 3 人以上 10 人以下死亡，或者 10 人以上 50 人以下重伤，或者 1 000 万元以上 5 000 万元以下直接财产损失的火灾。

（四）一般火灾

一般火灾是指造成 3 人以下死亡，或者 10 人以下重伤，或者 1 000 万元以下直接财产损失的火灾。

三、火灾的类型

按火灾发生的地点、可燃物种类、物质燃烧特性来划分，火灾的类型可有下列几种。

（一）按火灾发生地点划分

有建筑火灾、露天生产装置火灾、可燃物料堆场火灾、森林火灾、交通工具火灾等。发生次数最多、损失最严重者，当属建筑火灾。其发生次数占总火灾数的 75% 左右，直接经济损失占总火灾的 85% 左右。

（二）按可燃物种类划分

有气体火灾、可燃性液体火灾、金属火灾、易燃固体的火灾等。值得注意的是，较多的火灾形成可能是由单一的可燃物所致。但随着火灾的发展,会有多种可燃物参与,形成复合型火灾。

(三)按物质燃烧特性划分

为了便于指导防火和灭火特别是合理选用灭火器材,国家标准《火灾分类》(GB 4968-85)按物质的燃烧特性将火灾分为如下四类。

1.A 类火灾

A 类火灾指固体物质火灾。这种物质往往具有有机物的性质,一般在燃烧时产生灼热的余烬,如木材、煤、棉、毛、麻、纸张等火灾。

2.B 类火灾

B 类火灾指液体火灾和可熔化的固体物质火灾,如汽油、煤油、柴油、原油、甲醇、乙醇、沥青、石蜡等火灾。

3.C 类火灾

C 类火灾指气体火灾,如煤气、天然气、甲烷、乙烷、丙烷、氢气等火灾。

4.D 类火灾

D 类火灾指金属火灾,如钾、钠、镁、铝镁合金等火灾。

5.E 类火灾

E 类火灾指带电物体和精密仪器等物质的火灾。

四、火灾的原因

发生火灾事故的主要原因包括以下几个方面。

(一)乱接乱拉电源线,违反安全操作规程

所谓乱拉电线,就是不按照安全用电的有关规定,随便拖拉电线,任意增加用电设备。违反安全操作规程,接线不规范、接头或线径不符合安全用电要求,极易造成短路、负载或电阻过大等而引起电线发热着火,或使设备超温、超压,以及在易燃易爆场所违章动火、吸烟等都可能引起火灾。

(二)电器设备老化、超负荷运行

电器设备绝缘不良,安装不符合规程要求,发生短路、超负荷、接触电阻过大等,都可能引起火灾。

（三）预防措施不足

易燃易爆场所未采取相应的防火防爆措施，设备缺乏维护检修，都可能引起火灾。

因对易燃易爆生产场所的设备、管线没有采取消除静电措施引起的火灾事故也屡见不鲜。静电通常是由摩擦、撞击而产生的。如易燃、可燃液体在塑料管中流动，由于摩擦产生静电，引起易燃、可燃液体燃烧爆炸；输送易燃液体流速过大，无导除静电设施或者导除静电设施不良，致使大量静电荷积聚，产生火花引起爆炸起火；在大量爆炸性混合气体存在的地点，身上穿着的化纤织物的摩擦、塑料鞋底与地面的摩擦产生的静电，引起爆炸性混合气体爆炸等。

（四）通风不良，管理不善

通风不良，生产场所的可燃气体或粉尘在空气中达到爆炸浓度，遇火源引起火灾。对易燃物品管理不善，库房堆放材料没有根据物质的性质分类储存，也容易引起火灾。

（五）照明灯具太靠近可燃物

有人喜欢安装床头灯，并且用纸做灯罩，有的将灯泡靠近衣服或蚊帐，更有甚者用灯泡取暖，将灯泡放在被子里，由于白炽灯泡（特别是较大功率的灯泡）表面温度很高，因白炽灯而引起火灾的事故也就时有发生。

（六）不良的吸烟习惯

香烟燃烧时中心部位温度高达 700℃～800℃，烟头的表面温度也有 200℃～300℃。纸、棉花、布匹等大多数可燃物的燃烧点都低于这个温度。根据试验，烟头引起棉絮着火的时间只需 3～7 分钟，引起晴纶着火的时间更短，只需 1 分钟左右。可见，烟头虽小，潜在的危险性却很大。有些人乱扔未熄灭的烟头，有些人喜欢躺在床上吸烟，有些人有时会把仍燃烧着的香烟放在一边而去干别的事情，这样极易引起火灾。

（七）自燃现象引起

1. 自燃

如大量堆积在库房里的油布、油纸，因为通风不好，内部发热，以致集热不散发生自燃。

2. 雷击

雷电引起的火灾原因，大体上有三种：雷直接击在建筑物上发生热效应、机械效应作用等；雷电产生的静电感应作用和电磁感应作用；高电位沿着电气线路和金属管道系统侵入建筑物内部。在雷击较多的地区，建筑物上如果没有设置可靠的防雷保护设施，便有可能发生雷击起火。

五、火灾发生的条件

维持燃烧持续进行需有四个条件，即可燃物、助燃物、点火源和自由基。

(一)要有可燃物

可燃物就是能在空气、氧气或其他氧化剂中发生燃烧反应的物质,如木材、纸张、汽油、酒精、氢气、乙炔、钠、镁等。可燃物从物质形态上分为气体可燃物、液体可燃物和固体可燃物,从化学组成上分为有机可燃物和无机可燃物。不同可燃物的燃烧难易程度不同,同一可燃物的燃烧难易程度也会因条件改变而改变,甚至在一种条件下成为可燃物,而在另一种条件下成为非可燃物。例如,铁、铝等在纯氧中能发生剧烈的燃烧,而在空气中则是非可燃物。

(二)要有助燃物

助燃物是指空气、氧气、氯酸钾、过氧化钠、浓硝酸、浓硫酸等能帮助和支持可燃物燃烧的物质。有时可燃物和助燃物是合二为一的,这类物质在燃烧过程中会发生分解反应,如硝化甘油的爆炸。

(三)要有着火源

着火源又称点火源,是指能引起可燃物燃烧的热能源。着火源可以是明火,也可以是高温物体。常见的引起火灾的着火源有电器开关、电器短路、静电等产生的电火花,炉火、烟头、火柴、蜡烛等。雷电是很强烈的放电现象,其电火花往往是古建筑、森林的着火源。金属与金属、金属与岩石之间的撞击、摩擦所产生的火星,其温度可达 1 000℃以上,可引燃可燃气体、可燃液体蒸气以及棉花、干草、绒毛等物质。

(四)要有自由基

自由基,化学上也称为"游离基",是指化合物的分子在光热等外界条件下,共价键发生均裂而形成的具有不成对电子的原子或基团。自由基反应在燃烧、气体化学、聚合反应、等离子体化学、生物化学和其他各种化学学科中扮演很重要的角色。燃烧一旦发生,火焰中必定含有自由基,自由基一旦消失,燃烧就无法继续维持。

六、火灾发展的过程

火灾大体分成三个主要阶段,即:火灾初期增长阶段、火灾充分发展阶段及火灾减弱阶段。

(一)火灾初期增长阶段

刚起火时,燃烧状况是逐渐上升的。在这一阶段中,室内的平均温度还比较低,因为总的释热速率不高。不过在火焰和着火物体附近会存在局部高温。

此时,通风状况对火区的继续发展将发挥重要作用。如果房间的通风足够好,火区将继续增大,直到发生"轰燃"。如图 5-1 所示,轰燃对应于温度曲线陡升的那一小段,所占时间是比较短暂的。

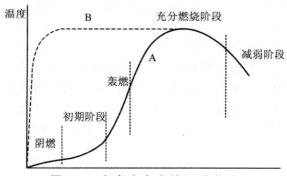

图 5-1　室内火灾中的温升曲线

图中的曲线 B 是可燃液体(及热融塑料)火灾的温升曲线,其主要特点是火灾初期的温升速率很快,在相当短的时间内,温度可以达到 1 000℃左右,火灾基本上按定常速率燃烧。若形成流淌火,燃烧强度将迅速增大,还应当采取一些特别的措施。

(二)火灾充分发展阶段

进入这一阶段后,火灾燃烧强度仍在增加,释热速率逐渐达到某一最大值,室内温度经常会升到 800℃以上,可能会严重地损坏室内的设备及建筑物本身的结构,甚至造成建筑物的部分毁坏或全部倒塌。同时,高温火焰和烟气还会携带着相当多的可燃组分从起火室的开口蹿出,将火焰扩展到邻近房间或相邻建筑物中。因此,此时室内尚未逃出的人员是极难生还的。

(三)火灾减弱阶段

一般认为,此阶段是从室内平均温度降到其峰值的 80％左右时开始的,是火区逐渐冷却的阶段。这时室内可燃物的挥发成分大量消耗致使燃烧速率减小,最后明火燃烧无法维持,火焰熄灭,可燃固体变为炽热的焦炭。由于燃烧放出的热量不会很快散失,室内平均温度仍然较高。如果遇到合适浓度的可燃挥发成分,还可能引发"回燃"现象。

七、不同场所火灾的特点

(一)多层民用建筑中的居民家庭火灾的特点

(1)用火不慎、电气、吸烟引起的火灾分别约占居民火灾 37％、30％、7％,是引发火灾的主要原因。

(2)居民火灾造成的直接经济损失虽然相对较小,但发生的次数和受灾人数较多,一旦发生火灾将严重影响社会秩序,影响社会安定。

(二)高层建筑火灾的特点

高层建筑的火灾主要有具有"三多一大、二快、二难"的特点。"三多一大"即火灾产生的烟气多,需要疏散的人员多,比低矮房屋火灾死亡的人员多,火烟毒气大;"二快"是指火势蔓延快、烟气扩散快;"二难"是人员安全疏散难,消防灭火扑救难。

1. 火灾险患多,容易发生火灾

首先,高层建筑室内确有众多的可燃物,如木质门(窗)和木桁架、胶合板、纤维板顶棚、木质办公桌、柜及家具,木质装饰墙板或木质临时隔断墙,可燃的纺织品窗帘和装饰布、地毯、被褥、衣物、家具等,火灾荷载大,只要有一个小小火星,即可酿成一场巨大的灾难。

其次,高层建筑为了充分利用其建筑面积,多为公共户或综合户大楼,即一幢大楼内除办公用房外还有商场、舞厅、餐厅、电视电影厅、旅馆、公寓、住宅等,必然设有用火多的厨房。这样的综合大楼,既不便统一管理,外来人员、顾客又多,吸烟者常常乱扔未熄灭的烟头和火柴棍即可将纸屑、纸箱等引燃,造成一场灾祸。

2. 火势蔓延快、火烟扩散快

楼高风大,随着高层建筑高度的增加,承受的风力也增大,一有火灾发生,火借风势,风助火威,供氧充足,火烟温度高,导致火风压大,而使火猛烈燃烧。同时,高层建筑必然有一些垂直方向的竖井,如电(楼)梯井等,火烟一旦窜入这些井道,产生"烟囱"效应,具有很大抽力,将火烟抽入井道,以每秒 3~5 米的速度迅猛向上蔓延,1 分钟可将火烟传播到 200 米的高度,而室内可燃物质又成为宝贵的燃料,顷刻间可使整幢大楼犹如一根火柱一样将大楼焚毁。

3. 疏散困难,容易造成重大伤亡事故

高层建筑由于垂直疏散距离长,疏散所需时间较长;人员密度大,疏散时容易出现堵塞拥挤;普通电梯在火灾时往往因为不防烟火或停电而停运,主要靠楼梯疏散。但是,在火灾时,预计 15 层的人员疏散至地面约需 19 分钟,30 层需 39 分钟,50 层需 66 分钟,实际情况可能更为严峻,而人员困在起火建筑中半个小时以上遇难的可能性就很大了。所以高层建筑在火灾时很容易造成重大伤亡事故。

4. 灭火和营救困难

现有的消防设备对于超高层建筑是无能为力的,国外性能最好的云梯车也只能达到 60 米,普通消防车的喷水高度只有 24 米。消防人员登楼扑救时,如无消防楼梯,则要和逃散疏散人员争楼道,影响灭火工作的开展。

5. 人员伤亡、财产损失惨重

在人员伤亡方面,高层建筑疏散的距离和时间过长,或因断电黑暗,不识路径;或因慌乱缺乏组织引导,争先恐后地乱挤,堵塞通路;或因烟火熏烤,一氧化碳中毒气而晕倒或窒息死亡,加之高层建筑火灾火烟发展迅猛,因而高层建筑火灾少则造成 10 余人、多则上百人的死亡。

在财产损失方面,高层建筑火灾发展快,有的大楼顷刻成为 1 根大火柱、火炉灶,席卷整幢大楼,楼内财物随之化为灰烬。更有甚者,大火燃烧时间过长,还将整幢建筑结构破坏,严重者

将大楼烧毁垮塌,上数百万千万元资金建成的高楼大厦即被毁于一旦。

(三)公共聚集场所火灾的特点

在商场、宾馆、饭店、影剧院、体育馆、歌舞厅及图书馆和学校等公共场所,由于可燃物多,电器照明设备多,人员高度集中等原因,发生火灾容易造成重大人员伤亡事故。

(四)森林、草场火灾的特点

大规模的森林和草场火灾在造成重大生命财产损失的同时,还往往对生态环境产生恶劣影响。例如,我国 1987 年的大兴安岭火灾和 1996 年的内蒙古森林草原火灾,都给周围地区的生态环境造成了严重破坏。

(五)地下空间和隧道火灾的特点

地下建筑没有门窗之类的通风口,它们是经由竖直通道与地面上部的空间相连的,与地上建筑相比,地下建筑火灾有以下一些特点。

1. 散热困难

地下建筑内发生火灾时,热烟气无法通过窗户顺利排出,又由于建筑物周围的材料很厚,导热性能差,对流散热弱,燃烧产生的热量大部分积累在室内,故其中温度上升得很快。起火房间温度可由 400℃ 迅速上升到 800℃～900℃,容易较快地发生轰燃。

2. 烟气量大

地下建筑火灾燃烧所用的氧气是通过与地面相通的通风道和其他漏洞补充的。这些通道面积狭窄,新鲜空气的供应不足,故火灾基本上处于低氧浓度的燃烧,不完全燃烧程度严重,可产生相当多的浓烟。这一方面造成室内压力中性面低,即烟气层较厚(对人们威胁增大),另一方面烟气容易向建筑物的其他区域蔓延。

3. 人员疏散困难

地下建筑的出入口少,疏散距离长,发生火灾时,人员只能通过限定的出入口进行疏散,由于热烟气是向上流动的,与火灾中人员疏散的方向相同,所以,在火灾中,人员出入口往往会成为喷烟口,而烟气流动速度比人群疏散速度快。如果没有合理的措施,烟气就会对人员造成很大的危害。同时,地下建筑由于自然采光量很少,能见度也低,一般依靠灯光照明,为了防止火灾蔓延,往往要切断电源,里面会很快达到伸手不见五指的程度,这也将严重妨碍人员的疏散。

4. 火灾扑救难度大

首先,地下建筑内气体交换不良,灭火时使用的灭火剂应比灭地面火灾时少,且不能使用毒性较大的灭火剂,这就致使火灾不易被迅速扑灭。

其次,地下建筑火灾无法观察火灾情况,消防人员无法直接观察到火灾的具体位置与情节,这对组织灭火造成很多困难。

再次,地下建筑的壁面结构对通信设备的干扰很大,无线通信设备在地下建筑内难以使用,故在火灾中地下与地上的即时联络很困难。

最后,消防人员只能由地下建筑的固定出入口进出,而浓烟和较差的照明条件让他们不易迅速接近起火位置。

(六)交通事故火灾的特点

车辆起火的发生或是由于遭到撞击时油箱或油路受损燃油外溢,或是由于汽车本身内部原因所引起的。在道路交通事故中,车辆起火是最严重的交通事故之一。道路交通事故中的火灾具有以下特点。

首先,交通事故火灾多发生在路途上,流动性强,当发生火灾后没有消防器材,火灾长时间地堵塞交通,带来一系列的负面效应。

其次,交通事故火灾形成突然,往往使人措手不及,火灾发展迅猛。

最后,交通事故火灾发生后,报警困难,现场灭火的条件差,旅客逃生、货物疏散、伤员救治和转移比较困难。

八、火灾对人的伤害

火灾事故对人的伤害主要表现在以下几方面。

(一)烧伤

烧伤是指由热力、某些化学物质、电流以及放射线导致的皮肤或其他组织的损伤。火灾的烧伤多由火焰直接导致皮肤及其组织的蛋白凝固、脱水、炭化等损伤。一般的烧伤如治疗得当,有希望治好,但是严重的烧伤可导致全身的炎症反应,组织、器官的缺血、缺氧,细胞水肿;病情严重的可引起休克、多脏器功能衰竭、死亡。烧伤经治疗常常遗留疤痕和局部组织、器官的功能障碍。

(二)窒息

有资料显示,发生火灾时因缺氧、烟气侵害而造成的人员伤亡可达火灾死亡人数的50%～80%。因为火灾中烟气的主要成分是碳粉,还有大量的一氧化碳、二氧化碳、硫化氢等有毒气体,对人体危害很大。

各种可燃物燃烧时产生的有毒气体如表5-1所示。

表 5-1　各种可燃物燃烧时产生的有毒气体

物质名称	燃烧时产生的主要有毒气体
木材、纸张	一氧化碳(CO)、二氧化碳(CO_2)
棉花、人造纤维、羊毛	一氧化碳(CO)、二氧化碳(CO_2)、硫化氢(H_2秒)、氰化氢(HCN)、氨气(NH_3)
聚四氟乙烯	二氧化碳(CO_2)、一氧化碳(CO)
聚苯乙烯	二氧化碳(CO_2)、一氧化碳(CO)、乙醛(CH_3CHO)、苯(C_6H_6)、甲苯($C_6H_6-CH_3$)
聚氯乙烯	二氧化碳(CO_2)、一氧化碳(CO)、氯气(Cl_2)、氯化氢(HCl)、光气($COCl_2$)
尼龙	二氧化碳(CO_2)、一氧化碳(CO)、氨气(NH_3)、氰化物(XCN)、乙醛(CH_3CHO)
酚树脂	一氧化碳(CO)、氨气(NH_3)、氰化物(XCN)
三聚氢胺—醛树脂	一氧化碳(CO)、氨气(NH_3)、氰化物(XCN)
环氧树脂	二氧化碳(CO_2)、一氧化碳(CO)、丙醛(CH_3CH_2CHO)

各种有毒气体毒害性及其允许浓度如表 5-2 所示。

表 5-2　各种有毒气体毒害性及其允许浓度

毒性分类	气体名称	长期允许浓度	火灾疏散条件浓度
单纯窒息性	O_2	—	14％
	CO_2	0.5％	3％
化学窒息性	CO	$50×10^{-6}$	0.2％
	HCN	$0.1×10^{-6}$	0.02％
	H_2S	$10×10^{-6}$	0.1％
黏膜刺激性	HCl	$5×10^{-6}$	0.3％
	NH_3	$50×10^{-6}$	—
	Cl_2	$1×10^{-6}$	—
	$COCl_2$	$0.1×10^{-6}$	$25×10^{-6}$

可见,在火灾中,火烟含有大量有毒气体,超过正常允许浓度时,就会造成人员中毒死亡。

(三)休克

烧伤后 48～72 小时为休克期,休克是烧伤早期主要的并发症,也是烧伤早期死亡的主要原因之一。成人烧伤面积 20％以上,小儿烧伤面积 5％以上即可发生低血容量休克。

烧伤 48 小时以后的 2～3 周为感染期,烧伤感染伴随创面的存在而存在,并贯穿烧伤病程的始终。严重的感染可发生感染性休克。

（四）摔死、摔伤

当选择的路线逃生失败后，人往往会失去理智而采取跳楼、跳窗等方式，结果会造成骨折、内脏破裂、颅脑外伤或死亡。

九、火灾的扑救和逃生

对于扑救初起火灾，其基本原则就是：发现起火后立即报警，先控制、后消灭，救人重于救火，先重点后一般，合理选用灭火剂和灭火方法。火势的发展往往是难以预料的，如果扑救方法不当，或受灭火器材的效用所限等，均有可能控制不住火势而酿成大患，因此，必须要了解灭火的基本原理与逃生的基本原则。

（一）灭火

1. 灭火的基本原理

灭火就是使燃烧反应终止的过程，其基本原理可以归纳为以下四个方面：冷却、窒息、隔离和化学抑制。

（1）冷却灭火

对一般可燃物来说，能够持续燃烧的条件之一就是它们在火焰或热的作用下达到了各自的着火温度。因此，对一般可燃物火灾，将可燃物冷却到其燃点或闪点以下，燃烧反应就会中止。水的灭火机理主要是冷却作用。

（2）窒息灭火

通常使用的二氧化碳、氮气、水蒸汽等的灭火机理主要是窒息作用。因为各种可燃物的燃烧都必须在其最低氧气浓度以上进行，否则燃烧不能持续进行。所以，通过降低燃烧物周围的氧气浓度可以起到灭火的作用。

（3）隔离灭火

把可燃物与引火源或氧气隔离开来，燃烧反应就会自动中止。火灾中，打开有关阀门，使受到火势威胁容器中的液体可燃物通过管道导至安全区域；关闭有关阀门，切断流向着火区的可燃气体和液体的通道，都是隔离灭火的措施。

（4）化学抑制灭火

化学抑制灭火就是使用灭火剂与链式反应的中间体自由基反应，从而使燃烧的链式反应中断，使燃烧不能持续进行，如常用的干粉灭火剂、卤代烷灭火剂。

2. 灭火的基本原则

（1）控制可燃物。即限制燃烧的基础或缩小可能燃烧的范围。

（2）控制助燃物。即限制燃烧的助燃条件。

（3）阻止火势蔓延。即不使新燃烧条件形成，防止或限制火灾扩大。

(4)消除火源。即消除和控制燃烧的着火源。

3. 扑灭初起火灾的基本方法

火灾的发生可分为初起、发展、猛烈、温度下降、熄灭 5 个阶段。火灾初起时可燃物燃烧速度比较缓慢,火焰不高,火势小,着火面积小,形成的烟雾小,产生的热量不多,比较容易扑灭。不同类型的火灾,扑救的方法也有所不同。

(1)室内火灾

室内发生火灾时,应冷静地采取相应措施,如果是一般衣服、织物及小件家具着火,在火势不大时,可迅速将着火物拿到室外或卫生间等较为安全的部位用水浇灭;如果是大件家具着火,可先用水盆接水扑救,要是火势得不到控制,则利用楼梯间或走道上的消火栓进行扑救,同时迅速挪开家具旁边的可燃物质。

当发现封闭的房间着火,不要随便打开门窗,防止新鲜空气进入而扩大燃烧。要先在外部察看火势,如果火势很小或只有烟雾不见火光,可以用水桶、脸盆等准备好灭火用水,迅速进入室内将火扑灭。

(2)燃气火灾

一旦发生燃气火灾,首先应关闭阀门,然后用灭火器或湿布等灭火器材进行灭火;如果阀门不能关闭的,又无有效堵漏措施,不能将火焰扑灭,应尽量控制火势让其稳定燃烧;如果是液化石油气钢瓶着火,在灭火时还应防止钢瓶过热爆炸,防止钢瓶横倒,以免造成液体燃烧。

(3)电气火灾

电气设备发生火灾,首先应关闭电源开关,然后用干粉灭火器、二氧化碳灭火器、1211 灭火器等进行扑救,切不可直接用水扑救,防止触电伤亡事故。如用水、泡沫灭火,应先切断电源,然后再灭火。电视机、电脑着火时应从侧面扑救,防止显像管爆裂伤人。

(4)易燃液体火灾

一旦发生易燃液体火灾应立即用干粉、卤代烷、二氧化碳、泡沫灭火器灭火,或用细沙、湿毛毯等扑救,尽量控制液体的流散。切勿用水扑救,以免造成流淌火灾。如火势扩大,无法灭火时,应迅速逃离现场,离去时应将门顺手关上,以便在一定时间内控制火势扩散。

(5)厨房火灾

厨房着火,最常见的是油锅起火。起火时,要立即用锅盖盖住油锅,关掉点火开关,使火窒息,切不可用水扑救或用手去端锅,以防止造成热油爆溅,灼烫伤人和扩大火势。如果油火撒在灶具上或地面上,可使用手提式灭火器扑救,或用湿布等捂盖灭火。

4. 报火警的方法

(1)要沉着冷静,正确拨打 119 火警电话,听到接警人员问话后,再报警。要按接警人员的提问,有序如实回答,不要惊慌。

(2)要报告清楚发生火灾的单位名称和地址、着火的地域、着火物质、火势大小、是否有人被困以及报警人的姓名、联系电话等。

(3)确定消防接警人员受理报警后,即可挂断电话,并立即到关键路口等候,引导消防车迅速、准确到达火灾现场。

5. 参加救火的注意事项

(1)一切行动听指挥,不擅自进入火场。
(2)注意自身和在场人员的安全,避免不必要的伤亡。
(3)保护现场,以利救灾和事后调查处理。
(4)提高警惕,防止现场物品失窃。

6. 灭火器的分类及使用

常用灭火器的种类、适用范围和使用方法如表 5-3 所示。

表 5-3　常用灭火器的种类、适用范围和使用方法

种类	适用范围	使用方法
干粉灭火器	干粉灭火器多为手提式,又分为 ABC 干粉灭火器和 BC 干粉灭火器。前者适用范围广泛且较经济实用,可扑救 A、B、C 类火灾,即可扑救固体火灾、液体火灾、气体火灾和电压低于 5 000 伏带电物体火灾。后者适用于扑救 B、C、E 类火灾,即可扑救液体火灾、气体火灾和电气设备的初起火灾	灭火时,可手提或肩扛灭火器快速奔赴火场,在距燃烧处 5 米左右,放下灭火器。如在室外,应选择在上风方向喷射。使用的干粉灭火器若是外挂式储压式的,操作者应一手紧握喷枪,另一手提起储气瓶上的开启提环。如果储气瓶的开启是手轮式的,则向逆时针方向旋开,并旋到最高位置,随即提起灭火器。当干粉喷出后,迅速对准火焰的根部扫射
二氧化碳灭火器	二氧化碳灭火器又有手提式的和推车式的,适用扑救 A、B、C、E 类火灾,即可扑救固体火灾、液体火灾、气体火灾及带电物体、精密仪器火灾	手提式二氧化碳灭火器的使用方法:灭火时只要将灭火器提到或扛到火场,在距燃烧物 5 米左右,放下灭火器拔出保险销,一手握住喇叭筒根部的手柄,另一只手紧握启闭阀的压把。对没有喷射软管的二氧化碳灭火器,应把喇叭筒往上扳 70°~90°
		推车式二氧化碳灭火器一般由两人操作,使用时两人一起将灭火器推或拉到燃烧处,在离燃烧物 10 米处停下,一人快速取下喇叭筒并展开喷射软管后,握住喇叭筒根部的手柄,另一人快速按逆时针方向旋动手轮,并开到最大位置

续表

种类	适用范围	使用方法
1211、1301 灭火器	适用于扑救除金属类物质火灾之外的所有火灾,尤其适用于扑救精密仪器、计算机、珍贵文物及贵重物资仓库等的初起火灾,灭火效率高	使用 1211 手提式灭火器时,应将手提灭火器的提把或肩扛灭火器带到火场。在距燃烧处 5 米左右,放下灭火器,先拔出保险销,一手握住开启把,另一手握在喷射软管前端的喷嘴处。如灭火器无喷射软管,可一手握住开启压把,另一手扶住灭火器底部的底圈部分。先将喷嘴对准燃烧处,用力握紧开启压把,使灭火器喷射。使用推车式 1211 灭火器灭火时,一般由两个人操作,先将灭火器推或拉到火场,在距燃烧处 10 米左右停下,一人快速放开喷射软管,紧握喷枪,对准燃烧处;另一个则快速打开灭火器阀门
		1301 灭火器的使用方法和适用范围与 1211 灭火器相同。但由于 1301 灭火剂喷出成雾状,在室外有风状态下使用时,其灭火能力没 1211 灭火器高,因此更应在上风方向喷射
泡沫灭火器	泡沫灭火器又分为手提式泡沫灭火器、推车式泡沫灭火器和空气式泡沫灭火器。适用于扑救一般 B 类中的油类火灾,可扑救油制品、油脂等火灾,也适用于 A 类火灾	使用手提式泡沫灭火器灭火时,可手提筒体上部的提环,迅速奔赴火场,当距离着火点 10 米左右,即可将筒体颠倒过来,一只手紧握提环,另一只手扶住筒体的底圈,将射流对准燃烧物;使用推车式泡沫灭火器灭火时,先将灭火器迅速推拉到火场,在距离着火点 10 米左右处停下,由一人施放喷射软管后,双手紧握喷枪对准燃烧处,另一个则先逆时针方向转动手轮,将螺杆升到最高位置,使瓶盖开足,然后将筒体向后倾倒,使拉杆触地,并将阀门手柄旋转 90°,即可喷射泡沫进行灭火;使用空气泡沫灭火器时可手提或肩扛迅速奔到火场,在距燃烧物 6 米左右,拔出保险销,一手握住开启压把,另一手紧握喷枪,用力捏紧开启压把,打开密封或刺穿储气瓶密封片,空气泡沫即可从喷枪口喷出
酸碱灭火器	酸碱灭火器通常是手提式的,利用器内两种灭火剂混合后喷出的水溶液扑灭火灾,适用于扑救竹、木、棉、毛、草、纸等一般可燃物质的初起火灾,但不宜用于扑救油类、忌水和忌酸物质及带电设备的火灾	使用酸碱灭火器时应手提筒体上部提环,迅速奔到着火地点。决不能将灭火器扛在背上,也不能过分倾斜,以防两种药液混合而提前喷射。在距离燃烧物 6 米左右,即可将灭火器颠倒过来,并摇晃几次,使两种药液加快混合;一只手握住提环,另一只手抓住筒体下的底圈将喷出的射流对准燃烧最猛烈处喷射。同时随着喷射距离的缩减,使用人应向燃烧处推近

(二)逃生

1. 火灾的逃生原则

火场逃生的原则可用 16 个字说明:"确保安全,迅速撤离,顾全大局,帮救结合。"

"确保安全,迅速撤离"就是说被火灾围困的人要抓住有利时机,就近利用一切可用的工具、物品,想方设法迅速离开危险区,切忌为抢救贵重物品而贻误逃生良机。

"顾全大局,帮救结合"包括三层含意:一是自救与互救结合,特别要帮助老弱病残、妇女儿童、弱智精神病人逃生;二是自救与抢险结合,要设法扑灭火灾,消除灾情,抢救财物,防止更多的人员伤亡和经济损失;三是火灾确实难以扑灭时,要坚持"以人为主,救人第一"。

2. 通用的火灾逃生方法

(1)如果处在陌生的环境时,为了自身安全,务必留心疏散通道、安全出口及楼梯方位等,以便关键时候能尽快逃离现场。

(2)保持镇静,辨明方向,迅速撤离。千万不要盲目地跟从人流和相互拥挤、乱冲乱窜。

(3)不入险地,不贪财物,已经逃离险境的人员,切莫重返险地。

(4)通道出口畅通无阻,切不可堆放杂物或设闸上锁。

(5)如果发现火势并不大,且尚未对人造成很大威胁时,当周围有足够的消防器材,应奋力将小火控制、扑灭,切忌弃之不顾和惊慌失措。

(6)火场逃生,通过充满烟雾的路线时,可用毛巾、口罩蒙住口鼻,低身或趴地匍匐撤离,以防烟雾中毒窒息。也可采取往头、身上浇冷水或用湿毛巾、湿棉被、湿毯子等将头、身体裹好后,再向外逃生的措施。

(7)如果身上着火,要尽快脱掉衣服或就地打滚,压灭火苗,或自己向身上浇水或让别人向自己身上浇水,或用湿毛巾、衣物等扑火。有可能时,还可及时跳进(河、池塘)水中。

(8)按规范标准设计建造的建筑物,都会有两条以上逃生楼梯、通道或安全出口。发生火灾时,要根据情况选择进入相对较为安全的楼梯通道。除可以利用楼梯外,还可以利用建筑物的阳台、窗台、屋顶等攀到周围的安全地点。沿着落水管、避雷线等建筑结构中凸出物滑下楼也可脱险,但切忌使用电梯。

(9)被烟火围困,尽量待在阳台、窗口等易于被人发现和能避免烟火近身的地方。白天可向窗外晃动鲜艳的衣物等;晚上可用手电筒不停地在窗口闪动或敲击东西,及时发出求救信号。预感可能被烟气窒息失去自救能力时,应努力躲到墙边或门边,便于消防人员寻找、营救。

(10)假如用手摸房门已感到烫手,此时一旦开门,火焰与浓烟势必迎面扑来。逃生通道被切断且短时间内无人救援。这时候,可采取创造避难场所、固守待援的办法。

(11)高层、多层公共建筑内一般都设有高空缓降器或救生绳,人员可以通过这些设施安全地离开危险的楼层。如果没有这些专门设施,而安全通道又已被堵,救援人员不能及时赶到的情况下,可以迅速利用身边的绳索或床单、窗帘、衣服等自制简易救生绳,并用水打湿从窗台或阳台沿绳缓滑到下面楼层或地面安全逃生。此外,若迫不得已需要跳楼求生,那也要等消防队员已准备好救生气垫或逃生到4层以下才可考虑,如果徒手跳楼一定要扒窗台或阳台使身体自然下垂跳下,以尽量降低垂直距离,落地前要双手抱紧头部身体弯曲卷成一团,以减少伤害。跳楼虽可逃生,但还是会对身体造成一定伤害,选择时要慎重。

(12)突发火灾后,要互相帮助,关爱弱者,对老、弱、病、残、孕妇、儿童及不熟悉逃生环境的人要积极引导疏散,帮助其逃生。

第二节 建筑防火与抗火设计

一、建筑火灾的燃烧特性

(一)建筑起火的原因

建筑起火的原因是多种多样且十分复杂的,除了前文提到火灾的原因之外,还存在一切特殊的原因。

1. 地震

发生地震时,人们急于疏散,往往来不及切断电源、熄灭炉火以及处理好易燃、易爆生产设备和危险物品等。因而伴随着地震发生,会有各种火灾发生。

2. 建筑布局不合理

在建筑布局方面,建筑材料选用不当,防火间距不符合消防安全要求,没有考虑风向、地势等因素对火灾蔓延的影响,往往会造成发生火灾时火烧连营,形成大面积火灾。在建筑构造、装修方面,大量采用可燃构件和可燃、易燃装修材料都大大增加了建筑火灾发生的可能性。

3. 人为纵火

人为纵火分刑事犯罪纵火及精神病人纵火。

(二)建筑火灾的燃烧类型及产物

1. 燃烧的类型

掌握燃烧类型的基本概念对于了解火灾危险性和预防、扑救火灾十分必要,燃烧的类型主要有闪燃、着火、自燃和爆炸等。

(1)闪燃

闪燃是指在一定温度下,液体或固体表面产生了足够的可燃气体,遇火便能产生一闪即灭的燃烧现象。闪燃往往是持续燃烧的先兆,闪燃的燃烧时间一般少于 5 秒。为便于防火管理,将闪燃点小于或等于 45℃ 的液体划为易燃液体,闪点大于 45℃ 的液体划为可燃液体。

(2)着火

着火是指可燃物在空气中受着火源作用而发生持续燃烧的现象。一切可燃液体的燃点都高于闪点,易燃液体的燃点一般比闪点高 1℃～5℃,而且液体的闪点越低,相差就越小。燃点对可燃固体和闪点较高的液体具有重要意义,在控制燃烧时,需将可燃物的温度降至其燃点以下。

（3）自燃

自燃是指可燃物在空气中没有外来着火源的作用，靠自热或外热而发生燃烧的现象。根据热源的不同，物质自燃分为本身自燃和受热自燃两种。在规定的条件下，可燃物质产生自燃的最低温度是该物质的自燃点。

（4）爆炸

爆炸是指物质急剧氧化或分解反应而产生温度、压力分别急剧增加或两者同时急剧增加的现象，常分为物理爆炸和化学爆炸。在未燃烧介质中传播速度不大于声速的爆炸又称为爆燃，而大于声速的则称为爆轰。

2. 燃烧的产物

燃烧产物是由燃烧或热解作用而产生的全部物质，通常是指燃烧生成的气体、热量、可见烟雾等。燃烧产生的气体一般是指一氧化碳、二氧化碳、氰化氢、氯化氢、二氧化硫等。由燃烧或热解作用产生的、悬浮在大气中的看见的固体或液体颗粒总称为烟，其粒径一般在 $0.01\sim10$ 微米，这种含炭物质大多数是在火灾中由不完全燃烧而产生的。燃烧产物对消防安全的影响主要表现为以下几个方面。

（1）燃烧产物对燃烧过程的影响

实验证明，当空气中的二氧化碳含量达到 30% 时，一般可燃物就不能发生燃烧。所以，完全燃烧产物在一定程度上有阻止燃烧的作用。在封闭的房间中，随着燃烧的进行，二氧化碳等产物的浓度越来越高，空气中的氧气越来越少，燃烧强度随之逐渐降低。

（2）燃烧产物对视力的影响

烟有遮光作用，使能见度下降，会给扑救和疏散工作带来困难，尤其是在空气不足时，烟的浓度更大。

（3）燃烧产物对人体的影响

燃烧产生大量的烟和气体，会迅速降低空气中的氧气量，加上 CO 和 HCI 等有毒气体的作用，使在场人员有窒息和中毒的危险，神经系统受到麻痹。此外，燃烧中产生的烟气包含水蒸气等，温度较高，在这种高温湿热环境中人极易被烫伤。

（4）燃烧产物易造成火势蔓延

对流和热辐射作用会使得灼热的燃烧产物引起周围其他地方可燃物的燃烧，形成新的起火点，造成火势扩散蔓延。

（5）烟能够提供早期的火灾警报

不同物质燃烧的烟气有不同的颜色和嗅味，在火灾初期产生的烟气能够给人们提供火警预报。

二、建筑的防火设计

建筑的防火设计可以从以下几方面入手。

（一）城市消防规划

1. 城市规划与消防安全的关系

城市是一个综合性的经济活动和人民生活活动的基地，有物资集中、建筑林立、人口密集、生产方式多样、火灾因素多的特点。城市消防规划管理就是为了城市消防安全需要所进行的消防规划的管理。

作为一个历史悠久的国家，我国的城市还遗留有许多简易建筑。过去缺乏城市消防规划，一些建筑布局不合理，不讲安全分区，如把易燃易爆化学物品的工厂和仓库建在郊区，但随着社会主义建设的发展，城市建筑又不断在新建、扩建和改造，这类工厂、仓库区又变成了城镇的中心区，造成了长期不容易解决的重大火险隐患，对周围的安全威胁极大。新建城区也存在规划不当的现象，尤其是集贸市场缺乏统一安排和管理，摆摊设点，消防通道堵塞。公共消防设施考虑不周，消防站分布不科学，管辖区太小，行车路线远，影响了火灾扑救，等等。因此，在作城市建设规划时，要做到统筹安排，合理布局，突出重点，兼顾一般，既符合生产、生活需要，又满足消防安全的要求。

2. 城市规划中的消防安全基本要求

城市规划是指建、构筑物在空间的排列形式，即建、构筑物在一个地区的分布与组合计划，包括城市总体规划，区域规划和建、构筑物平面布置。合理的城市规划能够有效防止火灾蔓延。掌握城市规划中的消防要求，是城市规划消防管理的依据。

（1）城市总体规划中的消防基本要求

在作城市总体规划时，必须按照建、构筑物生产使用的性质、功能，分区划片。

①工业区。在工业区中应划分为化工工业区、轻工工业区、冶金工业区、机械工业区、纺织工业区等。

②住宅区。在住宅区中应分为高层住宅区和普通层住宅区。

③公共建筑区。例如，影剧院、医院、商店、车站、码头、学校、旅馆等。

④仓库区。在仓库区中应分门别类，按贮存物资的火灾危险性划分布置，如爆炸物品库区、化工原料、产品库区、机械产品库区等。

（2）区域布置中的消防基本要求

①消防安全环境要求

首先，地势条件。生产、贮存易燃、可燃液体、气体的工厂、仓库、贮罐等建、构筑物，应建在平坦地带，不应建在高坡或窝风地带。如果必须在高坡地带建造时，应有防液体流淌的措施。

其次，周围环境。当一座或数座建、构筑物布置在某一个地方时，不仅要注意本建、构筑物的安全，而且要注意周围企业、居民、公共建筑、仓库等建、构筑物的安全。

再次，消防水源。建筑区要考虑是否有充足的消防水源，是靠城市自来水供消防用水，还是靠天然水源供消防用水。如果采用天然水源，要考虑是否能保持枯水季节的消防用水量，如能满足，应修筑消防车取水道路和取水码头。

最后，全年频率风向。风向和风力是导致火灾蔓延的主要因素，有可燃蒸气散发的工厂、仓库、贮罐应布置在相邻企业、明火作业或居民区的全年最小频率风向上风侧。

②区域中的分区布置要求

在一个工厂、仓库或民用建筑区域内，建、构筑物应分区布置。

第一，生产区，包括主要生产厂房，其中又应按生产火灾危险性大小的车间划区布置。对于火灾危险性大的车间或区域应划分为特别安全区重点管理。

第二，辅助生产区，包括修理车间、动力用房等。

第三，仓库区，包括原料仓库、成品仓库、杂品仓库等。

第四，住宅区，包括职工宿舍和集体宿舍。

第五，生活服务区，包括食堂、托儿所、医务室、俱乐部、副食加工车间等。

第六，行政管理区，包括办公用房。

③区域内的其他设施布置要求

第一，各类管线布置。架空布置的管道，在跨越铁路、道路时，其净空高度，距铁路轨顶应不低于 5.5 米，距道路不低于 4.5 米，距人行道不低于 2.5 米。输送易燃、可燃液体或可燃气体的管道，与温度较高的热力管道、电缆应分开布置。可燃气体及易燃、可燃液体管道，在埋地布置时，应尽量避免管道与道路交叉，防止管道被车辆压断。

第二，易燃易爆物品生产、贮存区域的电缆、电线最好埋地敷设。电线与建、构筑物之间的距离不应小于杆高的 1.5 倍。

第三，易燃易爆化学物品生产、贮存区域的管沟、电缆沟应填实，污水应处理后排放，或在排水沟内做水封井，或做隔油池。

第四，地上和半地下易燃、可燃液体贮罐应设置防火堤，堤内空间容积不应小于总贮量的一半。防火堤内侧基脚线至贮罐外壁的距离，不应小于贮罐的半径。堤高度为 1～1.6 米。

（二）建筑物的平面布局与防火间距

1. 建筑物平面布置基本要求

在总平面设计中，应根据建筑物的使用性质、火灾危险性、地形、地势和风向等因素，进行合理布局，尽量避免建筑物相互之间构成火灾威胁和发生火灾爆炸后造成严重后果的可能，并且为消防车顺利扑救火灾提供条件。总平面设计防火主要是按照常年风向设计各个不同功用的建筑物之间不要发生火灾蔓延，另外，对于产生有害气体的建筑物不要安排在整个厂区的常年风向带上。各建筑之间在布置时需要考虑防火间距，防止火灾在相邻的建筑物中蔓延。厂区在总体布置上还要考虑消防车道的布置。具体来说，主要有以下几方面要求。

第一，生产甲、乙类火灾危险性物质车间内不应设办公室、休息室等，车间不应设置在建筑物的地下室或半地下室内，应设在单层厂房靠外墙处，或因工艺需要其危险部位应尽量布置在多层厂房的最上一层靠外墙处。

第二，锅炉房和油浸变压器室，不应设置在聚集人多的地方，如观众厅、教室、病房、幼儿园等房间的上面、下面、贴邻或主要疏散出口的两旁，也不应设在高层建筑的主楼内。

第三，防火堤内贮罐设置不宜超过两行，单罐容量小于 1 000 立方米，闪点超过 120℃ 的液体可多于两行。数个液化石油气贮罐的总容积超过 2 500 立方米时，应分组布置。组内贮罐应采用单排布置,组与组之间的防火间距不宜小于 20 米。沸溢性与非沸溢性油罐、地下贮罐与地上、半地下贮罐,不应布置在同一防火堤范围内。

2. 建筑物防火间距

建筑物的防火间距是指某栋给定建筑物到周围其他建筑物或铁路、公路干线之间的防火安全距离。确定防火间距,主要考虑建筑物的重要性、火灾危险性大小、耐火等级以及可能引起的火灾损失等。防火间距的作用主要表现在以下几方面。

第一,当某栋建筑物失火后,其热辐射不会使处于防火间距以外的相邻建筑物燃烧起火,导致"火烧连营"。

第二,易燃、易爆物品库、厂库发生爆炸,其冲击波不致使过往车辆、人员及建筑物受灾。

第三,通过铁路、公路的车辆及人员可能携带的火源不致引燃处于防火间距以外的仓库、可燃材料队场、储罐等。

第四,发生火灾时,便于消防车抵近扑救。

这里主要介绍高层民用建筑的防火间距标准

(1)高层民用建筑之间及高层与其他民用建筑之间的防火间距不应小于表 5-4 所列的数值。

表 5-4　高层民用建筑之间及与其他民用建筑之间的防火间距

防火间距(米) 建筑类别 高层民用建筑	高层民用建筑		其他民用建筑		
	主体建筑	附属建筑	耐火等级		
			一、二级	三级	四级
主体建筑	13	9	9	11	14
附属建筑	9	6	6	7	9

注:1. 防火间距应按相邻建筑外墙的最近距离计算,如外墙有突出可燃构件时,则应从其突出的部分外缘算起。

2. 其他民用建筑耐火等级的划分,应按现行的《建筑设计防火规范》的有关规定执行。

3. 两座建筑物相邻的较高一面外墙为防火墙时,其防火间距不限。

4. 相邻的两座建筑物,较低一座的耐火等级不低于二级,屋顶不设天窗、屋顶承重构件的耐火极限不低于 1 小时且相邻的较低一面外墙为防火墙时,其防火间距可适当减少,但不宜小于 4 米。

5. 相邻的两座建筑物,较低一座的耐火等级不低于二级,当相邻较高一面外墙的开口部位设有防火门窗或防火卷帘和水幕时,其防火间距可适当减少,但不宜小于 4 米。

(2)高层民用建筑与小型易燃、可燃液体储罐、可燃气体储罐和化学易燃品仓库的防火间不应小于表 5-5 所列的规定。

表 5-5　高层民用建筑物与储罐、易燃物品库房的防火间距

防火间距（米）\名称	高层民用建筑	主体建筑	相连的附属建筑
小型甲乙类液体储罐	<30 立方米	35	30
小型甲乙类液体储罐	30～60 立方米	40	35
小型丙类液体储罐	<150 立方米	35	30
小型丙类液体储罐	150～200 立方米	40	35
可燃气体储罐	<100 立方米	30	25
可燃气体储罐	100～500 立方米	35	30
化学易燃物品库房	<1 吨	30	25
化学易燃物品库房	1～5 吨	35	30

注：储罐的防火间距应从距建筑物最近的储罐外壁算起。

（3）高层民用建筑与工业建筑之间的防火间距不应小于表 5-6 所列的标准。

表 5-6　层建筑物与厂房、库房、调压站等的防火间距

防火间距（米）\名称	高层民用建筑		一类		二类	
			主体建筑	相连的附属建筑	主体建筑	相连的附属建筑
丙（丁、戊）类厂（库）房	耐火等级	一、二级	15	10	13	10
丙（丁、戊）类厂（库）房	耐火等级	三、四级	18	12	15	10
煤气调压站（进口压力≤0.3 兆帕）			25	20	20	15
液化石油气气化站、混气站	储量（立方米）	<30	45	40	40	35
液化石油气气化站、混气站	储量（立方米）	30～50	50	45	45	40
城市液化石油气供应站瓶库		≤10	25	20	20	15

（三）防火分区与防火分隔物设计

当建筑物占地面积或建筑面积过大时，如发生火灾，火场面积可能蔓延过大。这样，一则损失较大，二则扑救困难。所以，在建筑物中要采用耐火性较好的分隔构件将建筑物空间分隔成若干区域。这样，一旦某一区域起火，则会把火灾控制在这一局部区域之中，防止火灾扩大蔓延。

防火分区的划分,主要考虑消防队的灭火实力、火灾危险性类别、建筑物耐火等级、层数及是否装有消防设施等因素。《建筑设计防火规范》对民用建筑的防火分区要求如表5-7所示。

表 5-7　民用建筑的耐火等级、层数、长度和面积

耐火等级	最多允许层数	防火分区间		备注
		最大允许长度（米）	每层最大允许建筑面积（平方米）	
一、二级	不限	150	2 500	1. 体育馆、剧院等的长度和面积可以放宽 2. 托儿所、幼儿园的儿童用房不应设在四层及四层以上
三级	5 层	100	1 200	1. 托儿所、幼儿园的儿童用房不应设在三层及三层以上 2. 电影院、剧院、礼堂、食堂,不应超过二层 3. 医院、疗养院不应超过三层
四级	2 层	60	600	学校、食堂、菜市场、托儿所、幼儿园、医院等不应超过一层

防火分区以及防火分隔主要采用防火墙、防火卷帘门、防火水幕带。厂房的防火分区之间应采用防火墙分隔;防火卷帘门的设计要符合《防火卷帘》(GB 14102—2005)规范,进行合理的布置。

(1)防火墙是指有非燃材料组成,直接砌筑在基础上或钢筋混凝土框架梁上,其耐火极限不小于3小时的墙体。防火墙上尽量不开洞口,不应设在转角处,两侧的门窗洞口距防火墙不应小于2米,可燃气体、甲、乙、丙、类液体管道严禁穿过防火墙。若必须在防火墙上开洞口,应设耐火极限不小于1.2小时的防火门窗,并能自行关闭。

(2)防火卷帘门是一种适用于建筑物较大洞口处的防火、隔热设施,同防火墙的作用一样起到水平防火分隔。

(3)防火水幕带是指能起到防火分隔作用的水幕,其有效宽度不小于6米,供水强度不小于2升(秒·米),喷头布置不少于3排,且在其上下部不应有可燃物。

(四)避难层或避难通道设计

避难设计评估安全的认定标准为避难人员可以安全逃离火灾危害场所,确保人身安全。现行避难安全基准值主要表征人处于热、毒性气体、缺氧情况下,多长时间可以安全抵达避难安全处所。

建筑高度超过100米的旅馆、办公楼和综合楼等公共建筑,由于楼层很高,人员很多,尽管已设有防烟楼梯间等安全疏散设施,火灾时其内人员仍很难迅速地疏散到地面。因此,对超高层公共建筑在其适当楼层设置供疏散人员暂时躲避火灾和喘息的一块安全区即避难层或避难间,是极为重要的。设置避难间时,应满足以下要求。

第一，设置避难层的数量，自高层建筑底层至第一个避难层或两个避难层之间，不易超过15层。同时，避难层净面积应能满足避难人员避难要求，宜按5人/平方米计算。

第二，通向避难层的防烟楼梯应在避难层上、下层错开位置，或把避难层的楼梯断开，人员由下层向上层或由上层向下层必须经过避难层行走一段距离后，才能再上楼或下楼。

第三，避难层必须设置消火栓和自动喷水灭火系统，为了满足排水要求，敞开式或半敞开式的避难层应设排水设施。除消防电梯可开设供消防人员使用的电梯门以外，避难层的其他客货梯均不得开电梯门。

第四，气温较温和的地区，避难层四周宜设置高度为1～1.2米的矮墙和金属百叶窗帘，并宜安装金属百叶。寒冷地区应设置封闭式避难层，并应设独立防排烟设施。

第五，避难层应设有专用电话和火灾应急照明，其供电时间不应小于1小时，并不小于正常照度的50%。通风通道和其他竖向管井等通过避难层的缝隙，必须严密填塞。

（五）防排烟系统设计

统计结果表明：火灾中85%以上的死亡者是由于烟气的影响，有毒烟气的吸入是造成火灾中人员伤亡的主要原因，现在一般较大型建筑中都设有防排烟设备，并划分防烟分区，将烟气控制在一定范围内，用排烟设施将其排出，以保证人员安全疏散和便于消防扑救工作顺利进行。防止烟气蔓延的主要手段是阻挡，是用一定的方法将烟气挡在着火区之内，或者说挡在人员安全区之外。常用的方法有固体壁面挡烟、空气流挡烟、加压送风挡烟、自然排烟、机械排烟、排烟过程中的补风等。

1. 固体壁面挡烟

在建筑物中，墙壁、隔板、楼板、门窗等都可作为挡烟的物体，它们将起火区域与建筑物的其他区域分隔，能够阻止烟气从起火区域蔓延开来。固体壁面挡烟除了单独使用外，还经常与其他的挡烟和排烟方式配合使用。

2. 空气流挡烟

在门被打开或者在没有门的通道中，空气和烟气就会发生逆向流动。如果空气流速足够大，烟气逆流便可全部被阻止住。但若空气流速较低，烟气便可经过通道的上部逆着空气流进入避难区或疏散通道。图5-2所示为一种典型的空气流挡烟方式示意图。目前关于空气流挡烟的做法正在逐步完善中。

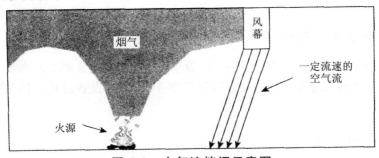

图5-2　空气流挡烟示意图

3. 加压送风挡烟

使用风机可使防烟分隔物的两侧形成一定压差，从而控制烟气穿过分隔物的缝隙进入防烟区域。图 5-3 是加压送风挡烟的一种，通过向防烟楼梯及其前室、消防电梯前室或合用前室加压送风以造成一定的压力差，从而防止烟气侵入这些疏散通道。

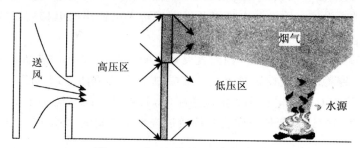

图 5-3　加压送风系统示意图

4. 自然排烟

自然排烟是利用高温烟气的浮力，通过建筑物上部的水平或竖直开口产生自然对流进行排烟。其优点是不需要电源，设备简单，节约投资，可兼作平时换气用；其缺点是排烟效果受室外气温、风向、风速的影响，特别是排烟口设置在迎风面时，排烟效果很不理想。

5. 机械排烟

机械排烟是使用排烟风机进行强制排烟。一个优良的机械排烟系统在火灾时能排出大部分烟气及 80% 的热量，但投资较大，维修管理麻烦，需要额外的电力设备维持其正常使用。

6. 排烟过程中的补风

排烟过程实际上是空气与烟气的置换过程，所以，在排烟的同时，还必须向建筑物内补充新鲜空气。为了实现较充分的置换，排烟口应设在顶棚附近，补风口则应设在房间的下部，最好是采取分散布置的形式。

在实际工程中，使用排烟和挡烟时，应当密切结合建筑物的结构特点选择适当的联用方式，在建筑物内划分合理的防烟分区，以达到对烟气的有效控制。例如，按照平面布置，普通建筑可分为房间（包括卧室、会议室、储藏室、教室等）、走廊（包括过道、回廊等）、前厅（包括休息厅、楼梯与电梯前室等）、楼梯电梯门、出口。假设某个房间着火，烟气一般顺着房间、走廊、前厅、楼梯、排烟口的方向蔓延开来。

（六）火灾报警系统设计

现代化的建筑规模大、标准高、人员密集、设备众多，除对建筑物平面布置、建筑和装修材料的选用、机电设备的选型与配置有许多限制条件外，还需要设置现代化的消防设施，如火灾报警系统。

1. 自动报警系统的组成

火灾自动报警系统是触发器件、火灾报警装置、火灾警报装置以及具有其他辅助功能的装置组成的火灾报警系统,组成形式多种多样,特别是近年来,科研、设计单位与制造厂家联合开发了一些新型的火灾自动报警系统,但在工程应用中,采用最广泛的是区域报警系统、控制中心报警系统、集中报警系统三种基本形式。

(1)区域报警系统

区域报警系统由火灾探测器、手动报警器、区域报警控制器或通用报警控制器、火灾报警装置等构成,主要用于完成火灾探测和报警任务,适用于小型建筑对象和防火对象单独使用。使用这类系统的火灾探测和报警区域内最多不得超过 3 台区域火灾报警控制器。

(2)控制中心报警系统

控制中心报警系统是由设置在消防控制中心(或消防控制室)的消防联动控制装置、集中火灾报警控制器、区域火灾报警控制器和各种火灾探测器等组成,或由消防联动控制装置、环状布置的多台通用火灾报警控制器和各种火灾探测器及功能模块等组成。

(3)集中报警系统

集中报警系统由火灾探测器、区域火灾报警控制器或用作区域报警的通用火灾报警控制器和集中火灾报警控制器等组成,适用于高层宾馆、写字楼等防火对象。

此外,火灾自动报警系统还可按照所采用的火灾探测器、各种功能模块和楼层显示器等与火灾报警控制器的连接方式,分为多线制和总线制两种系统应用形式;还可以根据火灾报警控制器实现火灾模式识别方式的不同分为集中智能和分布智能两种系统种类。

2. 火灾自动报警系统的设计

火灾自动报警系统的设计,必须遵循国家有关方针、政策,针对保护对象的特点,做到安全可靠、技术先进、经济合理、使用方便。同时,还要根据不同建筑物的使用性质、重要程度、火灾危险性、建筑结构形式、耐火等级、分布状况、环境条件以及管理形式等选择不同的火灾自动报警系统。如果保护对象规模不大,重要程度不高,可选用区域报警系统。如果保护对象规模大,重要程度高,人员集中,联动设备也多,可采用集中报警系统或控制中心报警系统。

(七)建筑内部装修的防火设计

建筑内装修是指在建筑结构主体工程完工后,对其内部外露部位如顶棚、墙面、地面等进行"美化",从而增加建筑的美观性和适用性。在防火设计中应根据建筑物性质、规模对建筑物的不同装修部位,如高级旅馆的客房及公共活动用房、大中型电子计算机房、疏散通道的墙面及吊顶、人员密集的地下建筑和演播室、录音室、电化教室等,需要采用相应抗燃烧性能的装修材料。室内装修材料尽量做到不燃或难燃化,减少火灾的发生和降低蔓延速度。否则,将带来严重隐患。

防火涂料是一种可以保护基体材料在火灾条件下不受或少受破坏的特殊涂料,是由基料、粘结剂、防火添加剂、隔热充填剂及若干其他辅助剂组成的。当将其涂在可燃基材表面时,可以防止或推迟点燃过程,减缓火灾蔓延;当将其涂在不燃或难燃性建筑构件表面时,能够在高温作用下有效地减缓构件的温升速率,提高其耐火极限。

防火涂料有多种分类方法。

(1)按保护对象的性质,防火涂料可分为饰面型涂料和钢结构(通常还包括预应力钢筋混凝土)涂料。饰面型涂料用于保护木材、纤维板、电缆等可燃材料,钢结构涂料与预应力钢筋混凝土涂料用于保护相应的建筑构件。

(2)按照涂层厚度,防火涂料可分为厚涂型、薄涂型和超薄型,饰面型涂料一般为薄涂,钢结构涂料则三种形式都有。

(3)按照基料组成,防火涂料可分为无机涂料和有机涂料,无机涂料用无机盐做基料,有机涂料用合成树脂做基料。

(4)按分散介质,防火涂料可分为水溶性涂料和溶剂性涂料。

(5)按防火机理,防火涂料可分为非膨胀型涂料和膨胀型涂料。

(八)工业建筑防爆

在一些工业建筑中,使用和产生的可燃气体、可燃蒸气、可燃粉尘等物质能够与空气形成具有爆炸危险性的混合物,遇到火源就能引起爆炸。这种爆炸能够在瞬间以机械功的形式释放出巨大的能量,使建筑物、生产设备遭到毁坏,造成人员伤亡。对于上述有爆炸危险的工业建筑,为了防止爆炸事故的发生,减少爆炸事故造成的损失,要从建筑平面与空间布置、建筑构造和建筑设施方面采取防火防爆措施,必要时可在建筑物上设置泄爆孔。

三、结构的抗火设计

(一)钢筋混凝土结构的抗火设计

人们在混凝土结构抗火性能研究领域内取得的成绩,使得根据钢筋和混凝土材料的高温性能和各种规范指南给定的计算过程确定构件的耐火性能成为可能,而不是单纯地依赖试验确定,在提供足够安全度的同时节省了时间和金钱。随着国内混凝土结构抗火研究的深入,制定混凝土结构抗火设计标准已成为必然。

1.混凝土结构耐火构造

(1)支座处的连接。在构件支座部位的上部,可以通过上部钢筋的作用,将两个构件形成一个能传递内力的连续整体,这些上部钢筋在火灾期间受到火的影响较小,另一方面受火期间可进行内力重分布。预制板与圈梁连接处采用硬架节点就是一例。

(2)支座处构件内钢筋的锚固长度。在火灾状态时,为了避免由于高温而导致钢筋粘结力的大量丧失,应将直形的钢筋锚固长度做成吊钩、弯钩、弯点或机械锚固的形式。

(3)牛腿构造处理。当需要在构件迎火部位设置半槽边形的牛腿支座时,在没有任何附加保护的情况下,应用一些主筋去保护混凝土的各个棱角边。这些部位混凝土的破碎和爆裂能够导致结构的倒塌,在耐火设计时,要特别注意其细部的处理。

(4)梁的翼缘处理。翼缘过分细长和腹壁太薄都会影响构件的耐火性能。对构件的截面温度变化的研究表明,最热的部位是凸角部位,温度更容易损坏细长型的构件。外形凸角较多的断面则为不利断面,尽力避免采用。

2. 混凝土结构抗火设计要求

进行结构抗火设计时，满足以下任何一个要求即可。[①]

(1)结构耐火设计极限时间内，结构的承载力应不小于各种作用产生的组合效应 S_m，即：

$$R_d \geq S_m$$

(2)规定的各种荷载组合下，结构的耐火时间 t_d 应不小于规定的结构耐火极限 t_m，即：

$$t_d \geq t_m$$

(3)火灾下，当结构内部温度均匀时，结构达到承载力极限状态时的温度 T_d 应不小于耐火极限时间内结构的最高温度 T_m，即

$$T_d \geq T_m$$

3. 混凝土结构抗火设计计算过程

基于计算的混凝土结构的抗火设计方法以高温下构件的承载力极限状态为耐火极限判据，其计算过程如图 5-4 所示。

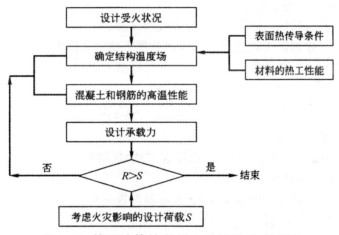

图 5-4　基于计算的混凝土结构设计流程图

4. 混凝土结构抗火设计方法

混凝土构件和结构的高温力学性能全过程分析，要建立具有工程准确性，简单实用的构件和结构高温承载力的近似计算方法。对构件和结构在高温后的极限承载力计算可以采用以下的基本假定。

(1)截面温度场已知。

(2)平截面假定。

(3)计算截面温度场时，忽略截面上钢筋的作用以及截面应力和裂缝状况等的影响，截面上钢筋的温度值取所在位置的混凝土的温度。

(4)忽略混凝土的高温抗拉作用。

---

① 周云，李伍平，浣石，尚红：《防灾减灾工程学》，北京：中国建筑工业出版社，2007 年，第 449 页。

(5)钢筋和混凝土之间无相对滑移。

(二)钢结构的抗火设计

钢结构的受力性能好，但其耐火性能差，一般情况下，裸露钢结构的耐火极限仅15分钟。随着钢结构的应用越来越广泛，加强钢结构的防火措施是十分必要的。

1. 基于实验的传统抗火设计方法

早期结构抗火设计方法都是依赖于标准火抗火试验，即规范要求某一类型建筑物具有一定的耐火时间，然后对结构的主要构件进行正常设计荷载下的标准试验，测定其抗火时间。这种方法存在很多缺陷，如耐火时间、耐火等级不易确定，构件在结构中受力很难模拟，等等。

2. 基于计算的构件抗火设计方法

基于计算的构件抗火设计方法以高温下构件的承载力极限状态为耐火极限判断，考虑温度内力的影响。此种方法可以免除传统抗火设计方法存在的问题，已被各国普遍接受并在设计规范中采纳。其基本思想与方法如下。[①]

(1)采用确定的防火措施，设定一定的防火被覆厚度。

(2)计算构件在确定的防火措施和耐火极限条件下的内部温度。

(3)确定高温下钢的材料参数，计算该构件在外荷载和温度作用下的内力。

(4)进行荷载效应组合，其计算公式如下式：

$$S = \gamma_G C_G G_K + \sum \gamma_{Qi} C_{Qi} Q_{ik} + \gamma_w C_W W_k + \gamma_F C_F(\Delta T)$$

式中、S——荷载效应组合。

Q_{ik}——楼面或屋面活载(不考虑屋面雪载)标准值。

G_k——永久荷载标准值。

ΔT——构件或结构的温度变化(考虑温度效应)。

W_k——风载标准值。

γ_{Qi}——楼面或屋面活载分项系数，取0.7。

γ_G——永久荷载分项系数，取1.0。

γ_w——风载分项系数，取0或0.3，选不利情况。

γ_F——温度效应的分项系数，取1.0。

C_G、C_{Qi}、C_w、C_F——永久荷载、楼面或屋面活载、风载和温度的效应系数。

(5)根据构件和受载的类型，进行构件抗火承载力极限状态验算；验算要求 $s \leqslant R$，式中，R为构件在确定的防火措施和耐火极限条件下，其内部温度确定的极限承载力。

(6)当设定的防火被覆厚度不合适(过小或过大)时，可调整防火被覆厚度，重复上述步骤。

(三)以性能为基础的防火设计方法

"以性能为基础的防火设计方法"是运用消防安全工程学的原理和方法，首先考虑火灾本

---

① 周云,李伍平,浣石,尚红:《防灾减灾工程学》,北京:中国建筑工业出版社,2007年,第451页。

身发生、发展和蔓延的基本规律,结合实际火灾中积累的经验,通过对建筑物及其内部可燃物的火灾危险性进行综合分析和计算,从而确定性能指标和设计指标;其次预设各种可能起火的条件和由此所造成的火、烟蔓延途径以及人员疏散情况,来选择相应的消防安全工程措施,并加以评估,核定预定的消防安全目标是否已达到;最后视具体情况对设计方案作调整、优化。其主要思想是在消防设计时仅提出建筑消防安全所需要的性能要求或指标,而不直接要求设计人员为此而必须采用某些特定的解决方法。性能化防火设计具有三大特点:安全目标的确定性、设计方法的灵活性和评估验证的必要性。

结构抗火性能化设计的一般层次化结构,包括设计总体目标、功能目标、性能要求及认为合适的各种解决方案与方法,如图 5-5 所示。

图 5-5　结构抗火性能化设计关系图

结构性能化抗火设计流程图,如图 5-6 所示。

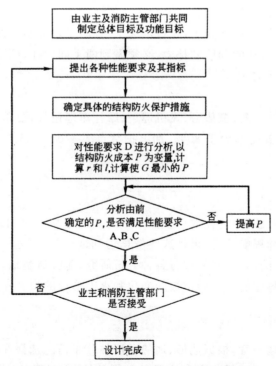

图 5-6　结构性能化抗火设计流程图

结构性能化抗火设计的定性要求为：(1)对于火源多、容易失火的建筑,结构抗火设计要求应提高；(2)对于消防措施严密及设有喷淋装置的建筑,可降低结构抗火设计要求；(3)对于火荷载密度大的建筑,应提高结构抗火设计要求；(4)对于功能重要、破坏后造成间接经济损失大的建筑,应提高结构防火设计要求。

第三节　火灾害防灾减灾的其他措施

一、森林火灾的防灾减灾

森林火灾是指失去人为控制的火在林地内自由蔓延和扩展,对森林、森林生态系统和人类带来一定危害和损失的灾害。森林大火一旦发生,不仅无情毁灭森林中的各种生物,破坏陆地生态系统,而且其产生的巨大烟尘将严重污染大气环境,直接威胁人类的生存条件。此外,扑救森林火灾需耗费大量的人力、物力、财力,给国家和人民生命财产造成巨大损失,扰乱所在地区经济、社会发展和人民生产、生活秩序,直接影响社会稳定。

按照对林木造成损失及过火面积的大小,可把森林火灾分为森林火警(受害森林面积不足0.01平方千米或其他林地起火)、一般森林火灾(受害森林面积在0.01平方千米以上1平方千米以下)、重大森林火灾(受害森林面积在1平方千米以上10平方千米以下)和特大森林火灾(受害森林面积10平方千米以上)。

我国森林防火的方针是"预防为主,积极消灭"。预防是森林防火的前提和关键,消灭是被动手段,挽救措施。森林防火的预防和扑救,必须做到两手同时抓,两手都要硬。

(一)监测嘹望网

监测嘹望网包括卫星监测、嘹望台、飞机巡逻、摩托车巡逻等,要求凡连片松、杉、柏等树种组成的成片林区监测覆盖面不少于80%,加上护林点等不少于95%,其他林分(含针阔混交林)不低于70%。

1. 卫星探火

利用人造卫星搭载遥感器,能在数百至数千米的高空中接收来自地面和大气中可见光至热红外波段的各种反射和辐射信息；再将这些信息送到地面站,经过一系列处理后,以图像胶片、数据和磁带等形式供给用户,然后进行各种分析研究,能够清楚地表明火灾发生、发展到结束的变化过程。遥感资料还能对地面植被的变化和火灾造成的损失作出估计。

2. 嘹望台网

嘹望台的设置应因地制宜,根据地形、地势和树林分布情况选择在制高点上设立。嘹望台高度平原地区为20米；山区一般应高出林冠2~4米,大约每40~55平方千米设一个,大型国有林场、自然保护区、森林公园等应每2 000米。建一处嘹望塔(台、哨),一般林地可扩大到

3 000平方米以上,嘹望距离为 15~25 千米。在用望远镜时嘹望半径一般为 15~20 千米。嘹望台应配置电话或对讲机、望远镜、罗盘仪、地图、记录本等,顶部均应设避雷针。较先进的嘹望台应配有红外线探测仪、闭路电视探火等设备。防火期间应有专人嘹望,值班时间一般为 8~18时,在高火险期应昼夜值班。

3. 航空巡护

航空巡护主要在人烟稀少、交通不便的偏远林区采用。巡护时,飞行高度以 1 500~1 800 米为宜,视程为 40~50 千米。在飞机上确定火场位置和火灾种类后,立即用无线电向防火部门报告。

4. 地面巡护

利用摩托车、马匹等来巡护,以弥补防火嘹望台监测力量的不足。

(二)预测预报网

在防火期间,配备利用航测、遥感技术,有组织性地安排人员进行预测预报,对可燃物、火险天气、火源进行预报。

1. 预测预报的种类

(1)火险天气预报
火险天气预报只预测空气的干湿程度,一般在防火期每日上午 8 时和下午 1 时向所在地防火指挥部报告气温、风向、风速、降水量、相对湿度等气象资料。
(2)火灾发生预报
火灾发生预报通过综合考虑气象条件的变化、可燃物干湿程度变化、森林可燃物类型特点以及火源出现的危险等来预测火灾发生的可能性。

2. 林火预报预测的方法

(1)估测法
根据经验预报火的等级、火烈度等估测,一般来说,阴云、2 级风以下不易发生火灾;阴云、3 级风难以发生火灾;天晴、4~5 级风容易发生火灾。
(2)综合指标法
综合指标法是根据某一地区无雨期长短来预报。无雨期越长,气温越高,空气越干燥,可燃物含水率越小,森林燃烧的可能性越大。
计算综合指标时,必须在每天 13 时,测定气温和饱和差的变化,同时根据降水量加以修改。如当日降水量超过 2 毫米时,就取消以前积累的综合指标;降水量大于 5 毫米时,则将降雨后 5 天内的综合指标减 1/4 然后累计得出综合指标。

(三)林火阻隔网

防火阻隔系统多是由带状障碍物进行联网组成,一般可以分成三个类型:一是自然障碍阻隔类,主要包括河流、水库、湖泊、池塘、岩石裸露区、自然沟壑、沙滩等;二是生物阻隔类,主要包括防火林带、农田、牧场,以及茶园、竹林、果园等经济林区域;三是工程阻隔类,主要包括防火线、防火沟、道路工程、水渠等。此处重点介绍防火线、防火林带和防火公路。

1. 防火线(路)

国境防火线:宽 50～100 米(生土带)。
铁路防火线:设在国铁、森铁两侧,国铁每侧宽 50～100 米,森铁每侧宽 30～50 米。
林缘防火线:在农、林交错处,草地、森林交界处,宽 30～50 米。
林内防火线:宽为树高的 1.5 倍。
幼林防火线:宽 10 米左右。
其他防火线:如村屯、仓库、林地建筑等,宽 50～100 米。

2. 防火林带

营造防火林带,是森林防火的长远战略措施。营造防火林带要注意以下几方面。
林带位置:山脚(山谷)最好,山脊、一面坡也可。
林带宽度:主干为 50 米,支干为 30 米。
林带方向:与防火期主风向垂直。
树种选择:选经济价值高,抗火力强,在当地生长快、落叶齐的阔叶树(常绿树最好);枝叶茂密,本身含水量大的树;含有硅的树种。
结构:紧密结构为宜,总体构成三层,即乔木层、乔木亚层、灌木层。
株行距:南方木荷为 1 米×1 米。

3. 防火公路

防火公路既运送人员、物资,又阻止火势蔓延。一般要求每 1 万平方米宽达 4～6 米。

(四)森林火灾扑救

1. 扑火方针

扑火方针即"打早、打小、打了"。扑火时要做到"四快",即探火快、报警快、领导快、扑火队伍赶到火场快。

2. 扑火方式

扑救林火的方式主要有两种:一是直接灭火,二是间接灭火。
(1)直接扑火
对植被少、火势较弱的火灾,可以利用灭火工具直接消灭火焰。要从火的后方(火尾)入场,尾随火头前进,踏过火烧迹地进入扑火地段,开展扑火作业,直到火被扑灭为止。
扑火力量充足时,可将火区分割成段,同时开展扑火作业,逐段逐片消灭。要防止风向突变,使火尾变成火头。对于扑打过的地段,应派人看守,防止复燃。

（2）间接扑火

①人工开设防火线

在火前方一定距离,选择与主风方向垂直,植被较少的地方,人工开设宽度一般不少于30米、长度应视火头蔓延的宽度而定的防火线,并清除防火线上的一切可燃物。防火线形成后,要派足够人员在外侧守护,严防火头越过防火线。

②火烧防火线

火烧防火线一般选择在火头的前方,利用河流、道路作依托条件,迎着火头,在火头前进方向的对侧开始点火,利用风力灭火机使火向火场方向蔓延,两火相遇产生火爆,降低空气中氧气的含量,从而将火熄灭,阻止火蔓延。此时,点火人员一般相间5米,向同一方向移动同时点火。

火烧防火线的技术性强,危险性大,如掌握不好极易跑火。因此,必须选择有经验的指挥员指挥,组织足够人力,选好风向,在3级以下风力时进行。风力太大不宜使用。

当火势激烈凶猛,间接和直接扑火方法难以奏效时,应当利用日出、落日前后一段时间大气湿度大,风小,火势较弱的有利时机,最大限度组织扑救力量,投入扑救战斗。

利用防火线阻止火势蔓延成功后,指挥员要留下部分人员清理余火,看守火场,警戒飞火,防止复燃;主要扑救力量要转移,由外向内边打边清;要配备适当预备力量,以应付情况突变。

3. 扑火方法

（1）火灭火法。发生强烈火灾时,在火头前方一定距离用火烧,加宽隔离带。具体有两种方式:一是火烧法,以公路、小溪、小道等为依托条件,点逆风火,加宽小道。二是迎面火法。当火头前方出现逆风时,在火头前方点迎面火,火沿火头蔓延。点火时应考虑地形、温度等条件,点火人员不应站在两火势之间。点迎面火时,应在火头纵深方向的7倍处点火。

（2）水灭火法。水可吸收大量的热,同时水蒸气可稀释空气中氧气的含量。水灭火法的工具包括:自压式喷雾器、消防车、水上飞机等。

（3）扑打法。用扑火工具把火与空气隔离。扑火工具包括树枝、扑火拍（胶皮）、拖把、湿麻袋片等。扑打法适于对低强度火的扑打及火场清理。

（4）土（沙）灭火法。用土把火与空气隔离。可用铁锹、镐或机械（如拖拉机、喷沙机）开沟喷土。喷土法只适于疏松土壤上,如沙土、沙壤土;不适于壤土、黏土等。

（5）人工催化降水灭火法。在云层中加进类似冰晶作用的物质（如干冰、碘化银等）,促进降雨。

（6）风力灭火法。高速的气流能移走可燃性气体,同时也能吹走燃烧释放出来的热量。风力灭火法的工具有风力灭火机、机载风力灭火机等。

（7）化学灭火法。有的化学药剂受热后能形成薄膜,覆盖在可燃物上,把火熄灭;有的药剂受热后产生不可燃的气体或者是药剂受热后能吸热。

（8）空中灭火法。利用各种类型飞机对林火进行跳伞灭火、机械灭火和喷洒水或化学灭火剂灭火等。

（9）爆炸灭火法。利用瞬时爆炸产生冲击波冲散火,并且利用细土沙灭火。用炸药炸,每隔2米一坑,进行引爆。这一方法适于枯枝落叶多、土壤坚实的原始林区。

二、使用固定消防灭火系统

常规固定消防灭火系统主要包括消火栓系统、水自动灭火系统、气体自动灭火系统和泡沫自动灭火系统。

(一)消火栓系统

1. 室内消火栓

室内消火栓是在建筑物内部使用的一种固定灭火供水设备,通常设置于楼梯间、走廊和室内墙壁上,包括消火栓及消火箱。消火栓由手轮、阀盖、阀杆、车体、阀座和接口等组成。消火箱内有水带、水枪并与消火栓出口连接。使用时,根据消火栓箱门的开启方式,用钥匙开启箱门或击碎门玻璃,扭动锁头打开。

2. 消防软管卷盘

消防软管卷盘是一种室内固定式轻便消防给水设备,由小口径室内消火栓(口径为 25 毫米或 32 毫米)、输水胶管(内径 19 毫米)、小口径开关水枪(喷嘴口径为 6.8 毫米或 9 毫米)和转盘配套组成,俗称水喉。与室内消火栓比较,消防软管卷盘具有轻便、机动、灵活、可减少水渍损失等优点。

3. 室外消火栓

室外消火栓分为地上消火栓和地下消火栓两种。

(1)地上消火栓

地上消火栓主要由弯座、阀座、排水阀、法兰接管启闭杆、车体和接口等组成,适用于气候温暖的地区。在使用时,用消火栓钥匙扳头套在启闭杆上端的轴心头,然后按逆时针方向转动消火栓钥匙,阀门即可开启,水由出口流出。若要关闭,按顺时针方向转动消火栓钥匙即可。

(2)地下消火栓

地下消火栓安装在地面下,作用与地上消火栓相同。因为安装在底下,所以不易冻结,也不易被损坏,适用于气候寒冷的地区。由于地下消火栓目标不明显,故应在地下消火栓附近设立明显标志。其使用方法与地上消火栓相同。

(二)水自动灭火系统

水自动灭火系统是指以水为主要灭火介质的灭火系统,包括自动喷水灭火系统、水炮自动灭火系统、细水雾灭火系统和水喷雾灭火系统。

1. 自动喷水灭火系统

自动喷水灭火系统就是装有喷头或喷嘴的管网系统。自动喷水灭火系统有湿式喷水灭火系统、干式喷水灭火系统、预作用喷水灭火系统、雨淋灭火系统和水幕灭火系统,其中使用最多的是湿式灭火系统,约占70%。

(1)湿式喷水灭火系统

湿式喷水灭火系统由湿式报警阀、闭式喷头和管网组成(图5-7),适用于高层建筑、宾馆、商场、医院、剧院、工厂、仓库及地下工程等能用水灭火的建筑物内,具有结构简单、维护方便、成本低廉、使用期长、适用范围广、安全可靠、控火灭火效果显著等特点。

湿式报警阀的上下管网内均充以压力水。当火灾发生时,火源周围环境温度上升,导致水源上方的喷头开启、出水、管网压力下降,报警阀后压力下降使阀板开启,接通管网和水源,供水灭火。由于其受环境温度的影响较大,因此必须安装在全年不结冰及不会出现过热危险的房间内。

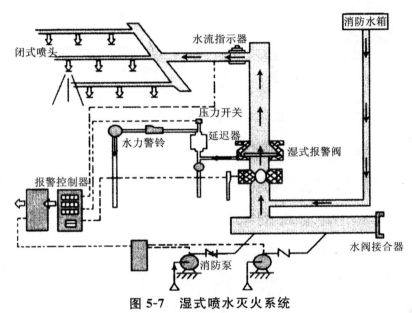

图5-7　湿式喷水灭火系统

(2)干式喷水灭火系统

干式系统主要由闭式喷头、管网、干式报警阀、充气设备、报警装置和供水设备组成(图5-8),适用于环境温度低于40℃或年采暖期超过240天的不采暖房间)和高于70℃的建筑物和场所,如不采暖的地下停车场、冷库等。

平时,干式系统的报警阀后管网充以有压气体,水源至报警阀前端的管段内充以有压水。火灾发生时,火源处温度上升,使火源上方喷头开启,首先排出管网中的压缩空气,于是报警阀后管网压力下降,干式报警阀前压力大于阀后压力,干式报警阀开启,水流向配水管网,并通过已开启的喷头喷水灭火。

(3)预作用喷水灭火系统

预作用自动喷水灭火系统主要由闭式喷头、管网系统、预作用阀组、充气设备、供水设备、火灾探测报警系统等组成(图5-9),具有报警及时、喷水快、功能全及适用范围广等优点,不仅能广泛用在湿式系统和干式系统适用的场所,还能安装于既需用水灭火,但又不允许发生非火灾原因而误喷的场所。

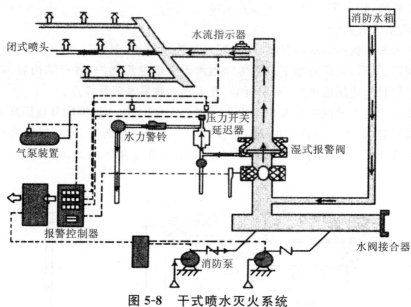

图 5-8　干式喷水灭火系统

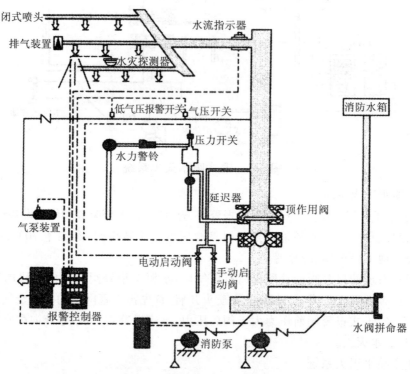

图 5-9　预作用喷水灭火系统

　　平时预作用阀后管网充以低压压缩空气或氮气(也可以是空管),火灾时,由火灾探测系统自动开启预作用阀,使管道充水呈临时湿式系统。随着火源处温度上升,喷头开启迅速出水灭火。

　　(4)雨淋灭火系统

　　雨淋灭火系统由火灾探测系统和管道平时不充水的开式喷头喷水灭火系统等组成(图 5-10),

适用于火灾危险性大、可燃物多、发热量大、燃烧猛烈和蔓延迅速,并要求在同一防区内同时密集喷水的场所,如工业建筑、礼花厂、舞台等可燃物较多的场所。

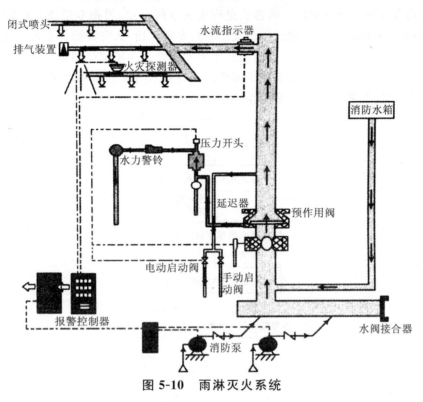

图 5-10　雨淋灭火系统

（5）水幕系统

水幕系统由水幕喷头、管道和控制阀组成（图 5-11），适用于舞台口、门窗口、洞孔口及燃烧体构造的墙面,也可单独作为防火分区的手段,通常与防火卷帘、玻璃幕墙等配合使用,起阻火、隔断空间、封闭门窗洞孔、分隔豁口、冷却建筑物暴露表面等作用。

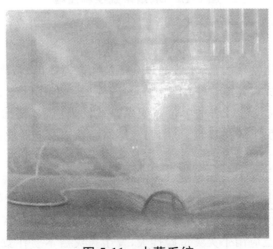

图 5-11　水幕系统

2. 水炮自动灭火系统

水炮自动灭火系统利用双波段摄像机进行火灾空间定位,根据双像正直摄影立体视觉原理,由左右视差和基线确定火灾的三维位置。一旦发现火情,火灾探测器立即给计算机发出报警信息,计算机接受后让系统确认,之后消防水炮喷头带动火焰定位器进行水平方向和俯仰方向上火焰搜索定位,精确定位后功率驱动模块自动打开消防水泵和电磁阀,并对着火点实施喷水灭火直至火焰熄灭,报警信号消除为止,如图 5-12 所示。

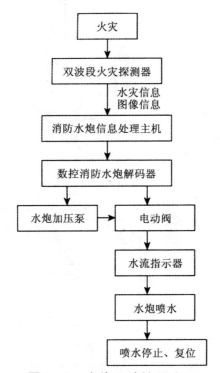

图 5-12　水炮系统控制流程

3. 细水雾灭火系统

细水雾灭火系统使用特殊喷嘴,水流通过高压喷孔高速喷出,与周边的空气产生强烈摩擦后,水流被撕裂,从而形成直径非常小的雾滴。水蒸汽的产生既稀释了火焰附近氧气的浓度,又有效地控制了热辐射。所以,增加单位体积水微粒的表面积,是细水雾灭火系统成功的关键。细水雾灭火系统适用于居住建筑、可燃性液体储存设施及电器设备方面。

4. 水喷雾灭火系统

水喷雾灭火系统是由自动喷水灭火系统派生出来的,通过高压喷射出分布均匀小水滴,由于水雾绝缘性好,在灭火时还能产生大量的水蒸汽,因此通过冷却、窒息、乳化、稀释作用可迅速灭火(图 5-13)。它广泛应用于火灾危险性大,发生火灾后不易扑救或火灾危害严重的重要工业设备与设施,如贮存易燃液体场所的火灾,有粉尘火灾(爆炸)危险的车间,以及电气、橡胶等特殊可燃物的火灾危险场所。

图 5-13　水喷雾系统的喷头

(三)气体自动灭火系统

气体灭火系统是以气体作为灭火介质的灭火系统,它又可以分为以下几种灭火系统。

1. 二氧化碳灭火系统

二氧化碳灭火系统适用于扑救 A 类火灾中一般固体物质的表面火灾和棉、毛、织物、纸张等部分固体的深位火灾,也适用于扑救常见的液体火灾和气体火灾,但需要较高浓度,灭火效果一般,且不得用于硝化纤维、火药等含氧化剂的化学制品火灾、氢化钾、氢化钠等金属氢化物火灾以及钾、钠、镁、钛、锆等活泼金属火灾的扑救。

2. 三氟甲烷(HFC-23)灭火系统

三氟甲烷灭火系统可扑救 A、B、C 各类火灾,可用于扑救后要求不留痕迹或清洗残留物有困难的场所以及含贵重物品、珍贵档案的场所,但不得用于无空气仍然能够迅速氧化的化学物质场合、活泼金属存放、生产场所以及金属氢化物的储存场所。

3. 七氟丙烷(HFC-227ea)灭火系统

七氟丙烷灭火系统可用于扑救 A、B、C 类火灾,主要用于电子计算机房、电信通讯设备、贵重的工业设备、图书馆、易燃液体储存区等场所,也可用于生产作业火灾危险场所,如大型发电机以及船舶机舱、货舱等。

4. 混合气体(IG-541)灭火系统

IG-541 灭火系统适用于扑救可燃液体和可熔化固体的火灾、可燃气体的火灾、可燃固体的表面火灾和电气火灾,可用于保护封闭空间的场所,如通信设备室、国家保护文物中的金属、纸绢质制品等场所。

(四)泡沫自动灭火系统

泡沫分为低、中、高倍数泡沫三类。

1. 低倍数泡沫自动灭火系统

低倍数泡沫是指泡沫混合液吸入空气后,体积膨胀小于 20 倍的泡沫。低倍数泡沫自动灭火系统可用于扑救易燃、可燃液体的火灾或大面积流淌火灾。

2. 中倍数泡沫自动灭火系统

中倍数泡沫是发泡倍数为 21~200 倍的泡沫,可用淹没和覆盖的方式扑灭 A 类、B 类火灾,可有效地控制液化气、液化天然气的流淌火灾。

3. 高倍数泡沫自动灭火系统

高倍数泡沫是发泡倍数为 201~1 000 倍的泡沫,灭火速度快、水渍损失小,对 A 类火灾具有良好的"渗透性",可以消除淹没高度内的固体阴燃火灾,置换排除被保护区域内的有毒烟气。

第六章　风灾害与防灾减灾措施

风是最为常见的自然现象。据统计,世界每年因风灾造成的损失几乎占总自然灾害损失的 50％,严重影响着人类生活的安全度和舒适度,因此,需要对风灾害加强认识,采取相应的防灾减灾措施以避免或减少风灾害带来的损失。

第一节　风灾害概述

风就是空气的流动。由于地球上高纬度与低纬度所接受的太阳辐射强度不同造成了温差,从而形成了气压梯度,当空气由高气压处向低气压处流动时就形成了风。作为一种最为常见的自然现象,风与人类的生活密切相关。但当风等级超过一定的级别后,就会给人类的生命财产安全带来威胁,因此,又必须要提高对风灾害的认识。

一、风力的等级划分

风的强度称为风力。1805 年,英国人蒲福依据风对地面或海面物体的影响程度提出了 0～12 共 13 个风力等级(人们由此称为"蒲氏风级")。自 20 世纪 40 年代中叶以来,气象学家在一定程度上对风力等级作了修订,并将风力等级增至 18 个等级(表 6-1),但我国内地目前仍然习惯使用 13 个风力等级。

表 6-1　风力等级表

风力等级	名称	海面状况 浪高(米)		海岸渔船状况	陆地地面状况	距地 10 米 高处相当风速	
		一般	最高			千米/时	米/秒
0	静风	—	—	静	静,烟直上	<1	0～0.2
1	软风	0.1	0.1	平常渔船略觉摇动	烟能表示方向,但风标不能转动	1～5	0.3～1.5
2	轻风	0.2	0.3	渔船张帆时,可随风移动 2～3 千米/时	人面感觉有风,树叶有微响,风标可转动	6～11	1.6～3.3

续表

风力等级	名称	海面状况		海岸渔船状况	陆地地面状况	距地10米高处相当风速	
		浪高（米）					
		一般	最高			千米/时	米/秒
3	微风	0.6	1.0	渔船渐觉颠簸，随风移动2～3千米/时	树叶及微枝摇动不息，旌旗展动	12～19	3.4～5.4
4	和风	1.0	1.5	渔船满帆时倾于一方	能吹起地面灰尘和纸张，树的小枝摇动	20～28	5.5～7.9
5	清劲风	2.0	2.5	渔船缩帆（即收帆一部分）	有叶的小树摇摆，内陆的水面有水波	29～38	8.0～10.7
6	强风	3.0	4.0	渔船加倍缩帆，捕鱼需注意风险	大树枝摇动，电线呼呼有声，举伞困难	39～49	10.8～13.8
7	疾风	4.0	5.5	渔船停息港中，在海上下锚	全树摇动，迎风步行感觉不便	50～61	13.9～17.2
8	大风	5.5	7.5	近港渔船皆停留不出	微枝折毁，人向前行感觉阻力甚大	62～74	17.3～20.7
9	烈风	7.0	10.0	汽船航行困难	烟囱顶部及平瓦移动，小屋有毁	75～88	20.8～24.4
10	狂风	9.0	12.5	汽船航行颇危险	陆上少见，见时可使树木拔起或将建筑物吹毁	89～102	24.5～28.4
11	暴风	11.5	16.0	汽船遇之极危险	陆上很少，有时必有重大损毁	103～117	28.5～32.6
12	飓风	14	—	海浪滔天	陆上绝少，其捣毁力极大	118～133	32.7～36.9
13	—	—	—	—	—	134～149	37.0～41.4
14	—	—	—	—	—	150～166	41.5～46.1
15	—	—	—	—	—	167～183	6.2～50.9
16	—	—	—	—	—	184～201	51.0～56.0
17	—	—	—	—	—	202～220	56.1～61.2

二、风灾害的类型

在自然界中，能够带来灾害的风主要有热带气旋、寒潮风暴和龙卷风等，它们各自有着不同的特点。

（一）热带气旋

热带气旋是发生在热带海洋上的大气旋涡，是热带低压、热带风暴、台风或飓风的总称，它在世界十大自然灾害中排名第一。

1. 热带气旋产生的原因

热带气旋的形成随地区不同而异，它主要是由太阳辐射在洋面所产生的大量热能转变为动能（风能和海浪能）而产生的。海洋水面受日照影响，会形成不同的气压区，热低压区和稳定的高压区气压之差会产生螺旋状流动，气压高低的相差越大，旋转流动的速度越快，于是便产生了热带气旋。热带气旋中旋转流动的中心即热带旋风中心，习惯上称为"眼"。在"眼"的范围内相对平衡，无风也无云层。"眼"的直径一般小于 10km，有时可以大于 50km，紧紧环绕在其周围的圆环形风带为强烈的暴风，并在旋转中向前水平移动。热带气旋的强度是根据"眼"周围的风力大小来确定的。

2. 热带气旋的划分

热带气旋中心附近的平均最大风力小于 8 级的风称为热带低压；热带气旋中心附近的平均最大风力为 8～9 级的风称为热带风暴；热带气旋中心附近的平均最大风力为 10～11 级的风称为强热带风暴；热带气旋中心附近的平均最大风力为 12 级或 12 级以上的风称为台风或飓风。

我国目前执行的是由中国气象局修订的国家标准《热带气旋等级》，七分级原则是以其底层中心附近最大平均风速为标准的，详见表 6-2。

表 6-2 我国热带气旋的分级

热带气旋分级	最大平均风速（米/秒）	风力等级
热带低压	10.8～17.1	6～7 级
热带风暴	17.2～24.4	8～9 级
强热带风暴	24.5～32.6	10～11 级
台风	32.7～41.4	12～13 级
强台风	41.5～50.9	14～15 级
超强台风	＞51.0	≥16 级

3. 热带气旋的危害

热带气旋尤其是达到台风强度的热带气旋具有很强的破坏力，狂风会掀翻船只、摧毁房屋和其他设施，巨浪能冲破海堤，暴雨能引起山洪暴发。因此可以说，热带气旋是一种破坏力很大的灾害。1991 年孟加拉国强热带风暴致死大约 14.3 万人；2005 年"卡特里娜"飓风横扫美国墨西哥湾沿岸，造成 100 万居民流离失所；2008 年缅甸遭受热带风暴"纳尔吉斯"的猛烈袭击，洪水淹没面积达到 5 000 平方千米，受灾人数达 2 400 万人，占缅甸总人口的近一半，使 77

738 人遇难,55 917 人失踪。

(二)寒潮风暴

寒潮风暴是来自极地或寒带向中纬度或低纬度侵略的强烈冷空气。寒潮风暴的冷空气源地主要有两个:一是来自欧亚大陆北面的寒冷海洋(如白海、巴伦支海、新西伯利亚海等),二是直接来自欧亚大陆。

1. 寒潮风暴产生的原因

寒潮风暴的主要载体是冷气团,一般来讲,冷气团前缘冷锋两侧的冷暖气团间水平温度梯度越大,冷空气内蕴含的平均有效位能就越大,一旦有了触发条件,位能就转化为动能,使冷空气团向暖空气团方向冲击而暴发寒潮。正是因为寒潮风暴具有这样的特点,因此,寒潮来临前当地天气越暖,寒潮强度也就越大。

2. 寒潮风暴在我国的入侵路径

在我国,由冷气团形成的寒潮主要从西路、中路、东路加西路来影响我国的广大地区。

(1)西路。西路是从西伯利亚西部进入我国新疆,经河西走廊向东南推进。

(2)中路。中路是从西伯利亚中部和蒙古进入我国后,经河套地区和华中地区南下。

(3)东路加西路。东路加西路是指东路冷空气从河套地区下游南下,西路冷空气从青海东部南下,两股冷空气常在黄土高原东侧,黄河、长江之间汇合,汇合时造成大范围的雨雪天气,接着两股冷空气合并南下,出现大风和明显降雨雪天气。

3. 寒潮风暴在我国发生的特点

我国寒潮风暴多发的时间是每年 9 月至次年 5 月。全国性寒潮平均每年有两次,影响北方的区域性寒潮平均每年有四次。寒潮风暴发生在不同的地域环境下,也具有各自不同的特点:在西北沙漠和黄土高原表现为大风少雪,极易引发沙尘暴;在内蒙古草原则表现为大风、大雪和低温天气;在华北和黄淮地区则常常是风雪交加;在东北则表现为更猛烈的大风和大雪,降雪量居全国之冠;在江南常伴随着寒风苦雨。

4. 寒潮风暴的等级

我国对寒潮风暴的等级划分如表 6-3 所示。

表 6-3　我国对寒潮风暴的等级划分

等级	长江中下游及其以北地区 48 小时内的气温变化		陆地出现 5~7 级风的大行政区数	沿海出现 7 级以上大风的海区数
	降温	最低气温		
一般寒潮	10℃以上	4℃以下	3	3
强寒潮	14℃以上		3~4	所有

（三）龙卷风

龙卷风是一种最猛烈的小尺度天气系统，是出现在强对流云内的活动范围小、时间过程短，但风力极强且具有近垂直轴的强烈涡旋。当龙卷风发生在海上时，会出现"龙吸水"的现象，因此被称为"水龙卷"；但当龙卷风出现在陆上时，会卷扬尘土，卷走房屋、树木等，因此被称为"陆龙卷"。

1. 龙卷风产生的原因

龙卷风是自积雨云底伸展出来的到达地面的、强烈旋转的漏斗状云体，产生在强烈的雷暴云中。雷暴云内有强烈的上升气流和下沉气流，这种上下气流之间常形成涡旋运动，在合适的条件下，这种涡旋运动可以形成涡环，当这种涡环足够长时从雷暴云内下垂，就成为人们常见的"龙卷"了。形成龙卷风的气象条件是相当复杂的。目前，对龙卷风形成的理论研究尚处于探索阶段。

2. 龙卷风的特点

龙卷风的移动速度平均 15 米/秒，最快的可达 70 米/秒。移动路径的长度大多在 10 千米左右，短的只有几十米，长的可达几百千米。龙卷风扫过时，犹如一个特殊的吸泵一样，往往把它所触及的水、沙尘和树木等吸卷而起，形成高大的柱体，所造成的破坏往往是沿一条线进行。龙卷风会把陆地上某种有颜色的物质或其他物质及海里的鱼类卷到高空，移到某地再随暴雨降到地面，就形成"鱼雨""血雨""谷雨""钱雨"等。当龙卷风扫过建筑物顶部或车辆时，建筑物或车辆内外会形成强烈的气压差，顷刻间，建筑物或车辆就会发生"爆炸"，因此龙卷风具有极强的破坏力。

3. 龙卷风的等级

美国龙卷风专家藤田博士根据风力及破坏程度将龙卷风分为六个等级，见表6-4。

表 6-4　美国龙卷风分级

等级	估计风速（米/秒）	典型的龙卷风破坏程度
F0	<33	轻度破坏：损坏烟囱，刮断树枝，拔起浅根树木；毁坏商店招牌
F1	33～50	中度破坏：掀起屋顶砖瓦，刮跑或掀翻移动住房；行驶的汽车被刮离路面
F2	51～70	较严重的破坏：刮走屋顶；摧毁活动住房；掀翻火车车厢；连根拔起大树；空中轻物狂飞；汽车被卷离地
F3	71～92	严重破坏：坚固房屋的屋顶和墙壁被刮走；掀翻火车；森林中大多数树木被连根拔起；重型汽车被卷离地并被抛起
F4	93～116	毁灭性破坏：坚固房屋被夷为平地；基础不牢的建筑物被刮走；汽车被抛向空中；大的物件横飞
F5	117～142	极度破坏：坚固房屋框架被刮走；汽车大小的物件在空中横飞超过 100 米；飘飞碎片挂树梢；出现难以置信的现象

（四）其他的风灾害

1. 季风

由于大陆及邻近海洋之间存在的温度差异而形成大范围盛行的、风向随季节有显著变化的风系就是季风。季风在夏季由海洋吹向大陆，在冬季由大陆吹向海洋，它的活动范围很广，影响着地球上 1/4 的面积和 1/2 人口的生活。西太平洋、南亚、东亚、非洲和澳大利亚北部，都是季风活动明显的地区，尤以印度季风和东亚季风最为显著。中美洲的太平洋沿岸也有小范围季风区，而欧洲和北美洲则没有明显的季风区，只出现一些季风的趋势和季风现象。

2. 雷暴大风天气

雷暴大风天气是强雷暴云的产物。强雷暴云，又称"强风暴云"，主要是指那些伴有大风、冰雹、龙卷风等灾害天气的雷暴。强风暴云体的前部是上升气流，后部是下沉气流。由于后部下降的雨、雹等的降水物强烈蒸发，使下沉的气流变得比周围空气冷。这种急速下沉的冷空气就形成一个冷空气堆，气象上称"雷暴高压"，使气流迅速向四周散开。因此，当强雷暴云来临的瞬间，风向突变，风力猛增，往往由静风突然变为狂风大作，暴雨、冰雹俱下。这种雷暴大风天气突发性强，持续时间相对较短，一般风力达 8～12 级，有很强的破坏力。当强雷暴云中伴有大冰雹和龙卷风时，其破坏性就更大。

3. 沙尘暴

沙尘暴是由强风将地面大量的浮尘细沙吹起，卷入空中，使空气混浊，能见度很低的一种恶劣天气现象。内蒙古一带的沙尘暴又称为"黄毛风"。发生沙尘暴的条件有两个：一是要有足够强大而持续的风力；二是大风经过地区植被稀疏，土质干燥松软。沙尘暴所到之处，飞沙走石，日光昏暗，能见度很差。这种天气对交通运输及农牧业生产等均有严重影响。

三、风灾害的危害

风灾害的危害主要体现在以下几方面。

（1）飓风级的风力足以损坏以至摧毁陆地上的建筑、桥梁、车辆等。特别是在建筑物没有被加固的地区，造成的破坏更大。大风亦可以把杂物吹到半空，使户外环境变得非常危险。

（2）造成水面上升，形成风暴潮，可以淹没沿海地区，倘若适逢天文高潮，危害更大。

（3）与大雨一起造成河水泛滥、泥石流及山泥倾泻。

（4）有可能吹倒建筑物、高空设施，易造成人员伤亡。

（5）会吹落高空物品，易造成砸伤砸死人事故。

（6）可能会毁坏城市市政设施、通信设施和交通设施，造成停电、断水及交通中断等情况。

风灾也可造成诸多间接危害，常见的有引起疾病、破坏基建系统、破坏农业导致粮食短缺等。

20 世纪以来，由于风灾害造成的损失令人触目惊心。

1900 年 9 月 8 日,加勒比海一股强大飓风在美国得克萨斯州的加尔维斯顿登陆,海啸卷起巨浪扑入市区,全城淹没于海涛之中,5 000 多居民在睡梦中被淹死。

1977 年 11 月 19 日,孟加拉湾偏西热带气旋袭击了印度的安德拉邦,47.5 万幢房屋化为瓦砾,300 万人无家可归,死亡者达 5 万人。

1986 年 2 月 5 日,龙卷风横扫美国休斯敦州际机场,风止后,这个每年吐纳旅客 1 100 万人的世界第 19 大航空港内机骸遍地,共有 300 架飞机被毁。

2004 年 8 月,当年的第 14 号台风"云娜"造成浙江省 50 个县(市),共 639 个乡(镇)受灾,受灾人数 859 万人,63 人死亡,15 人失踪,1 800 多人受伤(其中重伤 185 人)。被困村庄 302 个,灾害造成 4.24 万间房屋倒塌,8.8 万间房屋损坏。农作物受灾面积达 27.137 万公顷,成灾面积 14.42 万公顷。造成 3.1 万头大牲畜死亡,损失水产面积 28.4 万公顷,损失水产品 14.15 万吨,502 条公路中断,毁坏路基 505 千米。

2005 年 8 月底,飓风"卡特里娜"登陆美国,路易斯安那、密西西比和亚拉巴马等州遭到巨大破坏,据统计,在飓风"卡特里娜"中,共死亡 1 209 人,其中路易斯安那 972 人,密西西比 221 人,佛罗里达和亚拉巴马 16 人,造成经济损失高达 1 500 亿美元。飓风之后,美国新奥尔良市基本陷入无政府状态,尸体横陈大街,暴力冲突、纵火事件时有发生,严重影响了灾后的恢复重建工作。

四、我国的风灾害情况

我国是一个多风灾害的国家,几乎所有灾害性的风气候都会在我国出现。

台风是我国发生最频繁、受灾损失最大、影响范围最广的头号风灾。东南沿海、华南和海南地区是台风频繁登陆的地区,遭受台风灾害最严重,广西、山东、天津及辽宁等靠海省市也经常受灾。台风登陆后一般还要向内陆入侵,因此安徽、湖南甚至河南、河北等省也会受台风的影响。

受东南亚季风以及西伯利亚特殊地理条件的影响,我国也是发生寒潮最为频繁的国家之一,每年的冷空气活动都非常活跃。因此,寒潮风是我国华北、西北地区的主要大风气候,也经常造成灾害。尤其新疆的山口地区和内蒙古高原,是我国出了名的两个大风区,大风还经常伴随沙尘暴和暴风雪出现,造成严重的灾害。寒潮风一直可以从北方向南侵袭,影响我国大陆大部分地区,甚至香港、台湾也受到影响。

龙卷风在我国出现的区域不是很广,发生的几率也不算太大,主要集中在我国中东部地区,其破坏也主要集中在乡村和农业生产上。

雷暴大风天气的发生几乎遍布全国各地,但是在长江中下游和西南地区,由于台风和寒潮风的影响相对较弱,雷暴风就成为这些地区的主要灾害性风天气,而且也经常造成破坏。青藏高原由于地势高,常年的风势都很强。

我国也会经常发生沙尘暴。我国沙尘暴第一个多发区在西北地区,主要集中在三片,即塔里木盆地周边地区,吐鲁番—哈密盆地经河西走廊、宁夏平原至陕北一线和内蒙古阿拉善高原、河套平原及鄂尔多斯高原;第二个多发区在华北,主要是赤峰、张家口一带,直接影响首都北京的安全。

第二节　风灾害的防灾减灾措施

各国历年的风灾表明风灾害不仅给人类带来了巨大的经济损失和人员伤亡,而且有时还会引发灾难性的次生灾害,如洪水、泥石流以及社会动荡等,严重影响着人类社会的安宁与和谐发展。因此,我们有必要采取一些措施来降低风灾害带来的影响。

一、防风的工程措施

我们可以通过一些工程的建设来减小风灾害的影响,具体来说,主要包括以下几种。

(一)防风林带

植物群落对于降低风速、减小风暴潮、降低沙尘暴的影响具有一定的作用。植物群落降低风速的程度,主要取决于群落的高度、分层和郁闭度(森林中乔木树冠彼此相接,遮蔽地面的程度)等条件。森林群落防风的作用最大。一般来说,防护林所防护的范围约相当于林高的25倍。假如林带高10米,则其防风范围可以扩展到林带背风面的250米范围内。在较为郁闭的林带背风面,风速约可降低80%,然后随着距离拉长,风速又逐渐恢复。因此,在风害较严重的地区,有必要在一定距离内设置几道防风林带。林带防风主要是一种机械的阻挡作用,因此,防风效能以林带方向与风向垂直时为最大。

此外,防风林带还具有减少雨水对表土的冲刷,调节水分小循环;固定流沙、减少水土流失;净化大气、调节气候、减少噪声等作用。

(二)防风墙

防风墙是用于阻挡风沙的构筑物,按材料和做法不同可以分为以下五种。

1. 对拉式防风墙

对拉式防风墙是最坚固的一种,它是由混凝土浇筑的预制块,厚度为1.5米,中间是沙加石,用水泥抹缝搭砌而成,从路基算起高为3米。它的主要作用是防止刮大风的时候产生的车底兜风使行驶的列车出现掉道,其最大防风级别在10级以上。

2. 承插式防风墙

承插式防风墙主要的构成材料是X—69型旧灰枕,厚度只有不到20厘米,主要是放置在风力不是很大的地方,它的搭砌是在两块预制板中间(相隔10数米左右)依次插入构成,旧灰枕中间用铁丝穿插。它的作用和对拉式防风墙作用是一样的,只是在不同的风力地段而已。

3. 土堤式防风墙

土堤式防风墙是用黄土堆砌而成的,样子有点像河堤,只不过河堤是防水,土堤是用来防风的,主要用在西北风沙区。

4. 站区式筑板式防风墙

站区式筑板式防风墙,顾名思义就是在列车停车的站点专门设计的防风墙类型,它的主要构成材料是混凝土浇筑的预制板,厚度15厘米左右,高度2.5米左右。由于在站点停站的列车很少会因为车底兜风将列车刮掉道,只有在行车的过程中会出现上述情况,所以站点上的防风墙不要太厚。

5. 桥梁纯钢板式防风墙

桥梁纯钢板式防风墙主要是焊接树立在桥基两侧,由纯钢板构成,高度在2.5～3米之间。它的主要作用也是防止刮大风的时候产生的车底兜风致使行驶的列车出现脱轨。防风原理和以上各种防风墙一样。

(三)高层建筑的抗风设计

风吹过一个建筑物时,就像气流通过一个障碍物,流动方向会发生变化,还会出现气流的分离和漩涡,从而引起气流和压力的变化。风速的脉动以及横风向涡流的频繁作用将引起结构的顺风向振动、横风向振动和扭转振动。

为了使高层建筑不会发生破坏、倒塌、结构开裂和残余变形过大等现象,以保证结构的安全,结构的抗风设计必须满足强度要求。也就是说,要在设计风荷载和其他荷载的组合作用下,使结构的内力满足强度设计要求。

此外,为了使高层建筑在风力作用下不会引起隔墙开裂、建筑装饰及非结构构件的损坏,结构的抗风设计还必须满足刚度设计的要求。也就是说,要使设计风荷载作用下的结构顶点水平位移和各层相对位移满足规范要求。

(四)高耸建筑的抗风设计

高耸建筑的结构(电视塔、输电线塔和桅杆结构等)由于具有高度高、柔度和阻尼小的特点,风荷载成为其主要的水平荷载,有时甚至成为结构设计的控制荷载,使结构产生较大的风致振动响应。如在风力作用下,电视塔结构的舒适度要求有时不易满足,以致影响电视塔结构的正常使用;输电线塔和桅杆结构的强度要求有时也不易满足,以致出现严重的倒塌事故。因此,在风荷载作用下,有必要考虑高耸建筑的结构的风致振动响应,安装相应的附加减振设备。

二、其他防风措施

在其他防风措施方面,主要应做好"防、避、抢(救)"三个方面的工作。

(一)加强风灾的预报及预警工作

在经常发生风灾的地区建立预报、预警体制,这样可以提前预测强风活动的规律及其发生的地区,并通知有关单位做好防风准备,最大限度减小风灾可能引起的损失。

(二)做好避风疏散规划工作

要加强对风灾害影响区划的了解,做好避风疏散规划的相关工作,建立起合理有效的应对策略。

(三)建立相应的应急管理体系

我国已经于 2006 年 1 月 10 日颁布实行了国家层面的《国家自然灾害救助应急预案》,从总体原则、启动条件、组织指挥体系及职责任务、应急准备、预警预报与信息管理、应急响应、灾后救助与恢复重建等方面对自然灾害的政府应急反应和救助行为进行了规范。各地方政府应该根据自己的实际情况有针对性地对应急预案进行细化,建立起相应的应急管理体系。

此外,还应该掌握风灾应急知识,具体来说包括以下内容。

(1)大风警报后外出的人应尽快回家,船舶应及早驶入港湾。住在湖滨、海边等地域的居民,居于木屋、危房、草棚的住户,住所紧靠高压线的人家,都应在大风到来之前转移到安全的地方。

(2)大风即将临近时暂不去旷野或沙漠地带办事,不去离家较远的地方访亲会友,不到江河湖海等水域游泳,更不要去高山峻岭旅游观光。

(3)大风袭来可能会造成停电、断水及交通中断等情况,为备无患,各家应适量储存一些米面、菜蔬、饮用水及蜡烛等。

(4)大风袭来时,如果人在室内,应快速关闭窗户,拉下窗帘,人不能站在窗口边,以免强风席卷沙石击破玻璃伤人;如果正在城区或集镇的街道上,为防止从两旁建筑上吹落下来的玻璃或物体伤人,应尽快躲入商店或住户暂避一时;大风经过高层建筑时会在后面形成涡流区,并在地面造成强大的旋风,行人应尽量不要在高楼下行走和停留;在巷口拐弯处,风速和风向的突然改变往往会形成巨大的串风,这时要谨防被串风吹来的杂物砸伤。不能将巨大的广告牌、建筑工地上尚未完工的山墙或者尚未拆完的断垣残壁及危旧房屋等当作避风场所;如果正处在前无村、后无店的荒郊野外,不要在大风里跑动,也不要骑自行车,要扣好衣服,扎好裤腰带,弯着腰慢慢前进,尽量躲避河堤、湖岸边的公路等风力集中的区域。

(5)不要到台风经过的地区旅游或到海滩游泳,更不要驾船出海,外出的人应尽快回家。

(6)如果身处台风经过地区,要弄清楚自己所处的区域是否是台风要袭击的危险区域,要了解安全撤离的路径以及政府提供的避风场所。应留意媒体播放、刊载的台风消息,要准备充足且不易腐坏的食品和水,保养好家用交通工具,加足燃料以备紧急转移。

(7)经受狂风暴雨的台风袭击之后,会出现一片风平浪静、云开雨停甚至蓝天星月的"迷"人景象。这实际上是受"台风眼"影响而形成的表面的平静,千万不要被这种暂时的现象所迷惑而放松防御。当"台风眼"过去之后,风向会发生 180°猛转,风力会很快达到甚至超过原先的强度,因此更要提高警惕。

(8)当撤离的地区被宣布安全时,才可以返回该地区。

(9)返回途中遇到路障或者是被洪水淹没的道路要绕开,不要开车进入洪水爆发区域或那些静止的水域。

(10)回家后要仔细检查煤气、水以及电线线路的安全性。在不能确定自来水是否被污染之前,不要喝自来水或者用它做饭。避免在房间内使用蜡烛或者有火焰的燃具,而要使用手电筒。在生命遇到危险时,要用电话求救。

(11)在电线杆刮倒或房屋吹塌的紧急情况下,应及时切断电源,防止电击人体或引起火灾。

(12)汽车外出遇到龙卷风时,千万不能开车躲避,也不要在汽车中躲避,因为汽车对龙卷风几乎没有防御能力。应立即离开汽车,到低洼地躲避。

第七章　火山灾害与防灾减灾措施

火山灾害是一种常见的地质灾害。火山喷发及产生的爆炸、火山灰和有毒气体、熔岩流和火山碎屑流等灾害不仅给人类的生命财产带来严重危害,而且对人类的生存环境产生极大的影响。因此,火山灾害被列为世界主要自然灾害之一。

第一节　火山灾害概述

一、火山概述

(一)火山的概念

火山是地壳内部岩浆沿着薄弱的深大断裂等通道喷出地表,喷出的岩浆和碎屑物在喷火口及其周围堆积的山体。

(二)火山的形成过程

火山的形成是一个非常复杂的物理和化学过程,其形成的过程主要可以分为三个阶段。

1. 岩浆形成与初始上升阶段

岩浆起源于地下深部地壳或地幔中,由地壳或地幔物质部分熔融形成。岩浆的产生必须有两个过程,即部分熔融和熔融体与母岩分离。实际上这两个过程不大可能互相独立,熔融体与母岩的分离可能在熔融开始产生时就随之开始了。部分熔融是液体(岩浆)和固体(结晶体)的共存态。温度升高、压力降低和固相线降低都可能会产生部分熔融。当部分熔融物质随地幔流上升时,在流动中也会产生液体和固体的分离现象,从而产生液体的移动乃至聚集。这一过程称为熔离,就是熔融体与母岩分离的过程。

2. 岩浆囊阶段

岩浆囊是火山底下充填着岩浆的区域,是地壳或上地幔岩石介质中岩浆相对富集的地方。岩浆是由岩浆熔融体、挥发物以及结晶体组成的混合物。通常,岩浆被视为与油藏类似的岩石孔隙(或裂隙)中的高温流体,通常认为在地幔杜内,只占总体积的 $5\% \sim 30\%$,从局部看,岩浆可以视为内部相对流通的液态集合。

3. 离开岩浆囊到地表阶段

离开岩浆囊到地表阶段既是岩浆从岩浆囊上升到喷出地表的过程,这一过程的影响因素较多,如岩浆囊的过剩压力、通道的形成与贯通以及岩浆上升中的结晶、脱气过程等。当地壳中引张或引张—剪切应力大于当地岩石破裂强度时,便可能形成张性或张—剪性破裂,如果这些破裂面相互连通,就可以作为岩浆喷发的通道。

(三)火山的种类

根据不同的划分标准,可以将火山划分为不同的类型。

1. 根据火山活动的情况进行分类

根据火山活动的情况,可以将火山分为活火山、死火山以及休眠火山三大类。

(1)活火山

活火山是指现代尚在活动或周期性发生喷发活动的火山。这类火山正处于活动的旺盛时期,如美国夏威夷活火山、华盛顿州圣·海伦斯火山和印度尼西亚东爪哇省的布罗莫火山等都属于活火山。我国近期的火山活动以台湾地区大屯火山群的主峰七星山最为有名;新疆昆仑山西段于田的卡尔达西火山群有过火山喷发记录,火山喷发后形成了一个平顶火山锥。

(2)死火山

死火山是指以前曾经喷发过,但有史以来一直未活动过的火山。这类火山已经丧失了活动能力。有的火山仍保持着完整的火山形态,有的则已经遭受风化侵蚀,只剩下残缺不全的火山遗迹。我国山西大同火山群就是著名的死火山。

(3)休眠火山

休眠火山是指有史以来曾经喷发过,但长期以来处于相对静止状态的火山。这类火山都保存有完好的火山形态,仍具有火山活动能力,或者尚不能断定其已丧失火山活动能力。我国吉林长白山天池就是著名的休眠火山。

需要注意的是,以上三种类型的火山没有严格的界限,死火山可以"复活",休眠火山也可以复苏。例如,过去人们一直认为意大利的维苏威火山是一个死火山,于是便在火山脚下建起了许多城镇,在火山坡上开辟了葡萄园。但在公元79年,维苏威火山突然爆发,高温的火山喷发物袭占了毫无防备的庞贝和赫拉古农姆两座古城,两座城市全部毁灭,城中的居民也都全部丧生。

2. 根据火山的喷发类型进行分类

根据火山的喷发类型,可以将火山分为中心式喷发火山和裂隙式喷发火山两大类。

(1)中心式喷发火山

中心式喷发火山是指岩浆沿火山喉管喷出地面的火山。根据喷出物和活动强弱又可以分为若干种,其名称用代表性的火山名、地名或人名命名。

（2）裂隙式喷发火山

裂隙式喷发火山又可以称为冰岛型喷发火山，是指岩浆沿地壳中的断裂带溢出地表的火山。这类火山喷出的岩浆为黏性较小的基性玄武岩浆，碎屑和气体少，总体来说喷发较为宁静。

3. 根据火山口的形态进行分类

根据火山口的形态，可以将火山分为盾形火山、熔岩穹丘、火山渣锥、低平火山口、泥火山、破火山口、复合型火山等几种类型。

（1）盾形火山

盾形火山是指宽阔顶面和缓坡度侧翼（盾状）的大型火山，可达几十千米的范围和几千米高。这类火山一般不喷发，全部或者说基本上是由多层碱性熔岩构成的熔岩锥。美国夏威夷岛上的基拉韦厄和冒纳罗亚火山就是典型的盾形火山。

（2）熔岩穹丘

熔岩穹丘一般都比较小，是由高黏滞性、富硅岩浆缓慢挤出而形成的。穹丘挤出可以相当缓慢的熔岩运动而终结，也可能开始爆炸，扩展成为火山碎屑所覆盖的坑。美国的圣·海伦斯火山 1980—1986 年在石英安山岩岩浆喷发时，熔岩穹隆增高了 300 米。

（3）火山渣锥

火山渣锥是玄武岩碎片堆积而成的山丘，喷出气体携带熔岩滴进入大气，然后在火山口附近降落，从而形成火山锥。喷发时间越长，火山锥就越高。这种火山是规模最小的。美国亚利桑那的森塞特火山口和墨西哥的帕里库廷火山口就是典型的火山渣锥的例子。

（4）低平火山口

低平火山口也称玛珥湖，是由岩浆水汽相互作用发生爆炸而形成的。在地表下形成了深切到围岩的圆形火山口，并被一个低矮的碎屑环包围。玛珥是一个由环形壁、火山口沉积物、火山筒和岩浆通道组成的系统。广东湛江湖光岩是我国唯一的玛珥湖。

（5）泥火山

泥火山是断裂活动形成的罕见自然景观。它是由泥浆与气体同时喷出地面后堆积而成的，其外形多为锥状小丘或者是盆穴状，丘的尖端部常有凹陷，并由此间断地喷出泥浆与气体。目前，世界上只有美国、墨西哥和新西兰等少数国家存在泥火山。2002 年，我国在新疆乌苏天山北坡山前丘陵地带发现了最大规模的泥火山群（图 7-1），该火山群有 36 个正在喷发的泥火山。泥火山的喷发口呈圆形和椭圆形等不同形状，有的深达 1 米以上，地下喷出的天然气和泥浆在喷发口不停地翻腾，喷发剧烈的山口每分钟喷发超过 60 次，喷发物有青灰色与褐红色两种，有的喷发物上面还漂浮着黑色的石油。

（6）破火山口

破火山口是指一种在火山顶部的较大的圆形凹陷，通常是岩浆回撤、火山自身塌陷时形成的，或浅部岩浆囊喷发而形成的。

（7）复合型火山

复合型火山也称层状火山，它是由岩浆流和热火山灰物质相互成层建造的锥状地貌。其喷发周期可能是几十万年，或者几百年。复合型火山最常见的是安山岩。岩浆活动过程中，有

图 7-1　新疆乌苏天山北坡发现的泥火山群

些岩浆侵入使锥体内部破裂而形成岩墙或岩床。美国圣·海伦斯、芒特雷尼尔、芒特沙斯塔、芒特梅扎马和里道特火山，日本的富士山，意大利的维苏威火山等都是典型的复合型火山。

（四）火山的机构

火山的机构主要包括火山口、火山通道和火山锥（图 7-2）。

图 7-2　火山机构示意图
1. 火山通道；2. 火山口；3. 火山锥

1. 火山口

火山口是指火山喷发时气体、岩浆和固体等物质向外喷出的出口。一般来说，火山中心喷发每次只有一个火山口，但绝大多数火山都是多次喷发。以后的喷发有些是从原来的火山口喷出，但更多的是在其侧喷发，从而形成新的火山口，被称作寄生火山口。火山除了中心喷发外，还有的是裂隙喷发，即喷发物质从地壳裂隙处喷出来。火山口的直径很少大于 1~2 千米。

2. 火山通道

火山通道是指火山喷发时岩浆从地下喷出地表的通道。火山喷发后，通道常为熔岩或火山角砾岩所充填，形成火山颈。当火山被剥蚀时，由于火山颈抗风化能力要比周围物质强，所以经过风化后可以直接出露或突出地表。

3. 火山锥

火山锥是指火山喷出物常堆积在火山口周围形成的锥状地貌。在一个火山地区,火山锥常成群出现,形成火山锥群。

(五)火山的喷出物

1. 固态喷出物

(1)固态喷出物的来源

火山固态喷出物的来源主要包括以下几方面。

①火山通道中原先冷凝的熔岩和通道四周的围岩,经爆炸成碎块或粉末射入空中。

②喷射到空中的液态熔岩冷凝而成,有的甚至是降落地面时尚未完全冷凝的可塑性块体。

(2)固态喷出物的分类

火山的固态喷出物主要包括以下几大类。

①火山灰

火山灰由岩石、矿物和火山玻璃碎片组成,粒径小于 2 毫米,坚硬且不溶于水(图 7-3)。火山灰对飞行、气候以及人畜的呼吸系统都会造成严重的伤害。1991 年皮纳图博火山喷发时,台风和雨使又湿又重的火山灰降落到人口稠密的地区,结果导致大约 200 人死在了压塌的屋顶之下。

图 7-3　火山灰

②火山块

火山块是直径大于 64 毫米的、棱角锋利的岩块(图 7-4),其棱角锋利。火山块的成分一般是早期的熔岩。火山爆发导致火山锥上早期的熔岩体破碎形成火山块。

图 7-4　火山块

③火山弹

火山弹是指火山爆发时熔融或部分熔融的岩屑飞入空中,在快速旋转飞行过程中经迅速冷却而形成的岩石团块(图 7-5)。它的形状多样,包括圆形、长形、纺锤形等。火山弹大小不等,大者可达十余米,多含气孔构造,表面有流纹、裂纹和旋扭痕迹。

图 7-5　火山弹

④火山砾

火山砾是指粒径在 2~64 毫米之间的火山喷发碎屑物(图 7-6)。一些同源的火山砾由新鲜的岩浆喷出物组成,另一些火山砾由早期同源或异源的已经固结的岩石组成,还有一些则是在飞行中由玄武质火山灰逐步增大而成。

图 7-6　火山砾

需要注意的是,火山的固态喷出物在被喷入空中后大部分降落并堆积在火山口附近。在回落地表时,经常有一定程度的分选性,一般较粗粒的碎屑离火山口较近,而细粒的较远,极细的火山灰可在空中停留很长时间,甚至随风飘送到远处。

2. 液态喷出物

液态喷出物即熔岩。岩浆喷出地表时,由于压力骤降,其中所含有的挥发成分大量逸失,这种喷出地表失去了大部分挥发成分的岩浆就成为熔岩。除挥发成分外,熔岩与岩浆的成分是完全一致的。熔岩在熔融状态下的流动性随二氧化硅的增加而减弱。在地表呈液态流动的熔岩称为熔岩流。熔岩流的形态取决于熔岩的流量、成分、地形和环境等因素。根据二氧化硅的含量,可以将熔岩分为基性熔岩、酸性熔岩和中性熔岩。

(1)基性熔岩

基性熔岩中氧化硅的含量小于 52%,冷凝形成的喷出岩颜色较深。该类熔岩的黏度较小,密度较大,常形成长而薄、大而平坦的熔岩流,即熔岩被。另外,由于该类熔岩的温度较高,冷却较慢,所以熔岩表面冷凝的硬壳常发生变形,从而形成波状熔岩或结壳熔岩与绳状熔岩(图 7-7)。基性熔岩以玄武岩为典型代表。

图 7-7 绳状熔岩

(2)酸性熔岩

酸性熔岩中氧化硅的含量大于 65%,冷凝固结的喷出岩颜色较浅。该类熔岩的黏度较大,密度较小,不易流动。酸性熔岩常形成较厚的熔岩流。另外,由于酸性熔岩温度较低,冷凝较快,容易造成熔岩表面与内部冷凝速度不同,熔岩表面冷凝的硬壳常被拉裂或挤碎,从而形成杂乱无章的碎块,即块状熔岩。由于黏性较大与冷凝较快,熔岩中常形成流纹状构造。酸性熔岩以流纹岩为典型代表。

(3)中性熔岩

中性熔岩中氧化硅的含量、熔岩成分和性质介于基性熔岩和酸性熔岩之间,冷凝形成的喷出岩以安山岩为代表。

3. 气态喷出物

气态喷出物主要是指岩浆中的挥发成分,如水蒸气、二氧化碳、一氧化碳等。其中,水蒸气含量可达到 75%～90%。正是由于岩浆中含有大量的气态物质喷出地表发生逸出,在喷出岩中才会残留大量的气孔,从而构成了喷出岩的典型构造特征。

需要注意的是,不同的火山的气态喷出物是不同的,即使是同一个火山在不同时期所喷出的气态物也是不同的。有些火山在喷发过程中,还释放出大量有害气体。还有一些气态喷出物可以直接凝固在火山口附近,在大量堆积时,可形成火山喷气矿床。

(六)世界活火山的分布

世界上大约有500多座活火山,这些活火山的分布大致与地震的分布是一致的。

1. 板块边缘分布的活火山

(1)环太平洋火山带

环太平洋火山带分布于太平洋板块与周围大陆板块的汇聚型边界的大陆一侧。南起南美洲的科迪勒拉山脉,转向西北的阿留申群岛、勘察加半岛,向西南延续的是千岛群岛、日本列岛、琉球群岛、台湾岛、菲律宾群岛以及印度尼西亚群岛,呈一向南开口的环形构造系。

环太平洋火山带有512座活火山,其中南美洲科迪勒拉山系安第斯山北段有16座活火山,南段有30余座活火山,中段尤耶亚科火山海拔6 723米,是世界上最高的活火山。再向北为加勒比海地区,沿太平洋沿岸分布的著名火山有奇里基火山、伊拉苏火山、圣阿纳火山和塔胡木耳科火山。北美洲有活火山90多座,著名的有拉森火山、圣·海伦斯火山、沙斯塔火山、雷尼尔火山、胡德火山等。在勘察加半岛上有经常活动的克留契夫火山。在阿留申群岛上最著名的是卡特迈火山和伊利亚姆纳火山。在日本列岛的岩手山、浅间山、十胜岳、阿苏山和三原山等都是著名的多次喷发的活火山。琉球群岛至台湾岛有赤尾屿、钓鱼岛、彭佳屿、澎湖岛、七星岩、兰屿和火烧岛等众多的火山岛屿。火山活动最活跃的可以算菲律宾至印度尼西亚群岛的火山,如喀拉喀托火山、塔匀火山、皮纳图博火山、坦博拉火山和小安的列斯群岛的培雷火山等,近代曾发生过多次喷发。

(2)大洋中脊火山带

大洋中脊火山带分布于大西洋、太平洋和印度洋的洋脊,大约有60多座活火山,为玄武质岩浆喷发。洋脊从北极盆穿过冰岛到南大西洋,向南绕非洲的南端转向NE与印度洋中脊相接,印度洋中脊向北延伸到非洲大陆北端与东非裂谷相接,向南绕澳大利亚东去,与太平洋中脊南端相连,太平洋中脊偏向太平洋东部,向北延伸又进入北极区海域,整个大洋中脊构成了"W"形图案。大洋中脊火山带火山的分布多集中于大西洋裂谷。北起格陵兰岛,经冰岛、亚速尔群岛至佛得角群岛,长达万余千米。海岭由玄武岩组成,是沿大洋裂谷火山喷发的产物。在大洋中脊以外,仅有一些零散火山的分布,它们以火山岛屿的形式出现。如太平洋海底火山喷发形成的岛屿有夏威夷群岛,即通常所说的夏威夷—中途岛的火山链,有关岛、塞班岛、贝劳群岛、所罗门群岛、提尼安岛、俾斯麦群岛、新赫布里底群岛及萨摩亚群岛等。在大西洋,如阿森松岛、圣赫勒拿岛、特里斯坦—达库尼亚群岛也都是一些火山岛,南极洲的罗斯海中的埃里伯斯火山也属该种类型。这些火山岛屿都由玄武岩构成,与大洋裂谷带内的火山岩基本相同。

(3)阿尔卑斯—喜马拉雅火山带

阿尔卑斯—喜马拉雅火山带位于非洲板块、印度板块与欧亚板块之间的汇聚型板块边缘,该带已知有94座活火山,占世界活火山总数的18％。该火山带分布于横贯欧亚的纬向构造带内,西起比利牛斯岛,经阿尔卑斯山脉至喜马拉雅山。该纬向构造带主要是新生代第四纪在南北挤压作用下形成的纬向褶皱隆起带,其内部火山分布不均匀。西段还伴生有经向张裂和裂谷带,火山活动也别具特色,出现了意大利的维苏威火山、埃特纳火山、乌尔卡诺火山和斯特朗博利火山等世界著名的火山。据意大利历史记载,在爱琴海内的一些岛屿也是火山岛,其火山喷发达 130 多次。该火山活动性强、爆发强度大,岩性属于钙碱性系列,以安山岩和玄武岩为主。中段火山活动表现微弱。东段喜马拉雅山北麓火山活动又加强,在隆起和地块的边缘分布着麻克哈错火山群、卡尔达西火山群、涌波错火山群、乌兰拉湖火山群、可可西里火山群和腾冲火山群等火山群。其中,中国的卡尔达西火山和可可西里火山在 20 世纪 50 年代和 70 年代曾有过喷发,岩性为安山岩和碱性玄武岩类。

2. 板块内部分布的活火山

板块内部的活火山虽然很少,但可以形成大量的熔岩,形成各种地貌。

(1)在大洋底部

在大洋底部,可以形成比较孤立的水下山丘,称海山。海山呈圆锥形,一般高出海底超过 1 000 米,常排列成链状,称火山链。火山链是由地幔热点形成的。

(2)在大陆内部

在大陆内部,可以形成裂谷,如东非裂谷是大陆最大裂谷带。东非裂谷火山带火山喷发类型有中心式喷发和裂隙式喷发两种类型:中心式喷发多分布在裂谷带的边缘,著名的活火山有扎伊尔的尼拉贡戈山、肯尼亚的特列基火山、莫桑比克的兰埃山和埃塞俄比亚的埃特尔火山等;裂隙式喷发主要发生在埃塞俄比亚裂谷系两侧,形成了玄武岩熔岩高原(台地),占埃塞俄比亚全国面积的三分之二,熔岩厚达 4 000 米,它是上百次玄武岩浆沿裂隙溢流形成的。肯尼亚西北部也形成了厚达 1 000 米的熔岩台地,形成时间晚于埃塞俄比亚的熔岩台地,在更晚些时候形成的是响岩,形成了长达 300 千米的响岩熔岩台地。

二、火山灾害

火山灾害可以分为火山喷发本身造成的直接灾害和火山喷发引起的间接灾害两种类型,而在实际中,这两种类型的灾害常常是同时发生的。具体来说,火山灾害主要包括以下几方面。

(一)火山碎屑流灾害

火山碎屑流是大规模火山喷发比较常见的产物。由于火山碎屑流的温度高、速度快,所以危害较大。1815 年 4 月印度尼西亚坦博拉火山喷发就是火山碎屑流灾害的典型实例,在这场灾害中,火山碎屑流如洪水猛兽般夺去了 1 万多人的生命,随后因食物短缺和疫病蔓延使 8 万多人死亡。

(二)火山熔岩流灾害

熔岩流速度快,流域广,覆盖面大,造成的危害也非常严重。经常造成淹没村庄、烧毁房屋和森林、毁坏厂房、阻断交通等严重灾害。1783 年,冰岛拉基火山喷发,岩浆沿着 16 千米长的裂隙喷出,淹没了周围的村庄,覆盖面积达 565 平方千米。造成冰岛人口减少 1/5,家畜死亡一半。

(三)火山灰灾害

火山灰抛入空中,会形成如巨流般的喷发柱。它们会掩埋房屋,破坏建筑与机械设备,损坏农作物生长,危及人类生命与安全。1815 年 4 月 5 日,印度尼西亚坦博拉火山突然爆发,从火山喷出极大数量的气体和火山灰,喷发期长达 3 个多月,1 000 千米以外的地方都落满了火山灰,其中 20 千米处堆积的厚度达 90 厘米。1963 年,印度尼西亚阿贡火山爆发时,直接死于火山灰云的人数就达 1 670 余人。2004 年 12 月 14 日,印尼索普坦火山爆发,喷发出的黑色浓烟高达 1 000 米,温度极高的火山灰扩散至方圆 10 千米的地区。

(四)火山喷气灾害

火山爆发时常伴有二氧化硫、硫化氢、二氧化碳、氯化氢等大量气体喷出,这些气体会造成严重的灾害。

二氧化硫和硫化氢喷出后会造成温室效应,在进入大气圈(甚至平流层)后发生光化学反应,形成火山硫酸气溶胶,浓密的气溶胶会反射和吸收太阳辐射,最终又会造成地表温度下降。同时,火山硫化物气体与喷出的卤化物气体可在大气圈中形成酸雨,腐蚀并危害庄稼和农作物生长,甚至影响其成熟。另外,酸雨对动物(包括人)的皮肤、眼睛和呼吸系统、建筑物、水循环、植被及其土地肥力均有严重损坏,严重时还能导致动物(包括人)大批死亡。

二氧化碳比空气重,能被关闭在较低的地区,浓度可达令人和动物窒息的程度。例如,1986 年 8 月 12 日,喀麦隆沃斯火山喷出的大量高密度的二氧化碳气体沿山坡迅速扩散,结果导致附近地区 1 700 多人窒息死亡。另外,二氧化碳还是一种温室气体,强烈的火山喷发常将大量的二氧化碳气体注入到对流层,使之与水结合形成了碳酸雾,从而反射太阳光,减少太阳光到达地面,甚至通过改变高层大气中氯和氮的混合物破坏臭氧层,对气候和环境造成长期影响。

氯化氢气体的主要环境灾害效应是导致大气臭氧层破坏,甚至形成"臭氧洞",严重破坏生态平衡,最终使地表动植物因接受过量太阳紫外线辐射而受到损坏、甚至死亡。

(五)其他火山灾害

除了以上由火山引起的直接灾害外,火山喷发还会引起其他的一些间接的灾害。

1. 地震灾害

火山喷发之前常常出现局部地震,它们可能是由于岩浆房膨胀造成岩体开裂和滑动而引起的。另外一种伴随火山喷发的地震活动是火山震动或称谐震动,它是近乎连续、低频、有节奏的地面运动。谐震动可能伴随岩浆的实际运动,例如沸腾、对流和岩浆对岩浆房四壁的拖曳。强烈的火山地震可导致房屋倒塌,危及人们的生命安全。

2. 洪水灾害

在山谷外的低洼地区,火山灰的堆积可能会导致河流洪水泛滥,尤其是在那些易遭受热带飓风和季雨的国家。火山碎屑物阻碍了降水的渗入,从而使地表水径流量剧增,同时火山碎屑物填充河谷又使河流降低了泄洪能力。另外,山顶火山口湖的破裂也可能引起洪水。在冰岛,埋在永久冰盖下面的火山使融化的水在地下积聚,最终以被称做冰爆的形式喷出大量的水而形成洪水。

3. 火山滑坡与火山泥流灾害

火山喷发时熔岩流的溢出和火山碎屑物质在边坡上积聚使火山斜坡荷载加重、坡度变陡而造成不稳,最终可能导致火山斜坡物质发生块体运动而成为灾害性事件。

4. 海啸灾害

大规模的火山爆发如果发生在海底、岛弧和海山,都有可能引发海啸。1792 年,日本云仙岳火山爆发后引起的海啸,造成岛原和兵库 15 190 人死亡。1883 年,印度尼西亚喀拉喀托火山爆发,引起海啸袭击了爪哇和苏门答腊,海浪高达 35 米,毁坏了 300 个村庄,造成 36 000 余人死亡。这些都是火山引发海啸的典型例子。

5. 火山泥石流灾害

火山泥石流灾害在火山喷发或火山平静时都有可能发生。产生火山泥石流的水来自融化的冰、雪、大雨或山顶火山口湖的崩塌。如果火山发生在火山湖,或者火山周围有湖泊、河流、水库和电站等,火山泥石流的冲撞、堵塞、淤积作用将会非常严重。火山泥石流的流速非常快,能量巨大,流程远,在高速冲向山谷和河流过程中能撕裂并带走树木、房屋和巨大的孤石,将流过道路上的一切东西全部埋葬,对流经地区造成严重的破坏和人员伤亡。

第二节　火山灾害的防灾减灾措施

由于火山危害非常大,而且又来得突然,所以有必要采取有效的防范措施,以减轻火山造成的灾害。

一、火山监测

火山监测主要包括基础地质调查和对火山活动的监测两个方面。

(一)基础地质调查

对火山进行全面、系统的基础地质调查是火山监测的基础和前提。基础地质调查可以利用 GIS、GPS 和遥感等现代技术对火山区的地貌形态、岩石地球化学特征、地质构造背景、地球物理特征、活动历史与周期、喷发过程与动力等进行地质调查。20世纪80年代末到90年代，我国科学家曾经对长白山天池、腾冲和五大连池等地火山进行了较系统的地质调查，取得了丰硕的成果。

（二）对火山活动的监测

对火山活动进行有效的监测是预测火山喷发的重要方法。对火山活动进行监测的方法有很多，下面主要介绍以下几种。

1. 根据地形变监测火山喷发

地形变是监测火山喷发的主要手段之一。地形变测量被认为是仅次于地震监测的最重要的地球物理方法，在预测火山喷发和火山滑坡方面发挥着重要作用，可用于推测岩浆压力中心、岩浆活动的转移和喷发地点的转变等。随着计算机化的数据收集和分析的改进，地形变连续监测方法精度已得到提高。现在使用的地形变测量手段主要包括大地水准测量、高精度倾斜仪、激光测距仪和经纬仪测角、水管倾斜仪、钻孔式体积应变仪、蠕变仪、卫星全球定位系统（GPS）和航空测量等，另外，地形变测量的同时常结合电法、磁法和重力法等其他地球物理方法，这些手段从不同方面和角度监测火山地区的地面变化和应力应变状态。目前许多国家都在使用地形变监测火山喷发，例如日本京都大学防灾研究所在樱岛建立的火山短临预报体系中，主要的观测仪器是放置于山腰隧道内长28米的两台水管倾斜仪和三台伸缩仪。该系统设置以来，倾斜仪和伸缩仪多次在樱岛火山爆发和喷发期间显示出可靠而明显的短临变化。在进行常规地面运动测量的同时，可在瞬间确定数百千米基线距离的卫星全球定位系统已被用于火山形变监测。

2. 根据地震观测监测火山喷发

（1）精确定位微地震

调查发现，许多火山在喷发前都有大量的微地震出现，特别是临近喷发的几天内，火山口附近往往发生频繁的火山颤动，由此就可以认为微地震是火山喷发前明显的短临前兆。因此，对微地震进行准确定位对监测火山的喷发具有重要意义。地震观测系统可以利用地震层析成像技术对火山地区进行三维地震波速度结构的研究，快速精确地探测大量微地震的震源位置，以便确定出在喷发孕育过程中主要岩浆囊的位置、几何形状和尺度。同时，根据微地震的迁移，跟踪岩浆的横向运移情况和上升情况，从而提供火山喷发的短期预报信息。

（2）利用相似成像技术

相似成像技术可用于探测扰动源和火山颤动的位置。20世纪70年代开始，地震层析成像技术应用于三维地震波速度结构的研究，使用地震反射波及折射波探测岩浆房位置和岩浆活动已成为火山地震学和火山监测的主要内容。美国科学家利用地震波检测技术曾成功的在美国加利福尼亚州旧金山以东的长谷破火山口下方发现了岩浆体。

（3）构造应力场分析

火山区地壳构造应力场的方向和大小与岩浆活动有密切的联系。对小震的震源机制了解和地壳构造应力场的分析可用于推测岩浆侵入和运移的活动情况，进而提供火山喷发的中期预报信息。

(4)构造火山活动模型

查明火山活动规律是预测火山喷发的基础。例如,冒纳罗亚火山岩浆的转移,从山顶喷发转移到侧面喷发,形成破裂带,岩浆注入到基拉韦厄东边的裂缝带后,形成较大的压应力,从而引发 1989 年 6 月 26 日 MS611 地震,同时地面向海一侧移动了 112 米。地震资料有助于了解和推测这些过程,即构造火山活动模型。构造火山活动模型对监测火山的喷发具有重要意义。例如日本科学家为了更好地预测今后富士山喷发的可能性,便于 2003 年 9 月 11 日在富士山山体内部进行了 5 次人工地震爆破,利用人工爆破引发的地震波测绘出准确的富士山地下结构图,从而找到火山岩浆的压力点,预测火山喷发时岩浆有可能流过的通道。

3. 根据火山口周边植物的生长情况监测火山喷发

美国加州大学的学者对西西里的埃特纳火山和刚果民主共和国的尼拉贡戈火山的卫星图片进行了研究。在将火山爆发前的图片与爆发后的图片进行对比时他们发现,在喷发裂缝处植物的反射率和绿度都有所增加,这些变化在火山爆发之前的两年内就能够表现出来。他们认为这是由于在植物生长的裂缝处有更好的水供应和更多的二氧化碳从地下渗出造成的。这项技术,如果应用于监测火山喷发将具有重大意义,如果事先预知熔岩可能爆发的路径,将会对居民的撤退计划有很大的帮助,也将会使火山灾害降到最低点。

4. 根据火山气体监测火山喷发

火山气体含有大量的水和有害气体。通过对喷气孔中气体的组分、气体的扩散速率及火山口附近的空气中的同位素含量的测量,可以预报火山的喷发。目前看来,对火山气体进行监测对于临喷火山的预报非常有效,但对于中长期火山灾害预测作用不大。

二、火山灾害的识别

全球大部分活火山位于人口密集的发展中国家,但目前只有一小部分的活火山被科学家进行了研究。由于受人力、物力、财力的限制,识别高危险性火山并优先加以研究非常有必要。确定高危险性火山应考虑的因素包括火山喷发的特征、历史记录、已知的地形变化和地震事件、火山附近的人口密度、喷发物的特征、历史上火山灾难的死亡人数等。

我国对活火山的研究比较晚,从 20 世纪 90 年代开始,我国才将长白山天池火山、腾冲火山及五大连池火山作为监测与研究的对象,并得到了国务院领导的高度重视。1997 年正式启动了"中国若干近代活动火山的监测与研究"项目。通过对长白山、腾冲和五大连池火山的深部结构研究,揭示了长白山天池与云南腾冲热海地区深部存在着活动的岩浆房,并发现有火山地震活动和地形变等异常情况,从而给出了三个火山喷发危险性的定性结论。据此,我国政府投入了大量经费由相关部门对上述地区的火山进行监测和灾害评估研究。

三、火山灾害的评价

20世纪60年代以后,火山灾害的识别和评价已成为一个基本的科学研究主题。火山灾害的评价包括利用识别高危险性火山的资料,同时考虑喷发物类型及其特征和分布规律方面的信息,以重建火山过去的喷发行为来评价未来喷发的潜在危害。

火山灾害评价的可靠性取决于基本的地质资料的质量和丰度以及所有资料的时间间隔。时间序列越长,所得的评价结果就越可靠。作为灾害评价组成部分的灾害分布图可以概括的方式描绘出供土地规划者、决策者和科学家容易利用的信息。目前,世界上一些火山地区已经作了灾害评价和灾害分带图,为预报火山喷发、减轻火山灾害损失提供了翔实、可靠的资料。但许多潜在的危险火山还未开展这一工作,应引起我们重视。

四、对火山进行预报

及时地对火山的活动状况以及可能造成的灾害进行预报,对于减轻火山灾害具有重要意义。

(一)短期预报

火山监测机构和有关部门应及时将火山灾情通知当地政府与有关部门,并采取切实可行的财政支持,做好防灾准备工作。采取的对策主要包括以下几方面。

(1)利用广播、电视和报刊等传媒,进行火山知识和防灾知识的宣传,避免谣传和误传。

(2)为火山监测机构增配仪器设备,加密观测,增配通信工具和车辆,加强火山监测,以便对火山活动趋势作出准确的判定。

(3)我国目前由于还缺乏火山喷发的预报经验、监测台网密度不够、监测手段不齐全,所以我国政府部门与相关机构应努力寻求国际援助和开展国际合作,请求国际火山流动监测台网给予一定的支援。

(二)中长期预报

对火山进行中长期的预报主要应做好以下几方面的工作。

1. 宣传火山知识

在火山活动区,应利用电影、电视、广播、报纸和因特网等媒体,或者采用发放火山科普读物、举办火山知识讲座和学术讨论会、参观火山地质博物馆等形式,广泛进行火山知识的宣传,以使公众对火山的相关知识有一个较为全面的了解。具体来说,宣传火山知识应做好以下几方面的工作。

(1)开展火山基础知识宣传

开展火山基础知识宣传主要包括以下几方面。

①宣传火山的基本知识、火山的形成与活动的原因、火山喷发的危害和影响。

②介绍该地区火山的喷发类型、喷发历史、成因和火山灾害等。

（2）对火山对策知识的宣传

宣传火山喷发前的预防和准备，喷发过程中的应急防御，喷发后的抢险救灾、恢复生产、重建家园等行之有效的措施，使各级政府和公众在火山灾害面前采取正确行动。

（3）对火山活动前兆和火山喷发预报知识的宣传

对火山活动前兆和火山喷发预报知识的宣传主要包括以下几方面。

①宣传火山喷发前所引起的各种前兆现象，提醒人们如果发现火山爆发的前兆或异常情况及时报告给有关部门。

②宣传火山喷发预报意见、预报发布过程和发布权限等知识，提高人们对火山喷发谣传的识别能力和防范意识，有利于稳定社会。

③宣传法律常识，教育人们要爱护火山监测站（点）的仪器设备和测量标志，坚决与破坏这些设施的不良行为作斗争。

2. 建立火山活动监测站（台）网

可以通过建立火山活动监测站（台）网来对火山活动的状态进行监测，并预测火山活动的变化趋势。我国相继在长白山天池、五大连池和腾冲等火山初步建成了火山监测网，开展了对火山区地震、地形变及水化学等方面的观测，取得了不少的成果。但与国际同类水平监测站相比，我国仍然存在着较大的差距。

3. 对火山进行详细的研究

详细研究火山的喷发历史、喷发产物、喷发类型、喷发过程和喷发的机制，火山形成的构造与动力学背景，岩浆的形成和演化过程及演化趋势，火山活动规律和深部状态，这是火山喷发预报和防灾减灾的基础。

（三）临喷预报

对火山进行临喷预报应做好以下几方面的工作。

（1）成立防灾减灾工作领导小组，统一部署、组织领导，迅速做好火山灾害区防灾减灾准备工作。

（2）编制应急预案。预案内容包括应急机构和应急行动、临近喷发应急反应和火山喷发应急反应等。目的是为了确保火山喷发后能够迅速有效地开展救灾行动，最大限度地减轻火山灾害。

（3）将火山灾害的重灾区和中等灾区的居民和旅游区工作人员撤出危险区，并且停止旅游活动。

（4）当地驻军和公安机关进入警戒状态，做好疏散、救护以及治安等应急准备。

（5）积极准备充分物资、医疗、药品、食品和防毒面具等防灾物质。

（6）转移危险品和重大设备。在火山灾害区，如果有易燃易爆等危险品应尽快转移；如果有可能转移的大型仪器设备尽可能搬迁，尽可能减少火山所造成的危害；如果有水电站应停止运转，并做好水电站和水库的应急准备。

五、火山地区土地利用规划

土地利用规划在减灾中起着重要的作用。通过对火山活动情况的长期观测及区域地质条件和地形地貌的分析研究,划分出火山灾害危险区并提出限制性开发的措施是避免或减轻火山灾害的有效途径。火山灾害图能够使人们得知过去喷发事件所影响到的范围,是土地利用规划的基础性资料。

六、与工程有关的减灾措施

火山喷发是不可以控制的,但在现有科学技术水平和经济条件下,可以通过采取一系列的工程防护措施,用一定的建设资金,提高单个及群体建筑物抗御火山灾害的能力,从而达到有效地减轻和缓和火山灾害,保障人民生命财产安全和国家建设发展的目的。

(一)火山熔岩灾害的工程减灾措施

目前,国际上采取改变熔岩流方向而减少火山灾害的方法受到了极大的重视。熔岩流流动速度相对较慢,人们通过实施某种工程措施能够改变其流动方向或阻止其向前流动。具体来说,人们可以利用以下方法来阻挡或改变熔岩流流动的方向。

1. 筑堤法

筑堤法就是人工设置障碍物,促使熔岩流转向来保护那些更具价值的财产。该方法适合于黏度低、冲撞力较小的熔岩流。运用这种方法具有以下几点要求。
(1)要求具有适宜的地形地貌条件。
(2)障碍物必须由具有较强的抗高温、抗冲击性能的材料建成。

2. 爆破法

爆破法可使部分熔岩流流向另一个圆爆破火山口的火山锥,使液态熔岩向四周扩散而不能汇聚成股状熔岩流,这种方法显然具有很大的冒险性。爆破法可在下列情形下使用:用爆破熔岩流的侧缘使其产生一个"决口"而形成支流,引导方向来减少主流前锋的物质,从而控制熔岩流向某一居民点的流动。

3. 喷水冷却法

喷水冷却法在 1960 年夏威夷的基拉韦厄火山喷发时首次采用。1973 年在冰岛黑迈用海水喷射冷却熔岩,构筑障碍以保护渔港。这种办法虽然代价昂贵,但收效显著。

(二)火山碎屑和火山碎屑流灾害的工程减灾措施

对于火山碎屑和火山碎屑流可能引起灾害的地区,建筑部门应该采取相应的手段对建筑进行加固,以减轻火山造成的灾害。如果火山碎屑物降落厚度大于 10 厘米,那么在建筑时就应该考虑到这一因素,并且采用能够承受大于 10 厘米厚度荷载的、隔热的建筑材料;如果火山碎屑物降落厚度小于 10 厘米,一般不对建筑物构成破坏,但是在考虑到有雨的情况下,火山灰遇水载荷重量加大,同样也会造成建筑物倒塌,所以建议建筑部门施工中要考虑到这一特殊情况,并且采取相应的措施。

(三)火山泥石流灾害的工程减灾措施

对于火山泥石流可能发生的地区,应做好以下几方面的工作。

(1)修筑拦截坝和导流渠,降低火山泥石流中固体含量、流速以及冲击力,以减轻对电站和水库的掩埋与冲撞作用。

(2)要做好江河流域各级水电站和水库的防灾加固工程。

七、减轻城市火山灾害的措施

靠近城市的火山喷发将对其造成创伤,甚至造成毁灭。因此,应积极评价和解决火山灾害对城市造成的影响,采取必要的防治对策与工程措施。

(1)在城市整体规划中,根据古火山分布现状,并结合现代地震火山监测资料的危险性判断和区域规划进行全盘布局,应按照社会组成的不同职能分散建设。

(2)对有关城市的交通运输、通信、能源、地下水分布和公众健康的数据库模型方面的灾害开展详细的研究,并对其危险性进行评估。

(3)在城市建筑物的层次和性能上,考虑灾害来临时易于疏散,火山碎屑及熔岩的疏松性、多孔性和脆性等所造成的建筑物基础易于塌陷和滑动的不稳定性和火山地震的影响,设计时以低层建筑物为主,且建筑物结构必须具有较高的抗震性能。

(4)对于城市建筑群结构,应采取互相远离,中间有现代化道路交通相连接的分散型城市建筑群结构。

(5)对于交通设施,应建设四通八达的公路网络,尽量不修建机场和火车站。

(6)在城市管理机制中,应建立一套与火山存在复苏相适应的行政管理机制,进行全面必要的火山地震监测,制定与之相对应的防灾和减灾对策。

(7)对于城市的建设规模,考虑到休眠火山多是新兴的疗养、旅游城市和火山科考基地,建议城市规模不宜过大。

八、火山灾害应急管理

火山灾害应急管理在应付火山灾害危机中起着关键的作用。但目前由于相对于人类寿命和与其他类型灾害比较,火山灾害发生的频度相对较低,所以这一减轻火山危险的重要措施还没有引起足够的重视。具体来说,火山灾害的应急管理应包括以下几方面的内容。

(1)为了保障危险区人员的生命安全,应让人们事先熟悉撤离路线和可以避难的藏身之处。在某种程度上,撤离方向具有一定的灵活性,它决定于爆发规模、熔岩流动方式、喷发时的主导风向等因素。

（2）对于躲在避难场所的人们,需要提供饮水、食物、帐篷、医疗和卫生保健等项服务。特别需要指出的是,由于火山灰会使空气质量极度恶化,患呼吸道疾病的人数剧增,因此必须保证足够的药品供应。

（3）用于撤离的道路必须保障畅通,特别是在人口密度大的地区更是如此。但是,还需要考虑一些特殊的因素,即一些道路会因火山地震引起的地面塌陷而被阻断;坡度较大的公路可能因细粒火山灰降落出现车轮打滑现象。只有提前考虑了这些因素,才能为生存提供更大的可能性。

九、火山灾害后的对策

（一）进行火山灾害评估

进行火山灾害评估需要做好以下几方面的工作。

（1）利用卫星、遥感技术和直升机对火山灾害区的灾害程度进行评估和现场侦察,了解灾区的主要道路、桥梁、房屋倒塌与重大工程破坏状况和破坏程度,为实施抢险救灾和工程保障提供依据。

（2）抢险先遣队尽可能地将灾区灾情和抢险情况报告给抢险指挥部,以便开展后续的救灾工作。

（3）进行抢险救灾。先派出抢险先遣队担负工程保障任务,随时对通往灾区的重要桥梁和交通干线进行抢修工作,以确保救灾道路畅通。对灾区的水库大坝、火灾爆炸、毒气和地质灾害现场进行紧急抢险。

（4）后续抢险队按指定路线强行进入重灾区,各工程抢险和抢修队利用一切可能措施制止水库大坝和要害系统灾害扩大,抢修重要桥梁和路段。公安部门要进行治安管制,维护社会的治安,保障火山抢险救灾顺利展开。医疗救护队随救灾队进入现场救护。交通部门要实行紧急交通管制,疏导交通。各级通信部门保障线路畅通,利用无线通信设施,保障救灾指挥和反馈信息及时准确。

（二）对火山喷发后的趋势进行评估

火山喷发后的未来发展趋势是当地政府和公众最关心的问题。有关部门应根据火山气体、火山地震和释放能量的变化来进行判断。如果火山活动能量逐渐减少,那么就预示火山活动将要停止;而如果火山喷发后仍有小型地震,并且频率不断增加,那么就预示着岩浆仍在上升,还有喷发的可能,就应该采取相应的措施。

十、火山灾害后的重建家园

对于遭受火山灾难的人们来说,重建家园是一项长期而艰苦的工作。

（一）村庄火山灾害后的重建家园

村庄在火山灾害后的重建家园应做好以下几方面的工作。

(1)应根据自然地理和经济地理条件,编制村镇发展规划。

(2)规划中要避开火山泥石流、滑坡影响带和松散火山物掩埋的河道。

(3)以自建为主,自建和公建相结合。

(4)因地制宜,就地取材。

(5)先试点,后推广。

（二）城市火山灾害后的重建家园

城市在火山灾害后的重建家园应做好以下几方面的工作。

(1)进行地震安全性评价,分析建设场地的火山活动与地震危险性、构造稳定性,确定火山活动地震参数,为重建城市设防提供依据。

(2)进行火山安全性评价,对未来的火山喷发时间、类型和规模进行分析研究,估计未来火山灾害对重建城市影响的类型、概率、程度,为当地政府确定重建城市的规模以及建筑部门采取加固设防措施提供依据。

(3)重建要有组织、有计划地进行,应优先安排与人民群众生活有关的建设,并恢复和重建对城市有影响的工业企业。

(4)多方面筹集资金、设备、材料和建设支持。另外,城市设计、预算和施工等,应统一指挥与调度。

第八章　生物污染灾害与防灾减灾措施

在人类诞生之前,地球上早已有无数种动植物和微生物在居住。在人类加入到这个共存的生活圈以后,这些生物就没有停止过跟人类的你死我活的争斗。就算最低等的病原微生物,一旦暴发流行起来,也可以给人类造成无尽的灾难。因此生物污染灾害也是防灾减灾的重要内容之一,需要我们正确面对。

第一节　生物污染灾害概述

一、生物污染灾害的内涵

生物污染灾害是指由对人和生物有害的微生物、寄生虫等病原体和变应原等污染水、气、土壤和食品而引起的,影响生物产量、危害人类健康的现象。

在中国历代历史文献和名医典籍中都有对生物污染灾害的记载,古代中医名家张仲景在《仲景伤寒绪论》中所描述的"染疫者一家十口死之八九"就是对当时伤寒灾害流行猖獗的真实记录。东汉末年的 204～219 年,中原大地瘟疫流行。史书对那场灾害有这样的描述:"余宗族素多,向逾二百。自建安以来,犹未十年,其亡者三分之二,伤寒十居其七。"另外,发生于 217 年的生物污染灾害也是较为严重的一次,从"家家有伏尸之痛,室室有号泣之声,或合门而亡,或举族而丧"的描述中可见其凄惨程度。

二、生物污染灾害的历史与现状

在我国,对生物污染灾害的历史记载可以追溯到距今已三千多年以前的甲骨文中。甲骨文中已经有了"虫""蛊""疟疾"等关于生物污染的记载。从《史记》著书的年代(公元前 369 年)起到明朝末年(1647 年),仅正史就记载了 95 次疫病大流行。其中,金朝开兴元年(1232),汴京城发生了一次极为严重的瘟疫灾害,50 日内,"诸门出死者九十余万人,贫不能葬者无数"(《金史·哀宗纪》);1408～1643 年间,共有大规模的疫病流行数十次,以万历和崇祯年间的两次大流行疫病最为惨烈,华北地区死亡总人数至少在 1 000 万以上。

在国外,最早有记载的大规模生物灾害发生在 4 000 多年前的尼罗河沿岸,记录于埃伯斯的草纸文稿中。有丰富细节描述的第一场传染病灾难,发生在 430 年伯罗奔尼撒战争期间,当时的那场源于亚洲的瘟疫席卷了雅典,在两年内害死了雅典三分之一的人。在随后的时间内,各种疫情频频出现,其中规模较大的几次有 165 年罗马帝国的天花疫情、3 世纪到 6 世纪罗马帝国的鼠疫疫情、14 世纪遍及欧亚大陆和非洲北海岸的鼠疫疫情、1520 年墨西哥的天花疫情、1611 年君士坦丁堡的鼠疫等。每次疫情的暴发都夺去了很多人的生命。例如 1520 年,墨西哥的天花造成 300 多万人死亡,1611 年君士坦丁堡的鼠疫造成 20 万人死亡。

虽然随着科学技术的进步,一些生物污染灾害如天花等,已经不会对人类构成威胁了,但是由于生物并不是静止不动的,而是会出现进化以及变异,因此也出现了一些新的生物污染,例如 2003 年暴发的"非典",以及目前报告的 H7N9 亚型禽流感等,都是一些新的生物污染源。这表明生物污染灾害防治工作任重而道远。

三、生物污染灾害的特点与类型

(一)生物污染灾害的特点

生物污染灾害具有以下几个特点。

1. 预测难

人们对生物污染在什么时候、什么地方发生难以作出预测,增加了防灾减灾的难度。

2. 潜伏期长

生物污染潜伏期长达数年,甚至数十年,因此,难以被发现,难以跟踪观察。

3. 破坏性大

生物污染会对生态环境造成严重的破坏,同时也会威胁人类的生命安全。此外,还会使社会进步受阻,人类文明遇到危机,人际关系和道德价值体系断裂,让生产、生活陷于瘫痪。

(二)生物污染灾害的类型

生物污染灾害主要包括以下几种类型。

1. 大气生物污染

大气中因生物因素造成的对生物、人体健康以及人类活动的影响和危害,就是大气的生物污染。飘浮物以及病人、病畜等的喷嚏、咳嗽等排泄物和分泌物所携带的微生物是大气生物污染的主要来源,常见的有杆菌(如无色杆菌、芽孢杆菌)、球菌(如细球菌、八叠球菌)、霉菌、酵母菌和放线菌等腐生性微生物。

大气生物污染主要包括以下几种。

(1)大气应变污染,由许多能引起人体变态反应的生物物质,即变应源造成的大气污染。这些污染大气的变应源有花粉、真菌孢子、尘螨、毛虫的毒毛等。

(2)大气微生物污染,由许多飘浮在大气中的微生物所造成的直接污染。这些污染大气的微生物种类繁多,但对环境抵抗力较强的主要有八迭球菌、细球菌、枯草芽孢杆菌以及各种霉菌和酵母菌的孢子等。

(3)生物性尘埃污染,许多绿化植物,如杨柳等的生物有细毛的种子、梧桐生有绒毛的叶片等,在种子成熟或秋季落叶时,所造成的生物性尘埃对大气也有污染。

2. 水体生物污染

水体生物污染是指致病微生物、寄生虫和某些昆虫等生物进入水体,或某些藻类大量繁殖,使水质恶化,直接或间接危害人类健康或影响渔业生产的现象。地面的微生物、大气中飘浮的微生物均可进入水中而污染水体。受污染的水体可带有伤寒、痢疾、结核杆菌和大肠杆菌,还有螺旋体和病毒等。在自然界清洁水中,1毫升水中的细菌总数在100万个以下,而受到严重污染的水体可达100万个以上。受污染水体中的不同生物对人类可产生不同的危害作用。

3. 土壤生物污染

土壤生物污染是指病原体等有害生物种群从外界侵入土壤,破坏土壤生态系统的平衡,引起土壤质量下降的现象。土壤中分布最广的是肠道致病性原虫和蠕虫类,有的寄生在动、植物体内,有的通过土壤穿透皮肤进入人体,使人感染。有些微生物如结核杆菌,可在干燥细小的土壤颗粒中生存很长时间,以后随风进入空气,再被人畜吸入而引起感染。土壤的生物污染不仅可引起人畜疾病,还能使农业生产遭受严重损失。

4. 食品生物污染

食品生物污染是指有害微生物和寄生虫或卵污染食品,使食品腐败或产生毒素,让人食后中毒,或使人患寄生虫病的现象。饲料受霉菌如黄曲霉的毒素污染,可使鱼和哺乳动物诱发原发性肝癌。玉米、花生、稻米、小麦、高粱、小米等都会受到黄曲霉毒素的污染。在食品中繁殖产生毒素的有肉毒杆菌和葡萄球菌,还有使胃肠道发生急性炎症的肠炎沙门氏菌、鼠伤寒沙门氏菌和猪霍乱沙门氏菌等。含有炭疽杆菌的肉食品,人食用后也会得病。

5. 室内生物污染

细菌、真菌、过滤性病毒和尘螨等都会构成室内生物污染。室内生物污染是影响室内空气品质的一个重要因素,主要包括细菌、真菌(包括真菌孢子)、花粉、病毒、生物体有机成分等。在这些生物污染因子中有一些细菌和病毒是人类呼吸道传染病的病原体,有些真菌(包括真菌孢子)、花粉和生物体有机成分则能够引起人的过敏反应。室内生物污染对人类的健康有着很大危害,能引起各种疾病,如各种呼吸道传染病、哮喘、建筑物综合症等。迄今为止,已知的能引起呼吸道病毒感染的病毒就有200种之多,包括目前正在传播的非典病毒,这些感染的发生绝大部分是在室内通过空气传播的,其症状可从隐性感染直到威胁生命。

四、生物污染灾害的传播途径

生物污染灾害传播的途径主要有以下几种。

(一)饮水传播

饮水传播的疾病常呈暴发或流行,病例分布与供水范围相一致,有饮用同一水源发病的历史,除哺乳婴儿外,不拘年龄、性别、职业,凡饮用生水率相似者其发病率无差异,暴饮生水者,发病尤多。在水型流行中很难从水中检出病原体,如停止使用被污染的水源或经净化后,流行或暴发即可平息。如水源经常被污染时,病例可终年不断,发病呈地方性特点。

经接触疫水(感染水体)传播的疾病,如血吸虫病、钩端螺旋体病等,其病原体主要经皮肤黏膜侵入体内。此类疾病的流行特征是病人有接触疫水的历史,如在流行区游泳、洗澡、捕鱼、收获、抢险救灾等暴露于疫水而遭受感染,呈地方性或季节性特点。

(二)土壤传播

土壤受污染的机会很多,如人粪施肥使肠道病病原体或寄生虫虫卵污染土壤,如钩虫卵、蛔虫卵等;某些细菌的芽孢可以长期在土壤中生存,如破伤风、炭疽、气性坏疽等,若遇皮肤破损,可以经土壤引起感染。

经土壤传播的病原体的流行与否,取决于病原体在土壤中的存活力、人与土壤的接触机会及个人卫生习惯。皮肤伤口被土壤污染易发生破伤风和气性坏疽;赤脚下地在未加处理的人粪施肥土地上劳动,易被钩蚴感染;儿童在泥土中玩耍,易感染蛔虫病。

(三)空气传播

空气也是生物污染的传播媒介,经空气传播的生物污染灾害的途径包括以下三种。

1. 经尘埃传播

含有病原体的分泌物以较大的飞沫散落在地上,干燥后成为尘埃,落在衣服、床单、手帕或地板上,当整理衣服或清扫地面时,带有病原体的尘埃飞扬而造成呼吸道传播,从而带来危害。经尘埃传播的病原体具有耐干燥的特点,常见的经过这种方式进行传播的病原体有结核杆菌、炭疽芽孢等。另外,室内尘埃也是螨虫的聚居地。

2. 经飞沫传播

呼吸道传染病的病原体存在于呼吸道黏膜表面的黏液中或纤毛上皮细胞的碎片里,当病人呼气、大声说话、嚎哭、打嚏、咳嗽、打喷嚏时,可从鼻咽部喷出大量含有病原体的黏液飞沫,体积较小(约1~100微米),在空气中悬浮的时间不久(通常不超过几秒钟)。飞沫传播的范围仅限于病人或携带者周围的密切接触者。常见的经过这种方式进行传播的疾病有流行性脑脊髓膜炎、流行性感冒、百日咳等。发生此类传播的常见场所有拥挤的居住空间、旅客众多的船舱、车站候车室等。

3. 经气溶胶传播

气溶胶是由固体或液体小质点分散并悬浮在气体介质中形成的胶体分散体系,又称气体分散体系。它表现为固体或液体小质点,其大小为0.001~100微米,具有胶体性质,对光线有散射作用。因为气溶胶在气体介质中不因重力作用而沉降，因此它也是生物污染的载体之一。

室内的生物气溶胶主要来源于人体、宠物、废弃物、变质食物、墙体及器物因潮湿所生的菌类等，其所含的成分相当复杂，主要有微生物，如酵母菌、细菌、病毒等。气溶胶粒子可以通过呼吸道侵入人体，对人体健康造成危害。

（四）食物传播

所有肠道传染病、某些寄生虫病及个别呼吸道病（如结核病、白喉等）可经食物传播。引起食物传播的主要有两种情况，一种是食物本身含有病原体，另一种是食物在不同条件下被污染。

1. 食物本身含有病原体

食物本身含有病原体的情况包括感染绦虫、囊虫的牛、猪，患炭疽的牛、羊，患结核或布鲁菌的乳牛所产的奶，沙门菌感染的家畜、家禽和蛋，携带甲型肝炎病毒的毛蚶、牡蛎、蛤、贝壳等水生生物等。携带病原体的食物未煮熟或未经消毒就被人所食用，就会使人受到感染。

2. 食物在不同条件下被污染

食物在生产、加工、运输、贮存、饲养与销售的各个环节均可被污染。常见的原因有：污染的水洗涤水果、蔬菜、食具等；空气、飞沫、尘埃使食品污染；污染的手直接接触而使之污染，如痢疾杆菌、伤寒杆菌、沙门菌及葡萄球菌等；用携带病原体的昆虫、鼠类及其排泄物直接污染食物等。

（五）生物实验室传播

生物实验室传播是指从专职微生物研究的人员因操作不当或其他原因而引起的某些传染病的传播。生物实验室感染事件时有发生，这主要是因为从事专职微生物研究的人员比其他工作人员有更多接触病原微生物的机会，稍有疏忽大意，本来人们接触不到的微生物就可能污染环境，直接或间接感染实验人员。一旦生物实验室成为传染源，就会造成危害公众健康的严重后果。

（六）接触传播

接触传播可以分为直接接触传播与间接接触传播两类。

1. 直接接触传播

直接接触传播指传染源与易感者接触而未经任何外界因素所造成的传播。例如，艾滋病、性病、狂犬病等。

2. 间接接触传播

间接接触传播又称日常生活接触传播，是指易感者接触了被传染源的排泄物或分泌物污染的日常生活用品而造成的传播。被污染的手在间接接触传播中起着特别重要的作用。例如,接触被肠道传染病患者的手污染了的食品经口可传播痢疾、伤寒、霍乱、甲型肝炎;被污染的衣服、被褥、帽子可传播疥疮、癣等;儿童玩具、食具、文具可传播白喉、猩红热;被污染的洗脸毛巾可传播沙眼、急性出血性结膜炎;便器可传播痢疾、滴虫病;动物的皮毛可传播炭疽、布鲁菌病等。

(七)媒介节肢动物传播

媒介节肢动物传播指经节肢动物机械携带或叮咬吸血而传播的传染病,这种方式主要有以下几种。

1. 经节肢动物的机械携带而传播

经节肢动物的机械携带而传播的细菌如苍蝇、蟑螂携带肠道传染病病原体,它们一般只能存活 2~5 天。当苍蝇、蟑螂觅食时接触食物、反吐或随其粪便将病原体排出体外,可能使食物污染。人们吃了这种被污染的食物或使用这些食具时就可能感染。

2. 经吸血节肢动物传播

经吸血节肢动物传播指吸血节肢动物叮咬处于菌血症、立克次体血症、病毒血症、原虫血症的宿主,使病原体随宿主的血液进入节肢动物肠腔或体腔内经过发育及(或)繁殖后,才能感染易感者。病原体在节肢动物内有的经过繁殖,如流行性乙型脑炎病毒在蚊体内;有的经过发育,如丝虫病的微丝蚴在蚊体内数量上不增加,但需经过一定的发育阶段;有的既经发育又经繁殖,如疟原虫在按蚊体内。节肢动物自吸入病原体至能够感染易感者,需要经过一段时间,称为外潜伏期。换言之,吸血节肢动物感染病原体后,不立即具有传染性。

经吸血节肢动物传播的疾病为数极多,其中除包括鼠疫、疟疾、丝虫病、流行性乙型脑炎、登革热等疾病外,还包括 200 多种虫媒病毒传染病。

(八)垂直传播

在产前期内孕妇将病原体传给她的后代,称为垂直传播。此种传播是孕妇与胎儿两代之间的传播,常见的疾病有风疹、乙型肝炎、腮腺炎、麻疹、水痘、巨细胞病毒感染及虫媒病毒感染、梅毒等病。这些疾病常常会使胎儿受到影响,如孕妇在怀孕早期患风疹往往使胎儿遭受危害,使胎儿发生畸形、先天性白内障等。

(九)医源性传播

医源性传播是指在医疗、预防工作中,人为地造成某些传染病传播,称为医源性传播。医源性传播有以下两种类型。

(1)易感者在接受治疗、预防或检验(检查)措施时,由于所用器械、针筒、针头、针刺针、采血器、导尿管受医护人员或其他工作人员的手污染或消毒不严而引起的传播。

(2)药厂或生物制品生产单位所生产的药品或生物制品受污染而引起传播。

(十)生物武器传播

生物武器传播是指通过生物武器来进行的疾病传播。生物武器是由生物战剂及其施放器材构成的,一种用以危害人畜健康的武器。生物战剂是指在战争中专门用来杀伤人畜、毁坏农作物的致病微生物、毒素和其他生物性物质的总称。生物战剂可装在多种兵器和器材中使用,基本方式有两种,将生物战剂配制成气溶胶布撒和投放带菌昆虫、动物和其他媒介物。生物武器中有些使用时不需要其他相关的设备和装置,使用后表面一般不会留下痕迹,危害往往较大。

第二节 生物污染灾害的防灾减灾措施

虽然生物污染带给人类的危害极大,但是随着科学技术的进步以及人们对生物污染认识的提高,以科学的认识、科学的手段减低或尽量避免生物活动给人类带来的危害是完全有可能的。科学技术的发展已经给人类提供了许多崭新的有效的防病治病的药物和方法,人们也已从各种生物灾害中吸取了经验教训,面对生物污染,我们可以采取以下措施来减少生物污染灾害所带来的损失。

一、计划免疫

计划免疫是根据传染病疫情监测结果和人群免疫水平的分析,按照科学的免疫程序,有计划地使用疫苗对特定人群进行预防接种,最终达到控制和消灭相应传染病的目的的一项措施。

20世纪70年代中期,我国就开始普及儿童计划免疫工作,目前已经取得了巨大成就,疫苗接种率不断提高,相应传染病的发病率逐年稳步下降。1988年和1990年,我国分别实现了以省和以县为单位儿童免疫接种率达到85%的目标,并通过了联合国儿童基金会、世界卫生组织和卫生部联合组的审评。

我国常年计划免疫接种主要内容为对7周岁以下儿童进行卡介苗、脊髓灰质炎三价糖丸疫苗、百白破混合制剂和麻疹疫苗的基础免疫,并在以后适时地加强免疫,使儿童获得对白喉、麻疹、脊髓灰质炎、百日咳、结核和破伤风的免疫。随着我国免疫工作的不断开展,乙肝疫苗的接种也已经纳入到了计划免疫管理中,我国免疫工作的范围叶正在不断地扩大,其他一些危害儿童健康,用疫苗可以预防的传染病也正在不断地被列入到计划免疫工作的范围中。

二、预防接种

(一)预防接种的含义

预防接种又称人工免疫,是将生物制品(微生物、微生物毒素、人和动物的血清及组织等制成,临床可作为预防、治疗和诊断之用)接种到人体内,使人产生对传染病的抵抗力,达到预防传染病的目的,如接种卡介苗预防结核病,接种麻疹疫苗预防麻疹。

(二)预防接种的方式

预防接种主要有两种方式。

1. 在没有染病之前进行接种

在没有染病之前给人体接种和内服灭活菌苗与疫苗,使体内产生相应的抗体。接种之后若机体再受到同种的细菌或病毒侵袭时,就可以有能力歼灭这些入侵的病毒或细菌。接种卡介苗、麻疹疫苗、百日咳菌苗等就属于这一类。这种预防接种,医学上叫做"人工自动免疫"。通常,免疫在接种后1~4周左右的时间出现,免疫抗体保持数日至数年,故须反复接种。

2. 在已接触传染病的人群尚未发病时进行接种

在已接触传染病的人群尚未发病时,给其注射丙种球蛋白、胎盘球蛋白、抗毒素以及成人血清等,即直接将抗体这一"援兵"输入体内,增加消灭入侵的致病微生物的有生力量,从而防止发病或减轻症状。这种方法叫"人工被动免疫",特点是注射后立即生效,适用于紧急预防或治疗,如狂犬病疫苗等。

三、养成良好的卫生习惯

良好的卫生习惯是原理生物污染的有效措施之一,具体来说,可以从以下几方面入手。

(一)注意饮食卫生

要严格执行熟食品彻底分开制度,防止交叉感染;饭菜要现吃现做,如有剩余应充分煮熟,对于已经发生变质的食物要尽快扔掉。不喝生水,不吃生冷不洁的食物,碗筷等餐具要严格消毒。

(二)注意个人卫生

(1)饭前便后、外出归家后要洗手。
(2)要勤剪指甲、勤换洗衣服、勤晒被褥、勤洗澡。
(3)单独使用卫生用品,尽可能不与传染性人员和物品接触。

(三)经常开窗通风

良好的通风可稀释室内空气中的微生物,改善室内空气质量。因此,室内要经常开窗通风,以便让室外的新鲜空气进入室内,但如果窗外空气质量不好,应避免开窗。

(四)坚持锻炼身体

强健的身体可以增加身体免疫力,主动防御疾病的攻击,因此,要根据自己的身体实际情况制定相应的锻炼计划,并要持之以恒。

四、营造健康的生活与居住环境

健康的生活与居住环境对于预防生物污染灾害,减少生物污染灾害也起到了一定的推动作用。具体来说,我们可以从以下几方面来对营造健康的生活环境。

(一)搞好室内卫生

(1)定期清洗地毯,这样可以减少尘螨以及其他的过敏源。

(2)保持地面、台面、家具、暖气片等的清洁,这样可以减少室内尘埃的数量,降低微生物污染浓度。

(3)有宠物的家庭要经常给宠物洗澡,保持宠物的清洁卫生,以消除宠物身上的寄生物,避免因其携带病菌而致人生病。

(二)定期清洁家用电器

(1)家用电冰箱、冷冻机的排气口和蒸发器中,是极易繁殖真菌的地方,这些真菌会随尘埃散布在空气中,随着人的呼吸进入肺部,引起过敏肺炎,因此要对这些电器进行定期的消毒清洁。

(2)洗衣机也是传播细菌的媒介,在洗衣服的过程中,传染病和皮肤病患者的衣服不宜与健康人的衣服混在一起洗,内衣内裤不宜与袜子外衣一起洗,以免造成交叉感染。另外,也要对洗衣机进行定期的消毒清洁。

(三)对住区环境进行优化设计

(1)在进行住宅建筑工程建设时,要在选址、设计和施工中按照健康住宅标准的要求进行,对环境生态进行监测,并要评价其环境影响,同时住宅周围的大气、水质和土壤必须符合环境质量的标准,住区周围不应该有污染源存在。

(2)加强居住小区的绿化与生态建设,绿色植物对一些生物污染具有扩散作用,因此在设计住区内建筑物的位置、朝向、密度和容积率时也要注意到绿化植物的配置,以保证拥有良好的生态环境。

(四)对室内环境进行优化设计

室内是人的重要活动场所之一,因此良好的室内环境也可以减少生物污染灾害的影响。营造良好的室内环境可以从以下几点做起。

(1)在建筑设计阶段,应对居住和活动的房间做到合理布局,尽量照顾到各房间的通风、换气、阳光灭菌,尤其是卧室内的通风和日照。

(2)重视设施设备的交叉感染,设备设计的合理性是影响室内环境健康的重要组成部分,特别是厨卫设旋设备及排污管道要设计合理,并定期消毒清洁是避免病菌、病毒传播扩散的重要途径。

(3)增加适当的绿化,通过绿色植物净化空气、除尘、杀菌和吸收有害气体,例如可以摆放吊兰、芭蕉、碧桃等植物。

五、合理选用生物污染控制设备和材料

我们可以选择一些生物污染控制设备和材料来减少生物污染灾害的影响。这些设备和材料主要包括以下几种。

(一)空气过滤器

空气过滤器主要采用带有阻隔性质的过滤分离来清除气流中的微粒,其次也采用电力分离的办法。从粗效至亚高效过滤器统称为一般空气过滤器。粗效过滤器多采用玻璃纤维、人造纤维、金属丝网及粗孔聚氨酯泡沫塑料,对粒径≥5微米的颗粒可以有效过滤;中效过滤器主要滤料为玻璃纤维,人造纤维合成的无纺布及中细孔聚乙烯泡沫塑料,可做成袋式或抽屉式,对粒径≥1微米的颗粒可以有效过滤;高效过滤器按照其效率不同还可细分,根据国家标准可分为 A、B、C、D 四级,常使用在对空气洁净度要求很高的地方,如手术室、制药厂、电子厂房等。通常普通中央空调中使用的是粗、中效过滤器。

(二)空气净化器

空气净化器是提高室内空气品质的有效手段。由于室内受污染空气对人体健康影响很大,作为提高室内空气品质的空气净化器产品应运而生。通常空气净化器的工作原理是由高速旋转的离心风机在机器体内产生负压,受到污染的空气被吸入机内,依次通过具有杀菌功能的粗过滤网、装填有高效空气过滤材料的过滤层和具有高效催化作用的活性炭过滤层,这样经三重过滤净化后由送风口送出洁净的空气。使用空气净化器可以有效地清除室内细菌和病毒,对于防止疾病传播,减少患病几率很有效。

(三)冷触媒技术

冷触媒技术是以多元多相催化为主,结合超微过滤,在常温常压下使多种有害有味气体分解成无害无味物质,并由单纯的物理吸附转变为化学吸附,边吸附边分解。冷触媒提高了吸附污染颗粒物的种类,提高了吸附效率和饱和容量,不产生二次污染,大大延长了吸附材料的使用寿命。

(四)光触媒技术

光触媒是一种催化剂,主要成分是活性炭、酸化酞、陶瓷纤维等,并以静电纤维纸浆做成的网为载体,可以吸附空气中由绝缘材料、胶合板、地毯、油漆、粘合剂等挥发出的甲醛、苯、酮、氨、二氧化硫等有害气体,并能清除室内的香烟雾、饭菜味、体臭等异味。但这种物质使用一段时间后,需要在强列的日光或紫外线照射下,将吸附在触媒网上的有害物质彻底分解成二氧化碳和水,从而恢复其吸附性。否则存在吸附饱和、释放臭气产生二次污染的问题。

(五)抗菌材料

抗菌材料大体上可分为有机系、无机系和天然生物系三大类。

1. 有机系抗菌材料

有机系抗菌剂主要可用作杀菌剂、防腐剂、防霉剂。有机系抗菌剂的选用,除使用的安全性外,还存在耐热性差、易水解、使用寿命短等问题。因此,对有机抗菌剂的开发和研制,要全面考虑到抗菌剂的抗菌能力,与材料复合的相容性,药效持续性,化学、热的稳定性和耐紫外线稳定性等因素。

2. 无机系抗菌材料

无机系抗菌材料一般是金属材料,如银、铜、锌等以及目前快速发展的载银抗菌材料、含铜不锈钢、二氧化钛等。目前比较常见的是载银抗菌材料、抗菌不锈钢材料、二氧化钛抗菌材料等。

3. 天然系抗菌材料

天然系抗菌材料是以天然原材料作为抗菌剂,由于受到安全性和加工条件的制约,目前天然系抗菌材料还不能实现大规模的市场化。

六、加强消毒

目前常用的消毒方式主要有以下几种。

(一)紫外线消毒

紫外线是一种比可见光波长还短的光线,它可以根据波长分为 A、B、C 三种。C 波段的紫外线,其波长为 200～275 毫微米。而波长为 240～280 毫微米范围的紫外线最具有杀菌效能,尤其在波长为 253.7 毫微米时杀菌作用最强。其杀菌原理是通过紫外线对细菌、病毒等微生物的照射,以破坏其生命中枢 DNA 的结构,使构成该微生物的蛋白质无法形成,使其立即死亡或丧失繁殖能力。

需要注意的是,由于紫外线的照射,会损伤人体皮肤,导致皮肤癌等疾病,所以用紫外灯直接照射,人员不能在房间中。

(二)化学消毒

化学消毒就是利用化学药物渗透细菌体内,使菌体蛋白凝固变性,干扰细菌酶活性,抑制细菌代谢和生长或损害细胞膜的结构,改变其渗透性,破坏其生理功能等,从而起到消毒灭菌的作用的消毒方式。化学消毒所用药物称为化学消毒剂。其中有一些杀灭微生物能力较强,可以达到灭菌目的,因此又称为灭菌剂。

常用化学消毒灭菌的方法主要有以下几种。

（1）擦拭法。选用易溶于水、穿透性强的消毒剂，擦拭物品表面，在标准浓度和时间里达到消毒灭菌目的。

（2）浸泡法。选用杀菌面广、腐蚀性弱的水溶性消毒剂，将物品浸没于消毒剂内，在标准浓度和时间内，达到消毒灭菌目的。

（3）喷雾法。借助普通喷雾器或气溶胶喷雾器，使消毒剂产生微粒气雾弥散在空间，进行空气和物品表面的消毒。需要注意的是，喷雾期间人不应在场，喷雾一段时间后应打开门窗，加强自然通风。

（4）熏蒸法。加热或加入氧化剂，使消毒剂呈气态，在标准浓度和时间里达到消毒灭菌目的。这种方法适用于精密贵重仪器和不能蒸、煮、浸泡的物品消毒及空气消毒。

七、做好生物恐怖袭击的应对工作

（一）对生物恐怖袭击进行及早判断

我们可以从以下几方面来对生物恐怖战剂进行判断。

1. 从发病情况进行判断

如果突然发现地区性少见的传染病；大量人、畜患同类病，或突然大批牲畜死亡；发病季节反常；在特定人群发生不寻常的疾病或虽然是常见病但发病率、死亡率更高一些等。

2. 从袭击景象进行判断

生物武器袭击后，有许多可疑征候可供侦察和判断，如空情、地情、虫情等与平时出现明显的不同。

另外，也可以通过大气检测进行判断和通过水样检测进行判断。

（二）保护现场，采取封锁措施

怀疑受生物恐怖袭击时，应对可疑现场采取保护措施，对接触人员进行随访观察，立即进行调查及检验，尽快作出判断。确认遭受生物恐怖袭击时，应根据作战情况报告当地政府，作出决定后，立即封锁污染区。

（三）采取预防措施

一旦发生生物恐怖袭击，就要采取预防接种、药物预防、个人防护、集体防护、保护食物、水源等综合措施，以保证人民生命财产的安全。

（四）进行消毒

对疫区进行杀虫、灭鼠、消毒，重点检查水源食物，对已受污染的对象，必须采取彻底消毒措施。做好消毒工作是对付生物武器袭击危害的重要手段，必须认真仔细。

(五)根据情况进行封锁处理

(1)如果查明敌人只使用细菌毒素或传染性较差的病原体,即可解除封锁。但对病人、病畜及带菌者必须加强治疗和必要的限制。

(2)如果查明敌人使用鼠疫、霍乱、天花等烈性病病原体,或发生上述病症时,应继续封锁,并应将封锁区分为若干个大小封锁圈。各封锁圈之间应完全隔离开来,对病人进行隔离治疗,对生物恐怖战剂受染者及病人密切接触者进行隔离留验。

(3)解除封锁的条件是对污染区或疫区进行必要的卫生处理,如对敌投物进行彻底的消毒或扑灭。根据情况进行了必要的杀虫、灭鼠;对小隔离圈进行终末消毒,并从最后一例病人算起,经过一个最长潜伏期(鼠疫9天,霍乱6天,天花16天)仍无新的病例发生,报请批准封锁的主管部门解除封锁。

八、制定相关法律法规

为了最大程度地避免生物灾害对人民身体健康、生命财产安全、社会基本秩序所造成的危害,制定相关的法律法规也是一项重要的举措。目前,我国已经制定的相关法律法规主要有《中华人民共和国传染病防治法》《中华人民共和国食品卫生法》《中华人民共和国职业病防治法》《突发公共卫生事件应急条例》《病原微生物实验室生物安全管理条例》《中华人民共和国传染病防治法实施办法》《公共场所卫生管理条例》《艾滋病监测管理的若干规定》《医疗机构管理条例》《血液制品管理条例》《医疗器械监督管理条例》《使用有毒物品作业场所劳动保护条例》《医疗废物管理条例》《公共场所卫生管理条例实施细则》《医疗机构管理条例实施细则》《预防用生物制品生产供应管理办法》等,这些法律法规的制定为预防、控制和消除生物污染带来的危害,保障人民群众身体健康,发挥了重要作用。

九、建立相关的管理体系

预防和减少生物污染灾害,相关的管理部门所起的作用也是必不可少的,因此要建立相关的管理体系,完善相关管理部门的职能。目前,我国的生物污染管理体系主要由卫生部,各省、市、自治区卫生厅(卫生局),各地区、州、县卫生局构成。其中,卫生部是主管卫生工作的国务院组成部门。根据以农村为重点、预防为主、中西医并重、依靠科技与教育、动员全社会参与、为人民健康服务、为社会主义现代化建设服务的新时期卫生工作方针。我国的生物污染防治机构主要由国家和地方各级疾病预防控制中心、各级医院构成。国家层面的主要是中国疾病预防控制中心(以下简称中国疾控中心),是由政府举办的实施国家级疾病预防控制与公共卫生技术管理和服务的公益事业单位。其使命是通过对疾病、残疾和伤害的预防控制,创造健康环境,维护社会稳定,保障国家安全,促进人民健康;其宗旨是以科研为依托、以人才为根本、以疾控为中心。地方各级疾病预防控制中心主要承担各地区传染病、慢性非传染性疾病、地方病、学生常见病、公共卫生突发事件应急处理、消毒及病源生物防制、食品、化妆品、涉水产品、一次性卫生用品等与健康密切相关的生活用品的卫生学检测评价及卫生毒理学测试、劳动卫生和职业病防治、射线防护、从业人员健康体检、建设项目预防性卫生学评价、健康教育等预防医学领域各项工作;承担预防医学各学科的科学研究工作;承担各地区卫生防病信息的统计、分析工作。

十、做好生物安全实验室的相关工作

生物安全实验室是指应用于涉及具有传染可能性的微生物实验的特殊建筑。不同危害群的微生物,必须在不同的物理性防护下进行操作,一方面可以防止实验室人员受到感染,保护产品不受污染,同时可以防止其释放到环境中,污染环境。目前我国根据所处理对象的生物危害程度和其采取的防护措施,把生物安全实验室分为四级,如表 8-1 所示。

表 8-1　生物安全实验室分级

分级	危害程度	处理对象
一级	低个体危害,低群体危害	对人体、动植物或环境危害较低,不具有对健康成人、动植物致病的致病因子
二级	中等个体危害,有限群体危害	对人体、动植物或环境具有中等危害或具有潜在危险的致病因子,对健康成人、动物和环境不会造成严重危害。有有效的预防和治疗措施
三级	高个体危害,低群体危害	对人体、动植物或环境具有高度危害性,通过直接接触或气溶胶使人传染上严重的甚至是致命疾病,或对动植物和环境具有高度危害的致病因子。通常有预防和治疗措施
四级	高个体危害,高群体危害	对人体、动植物或环境具有高度危害性,通过气溶胶途径或传播途径不明,或未知的、高度危险的致病因子。没有预防和治疗措施

在上述的四个等级中,一级对生物安全隔离的要求最低,四级最高。三级和四级生物安全实验室称为高级别生物安全实验室。

做好生物安全实验室的相关工作,可以防止由生物实验室造成的生物污染灾害。

第九章　爆炸灾害与防灾减灾措施

当前,经济建设的飞速发展和人民生活水平的不断提高让民用燃气的普及率越来越高,增加了爆炸的概率,矿井瓦斯、粮食粉尘、火炸药、锅炉及压力容器等危险源如果得不到合理的管理和有效的控制,不仅会影响到人们的生活环境,还会给国家和个人的财产以及人民的生命安全造成严重的危害。因此,了解爆炸灾害的相关知识,采用科学合理的防灾减灾措施,有着极为重要的意义。

第一节　爆炸灾害概述

一、爆炸的概念

爆炸是自然界、工业界和日常生活中常见的一种灾难性现象,具有极强的破坏性,给社会造成巨大财产损失和人员伤亡。广义地说,爆炸是一种物理或化学能量极为迅速的释放和转化过程。在此过程中,系统的内在势能转变为机械功、光和热的辐射等。狭义地说,爆炸是指一个或一个以上的物质在极短时间内(一定空间)急速燃烧,短时间内聚集大量的热,使气体体积迅速膨胀,就会引起爆炸。

二、爆炸的分类

(一)按爆炸前后物质成分的变化分类

按爆炸前后物质成分的变化分类可将爆炸分为屋里爆炸、化学爆炸和核爆炸。

1. 物理爆炸

物理爆炸就是指体系中物质因状态或压力发生突变而引起的物理能量快速释放,并转变为机械功、光、热等能量形式的爆炸现象。物理爆炸在其爆炸发生前后,体系中物质的性质及化学成分没有发生变化,如蒸汽锅炉或高压气瓶的爆炸,地震也是一种强烈的物理爆炸现象(地壳弹性压缩能的瞬时释放,能量可达 100 万吨 TNT 当量),强火花放电(闪电),高压大电流通过细金属丝引起的爆炸,物体的高速撞击(陨石落地,弹头撞击目标等),大量水的骤然汽化等。

2. 化学爆炸

化学爆炸就是指体系中物质以极快的速度发生放热化学反应,并产生高温、高压气体而引起的爆炸现象。化学爆炸有三个特点:放热,高速自持,且产生大量气体。例如,炸药爆炸(进行速度在每秒数千米到万米之间,温度 3 000℃～5 000℃,压力高达几万至十几万兆帕,瞬时功率可达 10^{10}～10^{14} 瓦)、细粉尘(煤粉、面粉等)的爆炸、气体(甲烷、乙烷与空气的混合物等)的爆炸。

3. 核爆炸

核爆炸能量释放来自核裂变或核聚变(如氘、氚、锂核聚变)反应,核裂变(U235 的裂变)和核聚变(氘、氚、锂核的聚变),可形成数百万至数千万度的高温,爆炸中心产生数百万大气压,并伴有很强的光辐射、热辐射以及各种高能粒子的贯穿辐射,爆炸能量可达数万吨至数千万吨 TNT 当量。可见,核爆炸过程所释放的能量较其他类爆炸要大得多和集中得多。同时,核爆炸还会产生各种对人类生存有害的放射性粒子,造成区域性长时间放射性污染,其破坏力要比物理爆炸和化学爆炸大得多。

(二)按爆炸过程分类

按爆炸过程分类,可将爆炸分为自燃着火型爆炸、泄漏着火型爆炸、着火破坏型爆炸、传热型蒸气爆炸、反应失控型爆炸和平衡破坏型蒸气爆炸。

1. 自燃着火型爆炸

自燃着火型爆炸是指化学反应热蓄积而导致系统中温度升高和反应速率加快,当温度升高到这类物质的着火温度时,引起物质自燃而导致火灾和爆炸事故发生。

2. 泄漏着火型爆炸

泄漏着火型爆炸是指容器内部的爆炸性危险物质因阀门开启或容器出现裂缝,泄漏到外部空间形成爆炸性混合物,在遭遇点火源作用时引起着火,导致火灾和爆炸事故发生。

3. 着火破坏型爆炸

着火破坏型爆炸是指容器、管道、塔槽等(以下统称容器)内部的爆炸性危险物质,在点火源作用下引起的着火、燃烧或分解等化学反应,造成内部压力急剧上升,导致容器发生爆炸破坏。

4. 传热型蒸气爆炸

传热型蒸气爆炸是指过热液体与其他高温物质接触而发生快速热传导,致使液体因被加热而暂时处于过热状态,从而引起伴随急剧气化的蒸气爆炸事故发生。

5. 反应失控型爆炸

反应失控型爆炸是指化学反应热蓄积而导致系统中温度升高和反应速率加快,引起物质的蒸气压或分解气体压力急剧升高,导致容器发生爆炸破坏。

6. 平衡破坏型蒸气爆炸

平衡破坏型蒸气爆炸是指当密闭容器内的液体在高压下保持蒸气压平衡状态时,因容器遭到破坏而喷出蒸气,导致容器内压急剧下降而失去平衡,使暂时处于不稳定过热状态的液体发生急剧气化,并在残留液体对容器壁的冲击作用下使容器再次遭到破坏,从而导致蒸气爆炸事故的发生。

(三)按爆炸灾害的性质分类

爆炸灾害按其性质可分为两类:一类是被动的,即事故性爆炸灾害;另一类是主动的,即人为性爆炸灾害。

1. 事故性爆炸

事故性爆炸是多发生于建筑物内部的爆炸,如粉尘爆炸、锅炉爆炸、燃气爆炸、火工品爆炸等。现代工业的进程,使企业不断地大型化和集中化;城市化进程的加快,使城市变得更加拥挤和复杂。这使得事故性爆炸灾害发生的次数增加,而且每次事故的危害明显增大。例如,2000 年 6 月 30 日上午 8 时 5 分,广东江门土产出口公司烟花厂发生爆炸,该厂 3 200 平方米建筑被夷为平地,方圆一公里的建筑遭受不同程度的损坏。爆炸事故共造成 30 多人死亡,30 多人失踪,19 人重伤,100 多人轻伤。

2. 人为性爆炸

人为性爆炸多发生于建筑物外部,如炸弹爆炸、恐怖袭击和战争等。爆炸恐怖活动可以造成大量人员伤亡和财产损失,具有异常严重的残酷性和社会危害性,不仅能直接影响社会稳定和造成心理恐慌,而且甚至引起国家危机,对国家安全造成严重威胁。例如,2001 年 9 月 11 日上午 8 时 48 分,美国航空公司的一架波音 767 飞机遭恐怖分子劫持后,撞向美国纽约世界贸易中心南侧大楼,摩天大楼被撞去一角,在大约距离地面 20 层的地方冒出滚滚浓烟。18 分钟后,另一架被劫持的波音 757 飞机撞击了世贸中心姊妹楼的另一座,飞机从北侧大楼中部冲入,由另一侧穿出,撞上另一幢大楼。20 分钟之后,这两座纽约的标志性建筑相继倒塌(图 9-1)。同日上午 10 时,美国五角大楼发生第一次爆炸,这次爆炸发生在紧挨着五角大楼附近的一条高速公路上。15 分钟后,美国国防部发生了第二次爆炸,楼体部分倒塌。同日上午 10 时 10 分,位于华盛顿的美国国会山遭袭击发生爆炸。同日上午 10 时 35 分,位于华盛顿的美国国务院外发生汽车炸弹爆炸。这就是著名的"9·11"事件。在整个"9·11"事件中,死亡和失踪的人数为 3 173 名,受伤人数为 3 万余人。

图 9-1 "9·11 事件"世贸中心

(四)其他分类

除上述分类外,按爆炸物质相态的不同,爆炸还可分为气相爆炸、液相爆炸、固相爆炸和多相爆炸等类型。按点火源的不同,爆炸可分为需要有点火源的爆炸和不需要点火源的爆炸等类型。

三、爆炸对结构的破坏

近距离爆炸或与结构接触爆炸时,爆炸点附近的结构在爆炸压力作用下可能被压碎、破裂,造成局部破坏,甚至整体破坏。

(一)抛掷物

爆炸的当量较小时,产生的抛掷物所造成的破坏或伤害并不大,但如果是大当量爆炸,必须考虑抛掷物的危害。从爆炸中心算起,2~4 倍弹坑半径范围内沉积了大约 40%～90% 的抛掷物(以质量计),一般来说,土中爆炸产生的抛掷物,其飞散距离可限制在弹坑直径的 30 倍以内;在岩石中爆炸,抛掷物的飞散距离一般可达到弹坑直径的 75 倍,极少数抛掷物甚至飞散得更远。其破坏对象主要是水平或接近水平的结构构件,如建筑物的顶板或顶盖等。当岩石碎块撞击结构时将产生强烈的冲击,通常会贯穿结构材料或反弹回来。

(二)结构局部破坏与贯穿

结构局部破坏主要是爆炸点附近的材料质点获得了极高的速度,使介质内产生很大的应力而使结构破坏,且破坏大都发生在爆炸点及其附近区域内。地面钢筋混凝土结构,在承受近距离爆炸荷载时,可能产生崩塌与破裂等局部破坏。崩塌是结构背面出现部分混凝土块脱落,并以一定速度飞出。破裂是局部混凝土碎裂甚至出现破口。局部破裂时,在爆炸装药附近区域内,混凝土严重碎裂,钢筋严重变形甚至被拉断。由于正面的成坑和背部的崩塌联合作用可能产生贯穿现象。当正面的真实弹坑深度约为构件厚度的1/3时,就可能出现这种现象。

(三)结构崩塌

结构崩塌通常是指混凝土结构背面出现剥落(层裂),并有混凝土碎块飞出。崩塌是混凝土在垂直于自由面方向受拉破坏的结果,通常产生小块混凝土碎块,在构件背面会形成崩塌漏斗坑。

(四)结构整体破坏

在爆炸荷载的作用下,梁、板将产生弯曲、剪切变形,柱被压缩以及基础沉陷等。整体破坏作用的特点是使结构整体产生变形和内力。恐怖分子可能攻击的大部分设施是钢筋混凝土构件、钢构件(主要是梁和柱),或者两者结合构筑的。

四、爆炸对建筑物的破坏

建筑物破坏等级可分为六级。

一级:基本无破坏,状况是窗上玻璃偶尔出现裂纹和震落。

二级:玻璃破坏,状况是玻璃局部破坏。

三级:轻度破坏,状况是玻璃全部破坏,门窗部分破坏,砖墙出现小裂纹(5毫米以内)和稍有倾斜,瓦屋顶面局部掀起。

四级:中等破坏,状况是门窗大部分破坏,砖墙有严重裂缝(5～50毫米)和倾斜(10～100毫米),钢筋混凝土屋顶裂缝,瓦屋顶面大部分掀起。

五级:严重破坏,状况是门窗摧毁,砖墙严重开裂(50毫米以上)和倾斜,甚至部分倒塌,钢筋混凝土屋顶严重开裂,瓦屋顶面塌下。

六级:房屋倒塌,状况是砖墙倒塌,钢筋混凝土屋顶塌下。

爆炸对建筑物的破坏主要来自于爆炸冲击波,由爆炸冲击波超压引起的破坏见表9-1所示。

表 9-1　由爆炸冲击波超压引起的破坏

	压力		破坏
	压力单位	(千帕)	
1	0.02	0.14	低频强噪声(137分贝)
2	0.03	0.21	受拉应变大玻璃窗破裂
3	0.04	0.28	强噪声(143分贝)导致玻璃破裂
4	0.10	0.7	小窗受拉应变破坏

续表

	压力		破坏
	压力单位	（千帕）	
5	0.15	1.0	典型玻璃的破坏压力
6	0.3	2.1	天花板局部破坏
7	0.4	2.8	小型结构轻微破坏
8	0.5～1.0	3.5～7.0	大、小窗破碎，窗框偶然破坏
9	0.75	5.2	房屋结构轻微破坏，20％～50％屋顶瓦片位移
10	0.9	6.3	储油箱顶部破坏
11	1.0	7.0	非居民房屋部分破坏
12	1.0～2.0	7～14	石棉面层破碎，波纹钢板变形，铝板扭曲破坏，瓦屋顶位移
13	1.3	9.1	包层结构钢架轻微破坏
14	1.5	10	窗框和门轻微破坏
15	2.0	14	房屋墙壁和屋顶部分坍塌，承载砖结构失效，30％树木被吹倒
16	2.0～2.5	14～17	钢框架建筑物部分框架扭曲
17	2.0～3.0	14～21	混凝土8～12英寸未加强的砖墙破裂
18	3.0	21	90％树木被吹倒，钢结构建筑歪斜，偏离基础，无框架，有框架或钢板建筑物破坏
19	3.0～4.0	21～28	储油箱破裂
20	3.S	24	储油箱扭曲变形
21	4..0	28	轻工业建筑包层开裂
22	4.0～5.0	28～35	机动交通工具严重移位，钢梁框架结构的框架严重扭曲
23	5.0	35	木杆折断
24	7.0	49	有轨汽车翻倒
25	7～8	49～56	未加强砖墙（8～12英寸）受弯破坏
26	9～9	49～63	钢梁框架结构建筑物坍塌
27	7～10	49～70	汽车严重损坏
28	8～10	56～70	砖墙完全破坏
29	9.0	63	钢框架桥坍塌，重载汽车破坏
30	＞10	＞70	所有砖墙建筑完全破坏
31	13	91	18英寸砖墙完全破坏
32	70	490	石砌桥或混凝土桥坍塌
33	280	1956	爆炸弹坑边缘出现

注：1英寸＝2.45厘米。

表9-2是空气冲击波超压、冲量与建筑物破坏程度间的关系。

表 9-2　空气冲击波超压、冲量与建筑物破坏程度关系

安全等级	超压值（×10^5 帕）	冲量值［×(10^{-3}N·S/平方米)］	建筑物的破坏程度
1	0.001～0.05	0.01～0.015	门窗玻璃安全无损
2	0.08～0.10	0.016～0.02	门窗玻璃有局部破坏
3	0.15～0.20	0.05～0.10	门窗玻璃全部破坏
4	0.25～0.40	0.10～0.30	门、窗框、隔板被破坏；不坚固的干砌砖墙、铁皮烟囱被摧毁
5	0.45～0.70	0.30～0.60	轻型结构被严重破坏；输电线铁塔倒塌；大树被连根拔起
6	0.75～1.00	0.50～1.00	砖瓦结构的房屋全被破坏；钢结构建筑物严重破坏；行进中的汽车被破坏；大船沉没

爆炸对建筑物的破坏分为完全毁坏、严重破坏且不可修复、严重破坏而不能使用、不能使用但可修复、能够使用五类。

A 类：完全毁坏，外部砖砌体 75％以上毁坏。

B 类：房屋严重破坏，不可修复，有机会时必须拆除。如果外部砖砌体 50％～75％被毁伤，或者毁坏不严重，但墙体出现裂缝使之变得不安全，都属此类。

Ca 类：房屋变得不能居住，但可在战时迅速修复，所遭到的破坏都是次要结构，隔墙和细木工附件被破坏。

Cb 类：房屋严重破坏而不能居住，需要大面积修复，以致必须推迟到战后才能进行。这包括顶盖结构部分或全部坍塌，1～2 面外墙毁坏部分达到 25％，承重隔墙严重破坏需要拆除和更换。

D 类：房屋尚能居住，但需修复以消除不方便之感。这类破坏包括天花板和贴砖破坏、挂瓦条和屋面覆盖层破坏，小破片对墙体和窗玻璃造成的破坏。但只有不超过 10％的窗玻璃破碎的情况不包括在此类内。

五、爆炸对人员的杀伤作用

爆炸冲击波对人员的杀伤作用取决于多种因素，其中主要包括装药尺寸、冲击波持续时间、人员相对于爆炸点的方位、人体防御措施以及个人对爆炸冲击波荷载的敏感程度。冲击波效应可划分为三个阶段。

初始阶段冲击波效应产生的损伤直接与冲击波阵面的峰值超压有关，如破坏中枢神经系统、震击心脏、造成肺部出血、伤害呼吸及消化系统、震破耳膜等。

第二阶段冲击波效应是指瞬时风驱动侵彻体或非侵彻体造成的损伤，其对人体的伤害与破片、枪弹和小箭类似。

第三阶段冲击波效应是冲击波和风动压造成目标整体位移而导致的损伤，依据身体承受加速度和减速度的部位、荷载的大小以及人体对荷载的耐受力来决定。

六、其他的爆炸破坏效应

(一)爆炸噪声的危害

爆炸噪声是由于爆炸而产生的一种枯燥、难听、刺耳的声音,它是爆炸冲击波的继续,是冲击波引起气流急剧变化的结果。即随着空气冲击波传播距离的增加,其强度逐渐下降而变成噪声和亚声,噪声和亚声是空气冲击波的继续。爆炸噪声虽然持续时间很短,但当噪声峰值达 90 分贝以上时,就会严重影响人们的正常生活和工作,甚至造成人员伤害或设备和建筑物的损坏。

(二)爆炸毒气

爆炸毒气是炸药爆炸或燃烧后所产生的有毒气体的总称。无论露天爆炸还是地下爆炸都将产生大量有毒气体,对人民生命财产造成严重威胁。

现代工业炸药爆炸时,可以生成一氧化碳(CO)、一氧化氮(NO)、二氧化氮(NO_2)、五氧化二氮(N_2O_5)、氯气(Cl_2)、氯化氢(HCl)、硫化氢(H_2S)和少量的其他有毒气体。此外,有些炸药是有毒的,在爆炸时少量未反应的炸药粉尘对人体的健康也有危害。

1. 一氧化碳(CO)

一氧化碳是无色、无臭、无味的气体,微溶于水,剧毒,当空气中 CO 浓度为 0.4％时,在很短的时间内人就失去知觉,抢救不及时就会中毒死亡。一氧化碳中毒的特征是脸颊有红色斑点,嘴唇呈桃红色、头晕、耳鸣、四肢无力。表 9-3 是一氧化碳的浓度与人体中毒程度的关系。

表 9-3　一氧化碳的浓度与人体中毒程度的关系

中毒程度	中毒时间	一氧化碳浓度(毫克/升)	一氧化碳体积分数1％	中毒特征
无征兆或有轻微征兆	数小时	0.2	0.016	
轻微中毒	1 小时以内	0.6	0.048	耳鸣、心跳、头晕、头痛
严重中毒	0.5～1 小时	1.6	0.128	头痛、耳鸣、心跳、四肢无力、哭闹、呕吐
致命中毒	短时间内	5.0	0.400	丧失知觉、呼吸停顿

2. 氮氧化物

爆炸后气体中的氮氧化物称之为硝气,主要成分是 NO 和 NO_2。NO 和血液中的血色素容易结合,结合后在血液中被氧化而形成氮氧血红蛋白(或高铁血红蛋白),这种血红蛋白如果增加,由于血液中缺氧,中枢神经系统就会出现病状。

3. 硫化氢(H_2S)

硫化氢是一种无色有臭鸡蛋味的气体,有很强的毒性,能使血液中毒,对眼睛黏膜和呼吸道有强烈的刺激作用。当空气中硫化氢的浓度达到 0.01％时,就能嗅到气味,流唾液、鼻涕;达到

0.05％时,经过 0.5～1 小时,就能引起严重中毒;达到 0.1％时,在短时间内就有生命危险。

4. 二氧化硫(SO₂)

二氧化硫是一种无色、有强烈硫磺味的气体,与水蒸气接触生成硫酸,对呼吸器官有腐蚀作用,使喉咙和支气管发炎,呼吸麻痹,严重时引起肺水肿。当空气中二氧化硫为 0.0005％时,嗅觉器官能闻到刺激味;为 0.002％时,有强烈的刺激,可引起头痛和喉痛;为 0.05％时,引起急性支气管炎和肺水肿,短时间内即死亡。

第二节　爆炸灾害的防灾减灾措施

爆炸所带来的危害是巨大的,因此我们需要采取一定的措施来避免爆炸的发生,减少爆炸灾害所带来的损失。具体来说,我们可以从以下几方面来着手进行。

一、对爆炸灾害进行控制

(一)预防措施

1. 对易爆物品控制其工艺参数

在对易爆物品进行生产的过程中,要做到以下几点,以预防爆炸的发生。

(1)进行温度控制,防止因高温而发生爆炸。

(2)进行投料控制,防止因投料速度、配比、顺序及原料纯度等而发生爆炸。

(3)进行跑、冒、滴、漏控制,防止因可燃气体或液体在环境中扩散而发生爆炸。

(4)当发生停电、停气、停水等紧急情况时,生产装置要能进行紧急处理,否则,若处理不当,就有可能发生爆炸。

2. 防止爆炸性混合物形成

(1)设备的密闭性要好,以防止出现跑、冒、滴、漏等现象,在设备和管道周围形成爆炸性混合物。或者外界空气渗入设备、管道和系统,在内部形成爆炸性混合物。

(2)加强控制可燃气体、蒸气、粉尘/空气混合的浓度,使其处于爆炸极限范围以外。

(3)加入惰性介质,降低爆炸性混合物中的氧含量,使之降至最大允许氧含量以外。

(4)用不燃溶剂或爆炸危险性小的物质来替代易燃溶剂或爆炸危险性大的物质,以防止爆炸性混合物形成。

3. 控制点火源

控制与消除点火源是有效预防爆炸危险性物质发生燃烧、爆炸事故的重要技术措施。现代工业生产过程中,不仅点火源种类繁多,如电火花、静电火花、冲击、摩擦等都有可能起火,从而引发爆炸。

4. 设置相关的预防装置

可以按装信号报警装置,以便及时警告操作者采取必要的技术措施消除爆炸隐患;可以安装安全联锁装置,当不符合规定操作程序时,仪器和设备便不能启动、运转或停车,以达到安全生产的目的;可以安装保险装置,以便能自动采取相应的措施,及时消除不正常状况或扑救危险状况。

(二)防护措施

1. 爆炸抑制

在爆炸发生及发展的初始阶段,可以通过向设备中喷洒抑爆剂的方法来有效抑制爆炸作用范围和猛烈程度。

2. 爆炸阻隔

在爆炸初始或发展阶段,可以利用隔爆装置对设备内发生的燃烧爆炸火焰实施阻隔,使之无法通过管道(或通道)传播到其他设备中去,从而减小爆炸带来的危害。按照隔爆技术作用机制的不同,可分为机械隔爆和化学隔爆两种类型。

3. 爆炸泄压

在爆炸初始或发展阶段,可以通过泄压口将包围在体内的高温、高压燃烧物和未燃物朝安全方向泄出,从而减小爆炸带来的危害。

4. 爆炸封闭

在爆炸初始或发展阶段,可以利用封闭容器或设备对爆炸火焰和压力实施有效封闭,使周围设备或人员免遭破坏或伤害。

二、设计抗爆建筑物

设计可以抵御外来爆炸或冲击荷载的建筑物是减少爆炸带来灾害的重要措施之一,因此,设计抗爆建筑物是爆炸防灾减灾的重要举措。

(一)设计抗爆建筑物的原则

福布斯对抗爆建筑物进行了深入地研究,提出设计抗爆建筑物需要遵守以下几条原则。

第一,抗爆建筑物应当能够经受实际规模的外部爆炸,以便保护它里面的人员、仪器和设备不受伤害。

第二,容许抗爆建筑物在爆炸之后出现损坏,但前提是其损坏对于发生事故时和事故后的工厂安全操作并无不利的影响。

第三,当爆炸超过了设计值(可能造成破坏)后,其承载能力需要不出现无任何明显损失,即避免突然的塌陷,提供适当的安全度。

第四,预计此建筑物在其使用期限内只能承受一次较大的爆炸。但是,对它稍作一些修理,它应该能安全地承受爆炸后的一般设计荷载。

第五,选择建筑物形状和方位时,要尽量减小冲击波荷载。

第六,保持建筑物外部"整齐",避免出现那些在偶然爆炸中可能会产生额外危害的建筑构造。

第七,注意建筑物内部设计,避免设计那些在建筑物摆动时可能掉落到人身上的物体。

第八,采用好的设计与建造方法,特别要重视结合部的设计。

(二)设计抗爆建筑物的流程

1. 承受外部爆炸荷载的抗爆建筑物的设计流程

承受外部爆炸荷载的抗爆建筑物的设计流程如图 9-2、图 9-3 所示。

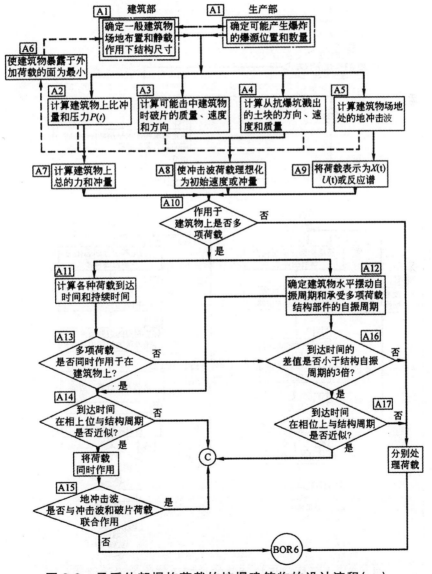

图 9-2　承受外部爆炸荷载的抗爆建筑物的设计流程(一)

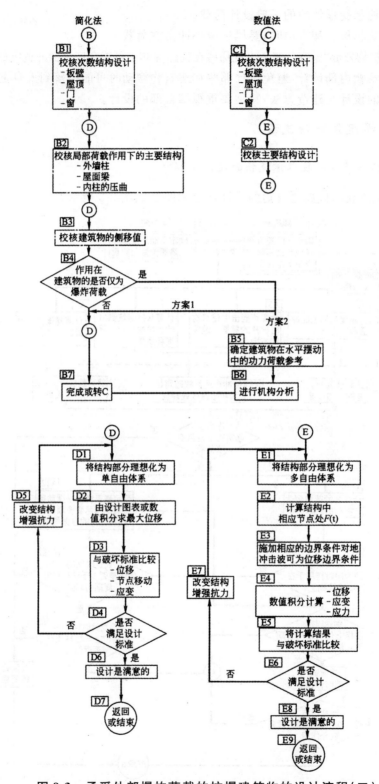

图 9-3　承受外部爆炸荷载的抗爆建筑物的设计流程(二)

2. 承受内部爆炸荷载的抗爆建筑物设计流程

承受内部爆炸荷载的抗爆建筑物设计流程如图 9-4 所示。

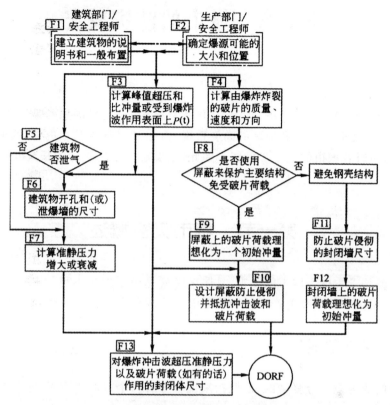

图 9-4　承受内部爆炸荷载的抗爆建筑物设计流程

第十章　城市的防灾减灾

城市是一个国家和地区的经济、政治、文化和科技中心，也是国家和地区的人口和财富集中地。城市的发展受到了国家和地区的高度重视，但在城市日益繁荣的背后却出现了越来越多的事故隐患，阻碍着城市的进一步发展。因此，在发展城市的同时做好城市的防灾减灾是非常重要的。

第一节　城市灾害概述

城市灾害就是承灾体为城市的灾害，具体来说就是由于发生不可控制或未加控制的因素造成的、对城市系统中的生命财产和社会物质财富造成重大危害的自然事件和社会事件①。

一、城市灾害的成因

城市灾害的成因是十分复杂的，但概括来说主要有两个方面的原因，即自然方面的原因和社会方面的原因。

(一)自然方面的原因

在自然界中，很多因素都可以导致城市灾害的发生，如滑坡、地面沉降、海水倒灌、地震等地质因素，大风、暴雨、冰冻、大雾等气象因素，瘟疫、病虫害等生物因素，污染、噪声等环境因素等。

(二)社会方面的原因

军事、经济、政治、科技、教育、文化以及社区管理等城市人们的社会活动都可能引发城市灾害，而且当前由于人为或技术方面的原因造成的城市灾害越来越多，究其原因主要有以下几个。

(1)人是城市中的主体，而其进行的社会活动在很大程度上将原有的自然状态改变了，进而从某种程度上导致了城市灾害的发生。

(2)城市中的基础设置不够完善，存在着地上地下水管、煤气管、电缆陈旧以及建筑物质量

---

① 戴慎志：《城市综合防灾规划》，北京：中国建筑工业出版社，2011年，第2页。

不达标等现象,为城市灾害的出现埋下了重大隐患。

二、城市灾害的类型

城市灾害依据其形成的原因,可以分为城市自然灾害和城市人为灾害两类。

(一)城市自然灾害

城市自然灾害大多是由自然原因引起的,如城市地震灾害、城市水灾、城市风灾等。但这些突发性的城市自然灾害也常常会引发城市交通事故、城市火灾、城市工厂停产等一系列人为的灾害。

(二)城市人为灾害

城市人为灾害又可以具体分为两种类型,即城市人为故意性灾害和城市人为事故性灾害。

1. 城市人为故意性灾害

城市人为故意性灾害又称城市社会秩序型灾害,主要是由人类的故意行为引起的,如战争、恐怖袭击、社会骚乱与暴动等。

2. 城市人为事故性灾害

城市人为事故性灾害又称城市技术灾害,主要是由于人们认识和掌握技术的不完备或管理失误而造成的,如重大生产性灾害事件、重大交通伤亡事故、爆炸、危险化学品泄漏、生命线系统事故等。在当前,城市人为事故性灾害有日益增多的趋势。

三、城市灾害的特征

城市灾害的特征,具体来说有以下几个。

(一)城市灾害的多样性

城市灾害的种类有很多,地震灾害、城市火灾、城市水灾、城市重大工业事故、城市交通事故、城市噪音、城市突发公共卫生事件等都属于城市灾害。

(二)城市灾害的高频性

城市系统的构成是非常复杂的,有非常多的因素都可能导致城市灾害,而且城市灾害的发生次数和城市规模基本上是正相关关系,因而伴随着城市规模的不断扩大,城市灾害在总体上将日益呈现出高频性的特征。例如,在城市中,火灾、交通事故、煤气中毒等灾害时有发生。

(三)城市灾害的群发性

城市灾害尤其是城市自然灾害在时间和空间上具有明显的群发性,其往往在某一时间段或某一地区相对集中出现,从而形成众灾群发的现象。

(四)城市灾害的连发性

在城市中,无论发生什么大的灾害,往往都不是一次性的,而是伴随着很多其他灾害的发生,出现连锁反应。例如,当城市发生地震灾害后,不仅会直接毁坏地表建筑,还会对城市生命线工程产生严重危害,导致众多次生灾害发生。

(五)城市灾害的高扩张性

城市灾害有着极快的发展速度,一般来说,若不能及时有效地控制小灾害就会发展成大灾难,若不能及时有效地抗救大灾难就可能引发众多的次生灾害,如地震可能引起塌方、火灾、交通事故、毒气泄漏等。而且,城市各系统之间由于有着较强的相互依赖性,因而灾害发生时往往触及一点就会殃及全城。

(六)城市灾害的区域性

区域性是我国城市灾害的一个重要特点,主要表现在以下几个方面。

(1)城市灾害通常是区域性灾害的组成部分,特别是一些较大的自然灾害,常有多个城市受同一灾害影响,因而灾害的治理及其防御不只是一个城市的任务,且单个城市也无法对区域性灾害进行有效的防抗。

(2)城市灾害的影响通常会超出城市的范围而扩展到城市周边地区和其他城市,而且这种影响既包括物质的也包括精神的。

(3)城市灾害发生后灾民的安置及恢复重建工作,也是一个重要的区域性问题。

(七)城市灾害的扩散性

所谓城市灾害的扩散性,就是城市灾害的空间影响域通常要远远大于发生源,会波及到所能辐射的范围。一般来说,城市的规模、性质以及城市所在区域内的辐射半径等因素,都对城市灾害的扩散程度有着重要影响。

四、城市灾害的危害

城市人口密集且是经济发展的重要地区,一旦发生灾害将会造成巨大的危害,具体体现在以下两个方面。

(一)直接危害

城市灾害的直接危害,具体来说又体现在以下几个方面。

1. 导致人员伤亡

城市灾害能够在较短的时间内导致人死亡或伤残,从而对人的生命安全造成严重威胁。但是,城市灾害对不同人群造成的影响是不同的,通常来说,青壮年男性不易受到灾害损伤,而儿童、老人、妇女、残障人士等相对来说容易受到灾害的影响，因而是承灾人群中的弱势群体。

2. 导致财产严重损失

城市灾害会造成严重的财产损失，大量建筑物会倒塌或遭受结构性破坏；严重损毁交通设施、通信设施、供水设施等；使农作物因浸泡、缺水、冷冻、虫害等而减产或绝收。

3. 导致资源严重损失

相对于人和财产的损失来说，资源的损失有一定的隐蔽性和滞后性，因而通常需要一段时间后才能被认识到，但它的影响范围和持续时间却更加广泛和长远。

（二）间接危害

城市灾害的间接危害，具体来说也体现在以下几个方面。

1. 对人精神方面造成的危害

经历了城市灾难后的人们，会出现惊恐、抑郁、沮丧、悲痛、惊慌无助、绝望、焦虑、睡眠障碍、轻生等情绪问题，而这些问题通常会持续一年甚至数年，对人的精神造成严重损伤。

2. 对社会生活方面造成的危害

城市灾难过后，大量建筑物倒塌或被损坏，从而造成大量的灾民无处安身，流离失所，甚者会引起大量的人口移民。另外，城市灾害过后可能出现极少数的打砸抢事件以及由于灾情不明、救援缓慢、救灾物资分配不公等导致的民怨、谣言甚至聚众闹事、暴动等事件，从而对人们的社会生活造成不利影响。

3. 对社会生产方面造成的危害

城市灾害发生后，会造成工厂停工停产、交通通信中断等，从而给物资生产的流通、商贸金融等造成严重损失。

五、我国城市灾害的未来发展趋势

我国城市的经济在未来几十年内将继续蓬勃发展，但同时城市的人口、灾害等问题也将越来越突出。下面以城市灾害的类型为基础，对我国城市灾害的未来发展趋势进行简要的分析。

（一）城市自然灾害的未来发展趋势

在未来几十年内，城市自然灾害将呈现出以下几方面的发展趋势。

1. 城市自然灾害日趋强烈且危害更大

我国在发展经济的同时，对资源和环境造成了更加沉重的压力，从而使得城市自然灾害的活动趋于强烈。另外，随着人口和社会财富的进一步增长以及社会经济活动的更加广泛，城市自然灾害的危害对象日益增多,从而使得城市自然灾害造成的危害不断增大。

2. 洪水和干旱将成为最重要的城市自然灾害

洪水和干旱将成为最重要的城市自然灾害,在未来几十年内将呈现出频繁而又强烈的趋势。当前,虽大力发展防洪建设但仍滞后于需要,因而对城市洪水灾害的防治难度的越来越大;干旱造成的危害领域越来越广泛,发生的频度和强度也将明显增强。

3. 城市地质灾害将日益增多

城市地质灾害尤其是地震灾害,在未来几十年内将呈持续增长趋势。从总体上看,未来几十年内我国地震活动仍比较活跃,在中小地震频生的同时还有可能发生多次 7 级以上的强烈地震;在西部城市地震继续活动的同时,东部城市也有可能发生强烈的破坏性地震。

(二)城市人为灾害的未来发展趋势

在未来几十年内,城市人为灾害将呈现出以下几方面的发展趋势。

1. 现代技术和设施将带来新的城市灾害

随着现代技术的发展和现代设施的建设,一些新的城市灾害将不断出现,如电力通信设备和家用电器产生的电磁污染、汽车尾气在高温下产生的光化学污染、噪声污染等,城市房屋化学装修材料引起的中毒事件,高层大跨度建筑、高架桥梁的倒塌事故以及高速公路上的"追尾"事故等。

2. 城市高能源材料可能引发新的城市灾害

在今后几十年内,城市高新能源材料的使用可能引发新的城市灾害,如核泄漏、核辐射事故等。

第二节　城市综合防灾的总体规划

一、城市综合防灾总体规划的作用

城市综合防灾总体规划,主要是用来对城市综合防灾工作中的问题和不足进行分析,进而通过调整土地利用以及空间和设施布局,形成良好的城市防灾空间设施网络,制定工程性和非工程性防灾措施,使城市的整体综合防灾能力得到提高。

二、城市综合防灾总体规划的内容

城市综合防灾总体规划主要有两个方面的内容,一方面是针对市域的综合防灾规划;另一方面是针对中心城区的城市综合防灾规划。

(一)针对市域的综合防灾规划

针对市域的综合防灾规划,主要是制定市域综合防灾规划对策。

1. 市域综合防灾规划对策的内容

市域综合防灾规划对策的内容,具体来说有以下几个。

(1)规划并形成市域防灾轴

只有规划并形成市域防灾轴,才能在区域范围内形成高效的防灾轴线网络并对规模较大的防灾单元区块进行划分,从而在灾害发生时将其影响范围尽可能控制在各防灾单元区块内不至外散。通常来说,市域防灾轴主要是由区域性交通网络、区域性绿带以及河流等组成的。

(2)规划并形成市域防灾交通网络

只有规划并形成市域防灾交通网络,才能保证从全国各地到区域性防灾据点以及从区域性防灾据点设施到受灾核心地区等都有灵活多样的运输手段。

通常来说,市域防灾交通网络主要是由铁路、高速铁路、城际轨道交通、高速公路、城市快速路、国道、省道等网络组成的。而在规划并形成市域防灾交通网络时,要以对应区域的空间结构为基础。

(3)规划并形成市域性防灾据点

能够开展重要防救灾活动的市域性城市公园等场所,就是市域性防灾据点。规划并形成市域性防灾据点,有助于救援物资的分配和运转、区域支援部队的集结和宿营、灾害医疗的支援、应急修复器材的储备等,还有助于完善避难功能,从而提升城市防灾能力。

在规划市域性防灾据点时,通常将其设置在人口稠密的市区周边区域或是陆上交通的交叉点、海上运输的重要港湾以及航空运输的机场等附近。

2. 市域综合防灾规划对策的制定

在制定市域综合防灾规划对策时,要遵循以下几个步骤。

(1)调查现状并分析问题

在调查现状时,要从以下几个方面着手:第一,市域的自然地理环境特征,如地形地貌地质特征、水文资料、气象资料、山体与林地的分布等;第二,市域的人工环境特征,如市域的行政区划、市域空间形态与结构、市域性快速道路交通系统、重大市域性基础设施的现状布局、人口分布、建筑物分布概况等;第三,市域历史上的灾害及救灾的相关资料。

所谓分析问题,就是找出该区域目前在综合防灾方面存在的主要问题,如市域性重大危险源的分布、影响市域健康可持续发展的各类主要灾害的类型、各类主要灾害对应的高风险地区的分布、市域防灾设施与防避灾空间的不足、市域空间形态与结构在防灾方面的不足和市域防灾能力方面的不足等。

(2)评估风险

评估风险,就是在充分调查市域空间和历史灾害现状的基础上,确定不同地区的风险高低程度及同一地区不同灾种的风险程度。

（3）规划布局市域防灾空间和设施

市域防灾空间主要包括：第一，铁路、高速铁路、城际轨道交通、高速公路、城市快速路、国道、省道、航空线路与机场、主要河流航道等区域快速道路交通网络；第二，森林公园、郊野公园、大型公园、大型绿地、大型游乐场、大型体育训练基地和比赛场馆等市域避难场所等。

市域防灾设施主要包括：第一，主要水源地、供水主干管、大型水厂、大型水库、跨区域调水的沟渠和管道工程等市域供水设施；区域性通信线路网络、通信枢纽、发射塔、大型基站等市域通信设施；区域性变电站、大型电厂、高压走廊等市域供电设施；国家级、省级及市级粮食储备库等市域救灾物资储存设施。

（4）制定区域救灾联动方案

在制定区域救灾联动方案时，要包括以下三方面的内容。

第一，建立区域性防灾方案。由于地震、洪灾、森林大火、强台风等都是影响范围较大且跨越行政区域的灾害，因而需要针对这些灾害制定区域性防灾方案，以便在大规模灾害发生时同时受灾的邻近地区可以相互支援、通力合作。

第二，确定救援人员和救灾设备的相互支援。一般来说，救灾人员包括救援部队、救灾专业人员、武警官兵、消防部队、警察公安等，而救灾设备包括生命探测仪、紧急照明设备、消防车、紧急发电设备、通讯设备、吊车、推土机、起重机、挖掘机、运输车辆、破碎拆除工具、医疗器械等。

第三，确定灾害信息情报的互通有无。只有做到灾害信息情报互通有无，才能在灾害发生时及时沟通并高效合作。

（二）针对中心城区的综合防灾规划

针对中心城区的城市综合防灾规划，具体来说又包括以下几个方面的内容。

1. 分析城市综合防灾总体规划的现状

通过分析城市综合防灾总体规划的现状，可以在收集大量的城市灾害资料和防灾资料及评价城市现状用地的安全与适宜性的基础上，对城市现状综合防灾能力进行评估。

（1）收集大量城市灾害资料

通过收集大量城市灾害资料，可以更加清楚地了解城市历史上的灾害种类、各类灾害的时空特征以及历次重大灾害事件的发生时间、频率、持续时间、地点、影响范围、损失程度等，从而为城市综合防灾的总体规划奠定基础。一般来说，收集城市灾害资料时可以通过民政部门、地震部门、气象部门、地质部门、水利部门、消防部门等的相关统计数据资料和基础图纸。

（2）评价城市现状用地的安全与适宜性

评价城市现状用地的安全与适宜性时，需要从以下几个方面着手。

第一，构造应力场基本特征、地震区带、地震地质构造及其活动性等城市地震地质背景。

第二，基岩埋深、土体类型和分类、断裂构造及其分布、断裂构造的活动性、地形地貌等场地环境。

第三，岩溶地面塌陷、滑坡、崩塌、河流冲蚀塌岸、软土引起的工程地质问题、地质灾害易发程度分区等城市地质灾害影响。

第四,场地液化、震陷、地表错断、地震滑坡、地震动参数、地震动效应的影响因素等地震灾害效应。

第五,土体类型及其分布、基岩分布及其埋深、用地抗震类型分区及剪切波速确定、软土震陷评估等城市用地抗震适宜性评价。

(3)评估城市现状综合防灾能力

在评估城市现状综合防灾能力时,可以从以下几个方面着手。

第一,评估城市现状避难场所系统综合防灾能力。城市避难场所是为了应对城市突发灾难而规划建设的具有应急避难生活服务设施、可供居民紧急疏散避难和临时生活的安全场所。在评估城市现状避难场所系统综合防灾能力时,需要考虑现有的避难场所的规模容量是否满足需求、现有的避难场所与人口分布的空间是否对应、现有的避难场所的安全性以及现有的避难场所本身及其外围环境的交通可达性等。

第二,评估城市现状疏散通道系统的综合防灾能力。疏散通道系统是在城市灾害发生后承担救灾与疏散避难等功能的城市道路交通系统、铁路系统、水路航运系统、航空运输系统等各类通道网络系统,而以城市道路交通系统为主要规划对象。因此,在评估城市现状疏散通道系统的综合防灾能力时,主要是评估城市道路交通系统的综合防灾能力。通常来说,在评估城市道路交通系统的综合防灾能力时,需要考虑三个方面的因素,即网络性、均衡性和安全性。

第三,评估城市现状应急医疗设施系统综合防灾能力。应急医疗系统是在城市灾害发生后对伤员进行救治并进行卫生防疫的机构设施,大多依托于城市的二级及二级以上的各类医院、疾病控制中心和血库等。在评估城市现状应急医疗设施系统综合防灾能力时,需要考虑城市中现有的可以用于应急医疗的设施规模容量、城市中现有的可以用于应急医疗的各类设施在空间上是否分布均衡、城市中现有的可以用于应急医疗的各类设施的交通可达性等。

第四,评估城市现状应急指挥系统综合防灾能力。应急指挥系统是在城市灾害发生后依照相关程序联络相关单位、统筹指挥各级救灾力量并收集、发布灾情信息的机构体系,大多依托于城市的各级政府,由市级应急指挥中心和区级应急指挥中心构成。在评估城市现状应急指挥系统综合防灾能力时,需要考虑城市中现有的应急指挥设施的空间分布是否均衡、城市中现有的应急指挥设施的安全性、城市中现有的应急指挥设施是否配备有相应的设施设备、城市中现有的应急指挥设施是否安全、城市中现有的应急指挥设施的服务半径和城市中现有的应急指挥设施的交通可达性等。

第五,评估城市现状消防系统综合防灾能力。消防系统主要负责以火灾为主的各类灾害抢救、防范、救护以及疏导等。在评估城市现状消防系统综合防灾能力时,需要考虑城市中现有的消防站的空间分布是否均衡、城市中现有的消防站的位置是否有利于快捷出车、城市中现有的消防站的人员和车辆的数量和设施配备是否满足其服务范围内的消防需求、城市中现有的消防站的安全性和城市中现有的消防站的服务范围等。

第六,评估城市现状灾时治安系统综合防灾能力。灾时治安系统主要是城市的各级公安部门、武警、民兵和街道联防队等,负责维护秩序、管制交通、查报灾情和救援灾害等。在评估城市现状灾时治安系统综合防灾能力时,需要考虑城市中现有的各级各类治安设施的空间分布是否均衡、城市中现有的各级各类治安设施的人员数量配备是否满足灾时的治安工作需求和城市中现有的各级各类治安设施的安全性等。

第七，评估城市现状应急物资保障系统综合防灾能力。应急物资保障系统主要是用于物资储备的设施。在评估城市现状应急物资保障系统综合防灾能力时，需要考虑城市中现有的各类物资储备设施能否满足灾时灾民的生活应急物资需求、城市中现有的各类物资储备设施的空间分布是否均衡、城市中现有的各类物资储备设施的安全性和城市中现有的各类物资储备设施的交通可达性等。

第八，评估城市现状生命线系统综合防灾能力。生命线系统主要是由供电设施、通信设施、供水设施和燃气设施组成的。在评估城市现状生命线系统综合防灾能力时，主要考虑城市中现有的生命线设施是否安全。

第九，评估城市现状危险源系统综合防灾能力。危险源主要是能够对人和其他建筑设施造成严重损伤和破坏的设施，包括加油站、燃气储配站、易燃易爆的化工厂、武器弹药库、毒气毒液等有毒物质仓库等。在城市现状危险源系统综合防灾能力时，也主要是考虑城市中现有的危险源设施的安全性。

第十，评估城市现状综合防灾法规政策。防灾法规政策是进行城市综合防灾规划的重要依据，包括国家层面和省市层面的各级各类法规政策。在评估城市现状综合防灾法规政策时，主要考虑国家层面和省市层面对城市综合防灾规划的各相关内容的具体规定是否完善。

第十一，评估城市现状综合防灾规划实施。防灾规划主要包括城市总体规划中的防灾规划以及城市各专业部门组织编制的单灾种防灾规划等。在评估城市现状综合防灾规划实施时，主要是考虑城市现有的防灾规划的实施进展、效果以及与相关规划的衔接是否良好。

2. 评估城市灾害风险并预测城市灾害的潜在损失

(1) 评估城市灾害风险

评估城市灾害风险并预测城市灾害的潜在损失，就是在分析城市灾害的特征、对城市灾害风险的空间分布特征进行明确的基础上，预测未来潜在的灾害损失，进而对后期的城市综合防灾规划对策的提出奠定科学的基础。

在评估城市灾害风险时，最关键是确定城市可能发生的灾种。为此，首先要对城市历史上曾经发生过的灾害事件进行简单的整理，列出各个灾害事件的发生时间、地点、灾害类型、伤亡人数、倒塌房屋数量、经济损失等；其次要确定潜在的灾害及其发生的可能性；最后要将各个灾害种类进行列表并分别打分，进而确定规划需要考虑的灾害种类。

在评估城市每种灾害的风险时，需要考虑以下几个因素：第一，重大性，即灾害在物质和经济上的影响程度；第二，延续性，即灾害及灾害影响的持续时间；第三，破坏性，即灾害导致人员伤亡和财产损失数量；第四，影响区域，即物质上受灾害威胁和潜在受破坏的区域范围；第五，频率，即历史上各类灾害在单位时间内发生的次数；第六，可能性，即未来发生此类灾害的概率；第七，易损性，即人口和社区基础设施容易遭受风险影响的程度等。

(2) 预测城市灾害的潜在损失

预测城市灾害的潜在损失，是一个非常重要的环节。而在对城市灾害的潜在损失进行预测时，不同的国家或地区有着不同的方法，如美国通常是借鉴专业部门和相关研究机构的成果，并利用 Hazard-US 软件进行预测；我国台湾借助 HAZ-Taiwan 系统进行预测等。

3. 规划城市总体防灾空间

规划城市总体防灾空间,就是对各类城市防灾空间与设施在规划区范围内进行总体的布局,并对各类防灾空间设施的空间结构关系进行明确。

(1)规划城市总体防灾的空间结构

城市总体防灾的空间结构,就是城市中各类各级防灾空间和防救灾设施布局的形态与结构形式,在很大程度上关系着城市所遭受的各种灾害的风险程度高低、城市在面对灾害时所能提供的防救灾资源的多少、城市救灾效率的高低以及减灾效果的好坏等。因此,拥有良好的城市总体防灾空间结构对城市综合防灾能力的提升来说是非常重要的。一般来说,城市总体防灾的空间结构主要是城市防灾空间设施的"点线面"的结构形式。

第一,城市防灾空间设施的"点"。包括防灾据点、避难场所、防灾安全街区、重大基础设施、重大危险源、重大次生灾害源、开放空间系统、防灾公园绿地系统等。

第二,城市防灾空间设施的"线"。包括防灾安全轴、避难道路径与救灾通道、河岸海岸等线状地区的防灾计划等。

第三,城市防灾空间设施的"面"。包括防灾分区、土地利用方式调整、土地利用防灾计划、各类防灾社区防灾性能的提升、城市旧区的防灾计划等。

(2)规划城市总体防灾分区

规划城市总体防灾分区,就是以综合防灾为出发点,把城市规划区按照一定的依据划分成若干个分区,而各分区之间形成有机联系的空间结构形式,以便更好地整合和分配城市防灾资源,增强城市综合防灾的可操作性。

在规划城市总体防灾分区时,需要依据城市的总体规划结构、城市用地的适宜性分布、城市道路的交通系统、城市的行政管理辖区、城市可利用的疏散场所分布、城市的防救灾资源配置以及重大危险源等次生灾害影响等;需要遵循安全保障原则、事权明晰原则、有机协调原则和实施适用原则等,以保证划分的城市总体防灾分区合理且科学。

城市防灾空间分区可以分为一级防灾分区、二级防灾分区、三级防灾分区等多个等级,而各个等级的防灾分区既有各自的相对独立性,又有一定的相互联系,从而形成了具有一定层级关系的城市防灾空间网络。通常来说,一级防灾分区大多利用隔离带或河流、山体等天然屏障为主要边界,分区隔离带不低于 50 米,还具备功能齐全的中心避难场所、综合性医疗救援机构、消防救援机构、物资储备以及对外畅通的救灾干道;二级防灾分区大多利用自然边界城市快速路作为主要边界,分区隔离带不低于 30 米,还具备固定的避难场所、物资供应及医疗消防等防救灾设施;三级防灾区大多利用自然边界、绿化带、城市主次干道作为主要边界,分区隔离带不低于 15 米。

在规划完城市总体防灾分区后,还需要分析并判断各个分区的灾害潜势及其土地利用的情况,并制定切实符合各个防灾分区的防灾策略和土地利用管制措施。

(3)规划城市防灾轴

城市防灾轴是开展城际防救灾活动的主要通道,能够在很大程度上增强城市内及城乡间的防灾应变能力。城市防灾轴是由防灾空地、防灾区划带、灾害防止带、避难道路、避难场所、自然水利设施等多种类型的防灾空间组成的,并分为城市防灾主轴和城市防灾次轴两个等级。

其中,城市防灾主轴针对的是受灾害影响强烈的城市,而且是城市、城际的主要交通联络通道,连接着区域性避难中心和区域性防灾据点,还具有阻燃带的功能,一般宽度需要在 30 米以上;城市防灾次轴是为了支撑在中等规模街区层次上开展避难、消防等应急活动而设定的防灾通道,主要依靠城市的次干道而设置,一般宽度需要在 24 米以上。

在规划城市防灾轴时,要注意:第一,规划的城市防灾轴应形成多层次的防灾轴线网络,并覆盖整个城市;第二,提高被指定为防灾轴的城市主干道的防灾标准;第三,城市避难场所尤其是等级较高、规模较大的城市避难场所,应该和城市防灾轴紧密连接;第四,医院、消防站、粮库等重要的城市防救灾公共设施应该与城市防灾轴有便捷的交通联系;第五,处理好城市防灾轴附近的重大危险源,或将其搬迁,或将其地下化;第六,提高城市防灾轴附近的新建建筑的设防等级;第七,加强对城市防灾轴两侧的基础设施的防灾管理措施等。

4. 规划城市疏散避难空间体系

规划城市疏散避难空间体系,就是在评价规划区内潜在的疏散避难空间资源的基础上,选择并指定各级各类疏散通道和避难场所,从而建构起科学高效的避难疏散空间网络体系。

(1)规划城市疏散通道系统

城市疏散通道包括城市救灾干道、城市疏散主干道、城市疏散次干道和街区疏散通道。其中,城市救灾干道是在城市大灾、巨灾下需保障城市救灾安全通行的道路;城市疏散主干道是在城市大灾下保障城市救灾疏散安全通行的城市道路,主要用于连接城市中心或固定疏散场所、指挥中心和救灾机构或设施,以及在城市内部运送救灾物资、器材和人员等,有效宽度应在 7 米以上;城市疏散次干道是在中震下保障城市救灾疏散安全通行的城市道路,主要用于连接城市固定避难场所以及消防站,有效宽度应在 4 米以上;街区疏散通道是用于居民通往紧急疏散场所的道路,有效宽度也应在 4 米以上。

在规划城市疏散通道时,要与城市总体规划相吻合,并综合设置多种类型的疏散通道,还要确保疏散通道的安全性。

(2)规划城市避难场所系统

城市避难场所就是在城市灾害发生时将居民从灾害程度高的住所或活动场所紧急撤离集结到预定的比较安全的场所,包括公园、广场、操场、停车场、空地、各类绿地和体育场馆等城市公共开敞空间及设防等级高的建筑。

城市避难场所包括中心避难场所、组团避难场所和紧急避难场所三种类型。其中,中心避难场所是功能齐全的固定疏散场所,包括全市性公园、大型开放广场等,面积在 500 000 平方米以上,人均有效避难面积不小于 4 平方米,疏散半径为 3 千米左右;组团避难场所是在灾时搭建临时建筑或帐篷,主要包括人员容置较多的较大型公园、广场、中高等院校操场、大型露天停车场、空地、绿化隔离带等,面积在 10 000 平方米以上,人均有效避难面积不小于 2 平方米,疏散半径为 2~3 千米左右;紧急避难场所主要包括城市居民住宅附近的小公园、小广场、专业绿地以及抗震能力强的公共设施等,面积在 1 000 平方米以上,人均有效避难面积不小于 1 平方米,疏散半径为 400 米左右。

在规划城市避难场所时,首先需要依据城市需要避难的人口规模以及人均避难的用地指标,计算出城市紧急避难场所用地规模和中长期避难场所的用地规模。同时在规划城市避难场所时要遵循安全第一、就近避难、"平灾"结合、综合防灾、步行为主、利于救援的规划原则,并注意避开地质活动带。

5. 规划城市公共设施和基础设施的防灾

规划城市公共设施和基础设施的防灾,就是针对与城市防救灾工作密切相关的指挥、医疗、消防、物资、治安等公共设施以及电力、通信、给水等基础设施,制定科学合理的防灾规划对策及措施。

(1)规划城市公共设施的防灾

城市中与防灾救灾密切相关的公共设施,主要有应急指挥设施、应急消防设施、应急医疗设施、应急治安设施和应急保障物资设施等。

在规划城市应急指挥设施的防灾时,应依据应急指挥中心的布点位置、服务半径等因素控制各分区的应急指挥中心布点的数量,并配置适当的规模,还要注意将新建的应急指挥中心配置在有良好的地质条件和可达性的地方,对旧的应急指挥中心建筑进行加固改造或将靠近危险源的旧的应急指挥中心进行搬迁。

在规划城市应急消防设施的防灾时,应充分利用现有的城市消防系统资源,使其具有良好的灾时救援能力,同时要进一步结合各分区的特点进行新增或扩建,以满足防灾要求。另外,要充分考虑到其选址的安全性及其辐射半径的有效性。

在规划城市应急医疗设施的防灾时,要充分利用现有的医疗急救系统资源,使其具有良好的灾时救援能力,同时在规划中进一步结合各片区的特点进行新增或扩建,以满足防灾要求。另外,要充分考虑各防灾分区中的人口与医疗资源是否匹配以及医疗急救资源在主城区、新城区、城郊、结合部郊区等不同地区的分布是否均衡等。

在规划城市应急治安设施的防灾时,要充分利用现有的城市治安设施资源,使其具有良好的灾时救援能力,同时进一步结合各防灾分区的特点进行新增或扩建,以满足抗震要求。另外,要从分区考虑到治安设施的有效辐射半径,注意在辐射不到的地方增加基层治安服务点。

在规划城市应急保障物资设施的防灾时,要在对评价其安全性的基础上采取适当的对策,或加固改造整治周边环境、拓宽门前道路、清理危险源等,或适当提高粮库、食用油库等特别重要物资储备设施的建筑抗震设防等级等。

(2)规划城市基础设施的防灾

城市中与防灾救灾密切相关的基础设施,主要有供水设施、供电设施、通信设施和燃气设施等。

在规划城市供水设施的防灾时,要依据城市总体规划关于供水系统的规划要求进行区域一体化供水系统的建设,同时建设具有较高应急保障能力的供水分区,并保证不同水厂供水网络之间的互联措施。另外,要对城市供水系统防灾设防标准进行相应提高,提升水厂和重要干管设施的防灾设防等级,并对一些年久失修的水厂或重要干管设施进行维修。

在规划城市供电设施的防灾时,要对部分重要供电设施设备的防灾设防标准进行相应提高,同时要保证供电设备的多重化和多路线化,并要做好供电系统的维修物资储备和日常维修工作。

在规划城市通信设施的防灾时,要对部分重要通信设施的防灾设防标准进行相应提高,同时要对建设年代较早且使用时间超过 50 年的通信设施进行相应改造。

在规划城市燃气设施的防灾时,要对燃气设施的防灾设防标准进行相应提高,并在重要储气设施的周边设置符合国家规范要求的防护隔离带,还要加强对各类燃气设施的日常安全管理并制定应急处置预案。另外,在城市内实行局域化供气,以便在灾害发生时能够采用街区分片切断的方法控制受灾情况和供给中断的比率,并防止燃气系统发生次生灾害。

6. 规划城市危险源布局

规划城市危险源布局,就是在对危险源的种类、特性及分布进行分析的基础上,找出现状存在的问题,并提出规划各类危险源的原则和空间布局策略。

城市危险源就是在城市中长期地或者临时地生产、搬运、使用或者贮存危险物品,且危险物品的数量等于或者超过临界量的场所和设施[①],包括生产场所危险源、贮罐区危险源和库区危险源三种类型。

在规划城市危险源布局时,要遵循以防为主、防治结合的原则,全面规划、统筹兼顾、标本兼治、综合治理的原则,突出重点、兼顾一般的原则和因地制宜、经济实用的原则。

第三节　城市的防灾减灾应急

对于一个城市来说,需要结合自身的特点,在充分了解城市具体情况的前提下,制定出相应的防灾减灾应急,以在城市灾害发生后迅速而有效地开展应急救援行动,将城市灾害的危害降到最低。

一、城市防灾减灾应急的制定原则及要求

(一)城市防灾减灾应急的制定原则

在制定城市防灾减灾应急时,要坚持"预防为主,统一指挥;分级负责,区域为主;单位自救和社会救援相结合"的基本原则,以保证制定的城市防灾减灾应急能在城市灾害发生后以最快的速度发挥最大的效能。

(二)城市防灾减灾应急的制定要求

在制定城市防灾减灾应急时,需要符合以下几个要求。

1. 制定的城市防灾减灾应急要有科学性

城市防灾减灾是一项科学性很强的工作,因而在制定城市防灾减灾应急时必须要以科学的态度,在全面调查研究的基础上开展科学分析和论证,以保证制定的城市防灾减灾应急具有

---

① 戴慎志:《城市综合防灾规划》,北京:中国建筑工业出版社,2011 年,第 147 页。

科学性。

2. 制定的城市防灾减灾应急要有实用性

制定的城市防灾减灾应急应该符合城市的客观情况，具有适用性和实用性，而且要便于操作。

3. 制定的城市防灾减灾应急要有权威性

制定的城市防灾减灾应急应明确城市灾害发生后救援工作的管理体系，救援行动的组织指挥权限、各级救援组织的职责和任务等一系列的行政性管理规定，保证救援工作的统一指挥。另外，制定的城市防灾减灾应急要经上级部门批准后才能实施，以保证其有一定的权威性。

二、城市防灾减灾应急的具体内容

城市防灾减灾应急的内容，具体来说包括以下几个方面。

（一）明确参与者及其职责，并建立协调指挥部

在城市防灾减灾应急预案中，首先需要明确城市防灾减灾应急预案制定的参与者，通常来说上一级地方政府的有关部门，市政府的各相关单位，驻市的其他部门和机构，各防灾重要单位，辖区内和毗邻的存在隐患的企业，辖区内的政府机构、学校、社团组织和中介机构，社区志愿者以及广大社区公众等都是城市防灾减灾应急预案制定的参与者，同时要明确每个参与者应承担的责任，还要列出并专门保存本市可能参与应急的所有组织与机构、人员的清单及他们的昼夜联系方式。

在城市防灾减灾应急预案中，还要建立协调指挥部，以保证应急需要各方面的参与协作顺利进行。

（二）辨识危险源，并评估危险性

辨识危险源并评估危险性是城市防灾减灾应急预案的一项重要内容，但不同的城市由于实际情况的不同，存在着不同的危险源，若不能有效评估、控制与管理这些危险源，将给城市带来很大危害。

1. 辨识危险源

辨识危险源是发现、识别城市中危险因素的工作，只有辨识了危险源才能有的放矢地考虑如何采取措施控制危险源，以最终避免或减轻城市灾害的危害。

辨识危险源的方法主要有三种：第一种是对照法，即通过与有关标准、规范、规程或经验的相对照来辨识危险源，通常适用于有以往经验可供借鉴的情况，而在没有可供参考的先例的场合中无法使用；第二种是系统安全分析法，即通过揭示城市中可能导致城市灾害或事故的各种因素及其相互关联来辨识城市中的危险源，通常用来辨识会产生严重后果的危险源；第三种是

综合危险分析法,即通过材料性质分析、生产工艺和条件、生产经验、组织管理措施来辨识城市中存在的危险源。

2. 评估危险性

评估危险性,就是通过综合评估城市中的危险源及其控制危险源的措施,对危险源的危险程度进行客观描述,以指导人们有针对性地采取措施,使危险源的危害性降低到可接受的水平以下。

(1)评估危险性的方法

评估危险性的方法主要有两种,第一种是定性法,即由参与评估的人员依据自己所掌握的知识、经验,对照有关的标准、规范等,找出城市中存在的危险因素并判断这些危险因素在什么情况下能引发事故,同时要提出相应的安全控制措施;第二种是定量法,即在定性评估的基础上进一步研究城市灾害与其影响因素之间的数量关系,从而给出危险性等级。

需要注意的是,定性法操作简单,评估过程及结果直观,但因受评估人员的影响较大而含有相当高的经验成分,而定量法能够较为精确地描述危险性,因而运用相对广泛。

(2)评估危险性的注意事项

在评估危险性时,要特别注意以下几个方面。

第一,要综合评估城市危险源的类型、对区域环境的影响等,以估计其危害级别和程度等。

第二,要评估城市危险源造成一个既定数量级城市灾害的可能性以及引发二次灾害的可能性。

第三,要评估城市危险源可能波及的地区、可能受害地带的面积和受威胁的人数等。

(三)明确第一响应者

城市发生重大灾害时,第一响应者首先做出反应是至关重要的。这是因为第一响应者可以降低城市灾害带来的伤亡和损失。通常来说,机敏的受难者个体、社区的保安、大院的门卫、灾情监视速报员、提供消防和医疗服务的营救组织以及其他相关政府部门等,都可能是第一响应者。

(四)建立城市防灾减灾应急预案库

城市防灾减灾应急预案库,就是针对本地区各种不同的紧急情况制定不同的有效的应急预案,保证各种资源处于良好的应急状态,一旦发生灾害能迅速调取相应的预案材料,采取有效的应急措施,防止因行动组织不力或现场救援工作的混乱而延误事故应急。[①]

1. 城市防灾应急预案库

通常来说,与城市防灾应急有关的预案有以下几个。

(1)对重要工程、仪器、设施、设备以及次生灾害危险物的生产、储藏场所的临时加固与保护措施。将重要动产与可移动的、质量或体积较小的危险物品(如科研、医疗用剧毒化学药剂,

---

① 焦双健、魏巍:《城市防灾学》,北京:化学工业出版社,2005年,第177页。

自身较安全且危险品不易产生次生灾害)转移到相对安全的地方。

（2）确保主要避难疏散场地的功能，如衣、食、水的供应与医疗条件是否有保障，灾民临时安置住所是否已搭建或能否在必要时迅速地建起，消防、排水等防灾条件是否具备等。若这些方面还不完善，如何迅速采取建造或者采取补救措施。

（3）检查与疏通救灾与避灾通道。强行拆除一切侵占道路的违章建筑，驱逐违章占路的摊贩或其他社会活动分子，强制地责令合法占领道路的摊贩、建筑施工或其他社会活动单位限时腾出道路。

（4）检查、维修与加固主要的通讯、电力或其他与防灾、救灾有重要关系的网络的管线与设施，检查与进一步完善此类生命线工程的备用系统，比如供水系统的备用水源、大单位的自备井及相应的输水设备，制定启用计划，落实岗位责任。

（5）号召、组织与帮助居民准备自救物资并采取某些简易且有效的自我防灾措施。

（6）若确有必要(如果已发布了有明确时间的地震预报或者洪水预报等)，有计划地统一组织群众参与具体的防灾、避灾活动。建立灾时人员疏散系统。

（7）通过有效的宣传工作，指导人们科学地防灾、救灾；制止谣言；尽可能地消除或减轻人们的恐灾心理。

（8）实现各级政府部门向防灾、自救、互救以及避难疏散指挥的职能转换，落实指挥岗位责任，必要时成立临时指挥机构，启动指挥的层次网络系统与有关的信息系统(一般应该为基于GIS的指挥信息系统)。对有关的机构、团体、组织、人群实施预指挥。

（9）其他方面的技术、人员与物资准备。

2. 城市减灾应急预案库

通常来说，与城市减灾应急有关的预案有以下几个。

（1）若有救灾指挥预备，则依据指挥系统预备与预指挥实施在震后进行即时反应的有关内容。包括指挥反应、预设反应与规定范围内的自决策反应等，人机信息系统的启动与运行。

（2）确定重要救灾目标，保障重要目标的安全，比如救人，对某些对象的重点保护与防止次生灾害等。

（3）总体救灾目标和实现此目标的途径，包括系统分析。

（4）救灾工作的内部组织管理与外援的管理。如任务的指派，条件的支持，与内部救灾队伍的协调等。

（5）灾民的避难疏散与安置。包括避难路线与场地管理等。

（6）生命线工程的抢修与修复前的功能替代，比如恢复管道供水前的水车供水；道路段可通车前的飞机、人力搬运与车辆的绕行设计。

（7）伤病员紧急医护处理与正规医疗。

（8）救灾物资的运送、中转、供应或分配(包括救灾与赈灾等)。

（9）社会秩序的维持，交通管理与治安管理。

（10）破坏物的初步处理与卫生防疫。

（11）特殊岗位责任的管理。

（12）救灾工作中非专职人员的行为控制或引导。

(13)新闻与其他宣传工作的管理。

(14)查灾、报灾、灾害评估管理,现场灾情信息的反馈。

(15)继发灾害、次生灾害、衍生灾害的监测、分析、预报与对策方案设计等方面的管理。

(16)生活与生产向正常化过渡的环境因素评价管理,如调查与评估灾后房屋的可住性。

(五)建立城市灾害的人员疏散决策系统

城市用电负荷大、可燃物多,因而最大的安全隐患就是火灾。但城市中的建筑密集且人员密度大,一旦发生火灾要疏散人员是比较困难的,因而在知道建筑物的总体火灾安全性能的基础上制定相应火灾情形下的应急预案并建立人员疏散决策系统是非常重要的。

城市灾害的人员疏散决策系统的建立,首先需要评价火灾的安全性能,以了解建筑物的总体火灾安全性能,并据此制定相应火灾情形下的应急预案,而在制定应急方案时需要考虑是否有报警系统、是否有现场建筑物和路线等的地图、主要及备用的集合地点、紧急情况时的疏散设备、疏散的范围等。接着要依据真实的火源和环境条件确定控制烟气蔓延、疏散人员和扑灭火灾的最佳方案。

(六)建立城市灾害的外部救援系统

建立城市灾害的外部救援系统,就是在城市防灾减灾应急中列出外部救援的各类机构,并在对其救援能力有较全面了解的基础上与其建立长期稳定且良好的关系,以使其在城市灾害突然发生时发挥最佳的作用。而要使外部救援的各类机构在城市灾害突然发生时发挥最佳的作用,还要使其在平时就对现场存在的危险、拟使用的控制措施、设备放置布局以及紧急情况出现时对人员所应采取的特别保护措施等有着较为清晰的了解。

通常来说,城市灾害的外部救援系统要由多种力量组成,包括军队、公安、消防、通讯联络、交通运输、卫生、环保等。另外,各种力量要分别明确并承担各自应负的责任,如公安部门要负责维持社会秩序和组织群众疏散,消防部门要负责灭火和清洗,卫生部门要负责受伤及中毒人员的救护等,而且在城市灾害突然发生时各种力量要通力合作,协调配合。

(七)进行应急培训和演习

在建立了城市防灾减灾应急预案库、城市灾害的人员疏散决策系统和城市灾害的外部救援系统后,为了确保政府主管部门、各有关机构以及个人等真正了解城市灾害发生后自己应该做什么、能够做什么和怎么做,从而能够对实际发生的城市灾害做出正确、快速而有效的反应,还需要进行一定的应急培训和演习。另外,通过进行城市防灾减灾的应急培训和演习,还能发现城市防灾减灾应急预案中存在的问题,从而更好地补充和改进预案。

1. 应急培训

城市灾害发生后,应急救援行动的成功和城市灾害发生前进行的应急培训有很大关系。因此,进行一定的应急培训是重要且必须的。

(1)应急培训的目的

进行应急培训,主要是使参与城市防灾减灾应急的所有人员都能对应急知识有所了解和掌握,并能在城市灾害发生时第一时间作出正确的应急反应和行动,从而最大限度地减少城市灾害的损失。

(2)应急培训的对象

应急培训的对象,要包括政府主管部门、社区居民、企业全员和专业应急救援队伍。其中,重点培训对象是政府主管部门。

(3)应急培训的内容

应急培训的内容涉及很多方面,不同的对象、不同的行业的应急培训内容也会有所不同,不过有一些基本的应急培训内容是需要所有的应急培训都包括的。基本的应急培训,具体来说包括了解并掌握如何进行危险识别、如何采取必要的应急措施、如何启动紧急警报系统、如何安全疏散人群等。

基本的应急培训提供了一般事故的应急培训,但一旦事故发生应急人员很可能暴露于化学、物理伤害,放射性和病菌感染等各种特殊事故危险中,因而还需要对其进行特殊事故危害的应急培训。以接触化学品为例,由于任何化学品都有一个在空气中的最高允许浓度,高于此浓度时接触者需使用呼吸防护设备,因而要通过相应的应急培训让应急人员了解这些浓度标准,并知道如何使用监测设备和呼吸防护设备。

(4)应急培训的要求

在进行具体的应急培训时,通常将应急者分为初级意识水平应急者、初级操作水平应急者、专业水平应急者、专家水平应急者和应急指挥级水平应急者五种水平,而且每一种水平的应急者都要有各自相应的培训要求。

初级意识水平应急者主要是处于能首先发现事故险情并及时报警的岗位上的人员,因而对他们的应急培训要求是:第一,能够确认危险物质并能识别危险物质的泄漏迹象;第二,能够了解所涉及的危险物质泄漏的潜在后果;第三,能够了解应急者自身的作用和责任;第四,能够确认必需的应急资源;第五,能够在需要疏散时限制未经授权人员进入事故现场;第六,能够熟悉事故现场安全区域的划分;第七,能够了解基本的事故控制技术。

初级操作水平应急者主要参与预防危险物质泄漏的操作以及发生泄漏后的应急方法,其作用是有效阻止危险物质的泄漏,降低泄漏事故可能造成的影响。因此,对他们的应急培训要求是:第一,能够掌握危险物质的辨识和危险程度分级方法;第二,能够掌握基本的危险和风险评价技术;第三,能够学会正确选择和使用个人防护设备;第四,能够了解危险物质的基本术语以及特性;第五,能够掌握危险物质泄漏的基本控制操作;第六,能够掌握基本的危险物质清除程序;第七,能够熟悉应急预案的内容。

专业水平应急者的应急培训要求,除要求其掌握上述应急者的知识和技能外,还包括:第一,能够保证事故现场的人员安全,防止不必要伤亡的发生;第二,能够执行应急行动计划;第三,能够辨识、确认、证实危险品;第四,能够了解应急救援系统各岗位的功能和作用;第五,能够了解特殊化学品个人防护设备的选择和使用;第六,能够掌握危险的识别和风险的评价技术;第七,能够了解先进的危险品控制技术;第八,能够执行事故现场清除程序;第九,能够了解基本的化学、生物、放射学的术语和其表示形式。

专家水平应急者主要和专业人员一起对紧急情况作出应急处置,但其所具有的知识和信息必须比专业人员更广博和精深,并能向专业人员提供技术支持。因此,对他们的应急培训要求是：第一，符合专业水平应急者的所有培训要求；第二，能够理解并参与应急救援系统各岗位职责的分配；第三，掌握风险评价技术；第三，能够掌握危险物质的有效控制操作；第五，能够参加一般清除程序的制定与执行；第六，能够参加特别清除程序的制定与执行；第七，能够参加应急行动结束程序的执行；第八，能够掌握化学、生物、毒理学的术语与表示形式。

应急指挥级水平应急者主要是有着非常丰富的事故应急和现场管理的经验的人，要负责控制事故现场并执行现场应急行动，协调应急队员之间的活动和通讯联系，可谓责任重大。因此，对他们的应急培训要求是：第一，能够协调与指导所有的应急活动；第二，能够负责执行一个综合性的应急救援预案；第三，能够对现场内外应急资源的合理调用；第四，能够提供管理和技术监督，协调后勤支持；第五，能够协调信息发布和政府官员参与的应急工作；第六，能够负责向国家、省市、当地政府主管部门递交事故报告；第七，能够负责提供事故和应急工作总结。

2. 应急演习

应急演习就是对应急培训的效果进行检测，同时测试相应的应急设备以及所制定的应急预案和程序是否有效。

（1）应急演习的目的

应急演习的目的，具体来说包括：第一，在事故发生前暴露预案和程序的缺点；第二，辨识出缺乏的资源，包括人力和设备等；第三，改善各种反应人员、部门和机构之间的协调水平；第四，在企业应急管理的能力方面获得大众认可和信心；第五，增强应急反应人员的熟练度和信心；第六，明确每个人各自的岗位和职责；第七，努力增加企业应急预案与政府、社区应急预案之间的合作与协调；第八，提高整体应急反应能力。

（2）应急演习的类型

应急演习有桌面演习、功能演习和全面演习三种，其中全面演习是最为重要的。全面演习又称综合演习，是应急预案内规定的所有任务单位或其中绝大多数单位参加的为全面检查执行预案可能性而进行的演习，主要目的是验证各应急救援组织的执行任务能力，检查它们之间相互协调的能力，检验各类组织能否充分利用现有人力、物力来降低事故后果的严重度及确保公众的安全与健康。①

在进行全面演习时，要对公众的有关问题尤其是危险源区附近公众的情绪要有所顾及，使公众能够对危害的性质进行正确评价，从而使推荐的防护措施能得到公众的确认。另外，在进行全面演习时要有周密的演习计划、严密的演习组织领导和充分的准备时间。

（3）应急演习的注意事项

在进行应急演习时，有以下几个事项要特别注意。

第一，可以设立专门的小组来负责应急演习的设计、监督和评价。

第二，应急演习的负责人要有完整的演习记录，作为评价和制定下一步计划的参考资料。

第三，尽量避免应急演习给生产与社会生活造成干扰。

第四，可以邀请非演习部门应急人员参加，为演习过程和结果的评价提供参考意见。

第五，演习通常需要多个应急功能部门的参与和配合，因而在进行大型的应急演习时要经

---

① 佟淑娇、郑伟：《城市防灾》，沈阳：东北大学出版社，2012年，第118页。

过有关部门的审查和批准。

（八）建设城市防灾减灾应急管理体系

通常来说，城市防灾减灾应急管理体系的建设要包括以下几个方面的内容。

1. 建设城市防灾减灾应急管理机制

建设城市防灾减灾应急管理机制，可以从以下两个方面着手。

（1）建设通畅而快捷的城市灾害预警机制

建设通畅而快捷的城市灾害预警机制，可以加强对城市灾害的事先预防、事先介入、事先建设，力图避免可能的灾害及不必要的损失。而在建设城市灾害预警机制时，要注意建立健全的城市灾害报告制度和信息公开制度，对城市灾害的"警戒级别"进行确定，并在城市灾害发生后依据危机的不同级别发布预警通告。

（2）建设高效的综合应急管理指挥机构

建设高效的综合应急管理指挥机构，可以在整合现有应急管理部门及其资源的基础上，更好地提出并实施各种应急决策预案。通常来说，综合应急管理指挥机构应按管理层次的不同分为中央政府及相关部门、地方政府及相关部门。

2. 建设城市防灾减灾应急管理法制

建设城市防灾减灾应急管理法制，将城市灾害纳入法制化的轨道，健全并完善在城市灾害发生时的有关法律法规体系，可以最大限度地保护绝大多数公民的生命安全，维护公共利益。为此，要健全并完善信息公开与保障公众知情权的法律制度，以使公民的知情权切实得到保障；要健全并完善各级政府和管理者在应对城市灾害中的法律责任，以使城市的安全得到切实保证；要健全并完善依法追究机制，对应急管理中的行政责任和刑事责任进行进一步的规范和确认，以使城市防灾减灾应得到切实执行。

3. 建设城市防灾减灾应急处理能力

建设城市防灾减灾应急处理能力时，可以从以下几个方面着手。

（1）城市灾害发生前的应对能力

在城市灾害发生前，要消除城市中的安全隐患，加强城市环境与安全建设，提高安全管理意识，提高城市抵御各种灾害的能力。而要清除城市的安全隐患、提高城市的安全水平，首先要确保城市中的生产经营活动安全，其次要提高全民的安全文化素质，并积极营造特有的城市安全文化氛围。

（2）城市灾害发生后的应对能力

在城市灾害发生后，要审时度势，对形势进行迅速而科学的判断，对灾害的种类、状态、规模、形式、性质和发展趋势等进行实事求是的分析，同时进行有效控制以防止事态的扩大、升级或转化。而要对城市灾害进行有效控制并防止事态的扩大、升级或转化，需要依据灾害的不同性质与特点，通过科技、经济、法律、行政、媒体与宣传等手段的综合运用，及时制定出切实可行的应对方案，以使城市灾害的危害降到最低。

第十一章　村庄的防灾减灾

自然灾害和突发事件对人类生活的影响极为严重。我国是一个人口众多、地域辽阔的国家，也是一个多种自然灾害频繁发生的发展中国家。我国有60％的人口居住在农村，而村庄防灾减灾能力普遍薄弱，广大农村和乡镇地区更容易受到自然灾害的破坏，往往成为主要受灾地区。村庄安全与防灾减灾的发展状况如何，对我国整个社会发展和变化起着举足轻重的作用。加上我国村镇经济的快速发展，必然带来人口和财富的集中，一旦遭受破坏性自然灾害、突发事件的袭击，在缺乏有效防御措施的情况下，将会造成不可挽回的人员伤亡和财产损失。所以说，村庄的防灾减灾工作对我国广大农村的科学、可持续和谐发展有重大的意义。

第一节　村庄灾害概述

一、村庄灾害的主要种类

村庄灾害的主要种类按发生原因来分，可以分为自然灾害和人为自然灾害，主要表现为自然灾害。需要指出的是，这里的人为自然灾害是由人为影响所产生的但却表现为自然态的灾害，如过量采伐森林引起的水土流失，过量开采地下水引起的地面沉陷等。

村庄的自然灾害按其灾害源可分为以下几种。

（1）地质灾害：地震、火山爆发、崩塌、滑坡、泥石流、地面沉降、地裂缝等。

（2）气象灾害：暴雨、洪涝、热带气候、冰雹、雷电、台风、干旱、雪灾、冰雹等。

（3）生态环境灾害：病虫害、森林火灾、沙尘暴、土壤盐碱化、沙漠化等。

二、村庄灾害的防御目标

村庄整治应达到在遭遇正常设防水准下的灾害时，村庄生命线系统和重要设施基本正常，整体功能基本正常，不发生严重次生灾害，保障农民生命安全的基本防御目标。[①] 这里所指的"正常设防水准下的灾害"是按国家法律法规和相关标准所确定的灾害设防标准，相当于中等至大规模灾害影响。与此相适应，下面就列举几种常用灾害对应的基本防御目标。

---

① 马东辉：《安全与防灾减灾》，北京：中国建筑工业出版社，2009年，第8页。

（一）洪水灾害的基本防御目标

根据《防洪标准》（GB 50201—1994），以乡村为主的防护区，应根据其人口和耕地面积分为四个等级，各等级的防洪标准按表 11-1 的规定确定。正常设防水准下的洪水灾害即指乡村防护区所确定的防洪标准下的灾害影响。

表 11-1　乡村防护区的等级和防洪标准

等级	防护区人口（万人）	防护区耕地面积（万亩）	防洪标准［重现期（年）］
Ⅰ	≥150	≥300	100～50
Ⅱ	150～50	300～100	50～30
Ⅲ	50～20	100～30	30～20
Ⅳ	≤20	≤30	20～10

（二）地震的基本防御目标

我国目前定义的一个地区的地震基本烈度，指的是该地区在今后 50 年期限内，在一般场地条件下（指该地区内普遍分布的地基土质条件及地形、地貌、地质构造条件）可能遭遇超越概率为 10% 的地震烈度。因此，村庄制定地震灾害的基本防御目标可描述为"村庄在遭遇设防烈度的中震影响下，村庄生命线系统和重要设施基本正常，整体功能基本正常，不发生严重次生灾害，农民生命安全有保障"。[①] 我国现行各地地震基本烈度分布情况可参看中国地震局 2001 年颁布的《中国地震动参数区划图》（GB 18306—2001）。

（三）雪灾的基本防御目标

正常设防水准下的雪灾，其基准压力一般按当地空旷平坦地面上积雪自重的观测数据，经概率统计得出 50 年一遇最大值确定。

（四）风灾的基本防御目标

正常设防水准下的风灾，其基准压力一般按当地空旷平坦地面上 10 米高度处 10 分钟平均的风速观测数据，经概率统计得出 50 年一遇最大值确定的风速，再考虑相应的空气密度来综合确定。

除上列灾种外，村庄内的灾害还有很多，不确定性因素也很多，防御水准和要求也有较大差异，因此很难制定统一的村庄安全与防灾防御目标。即便如此，各地仍可从村庄功能和工程设施的防灾安全角度确定自己的防灾目标，并注意将保护人的生命安全放在第一位，且应该满足上述基本防御目标，符合村庄整治的具体要求及建设与发展的实际情况。

---

① 　马东辉：《安全与防灾减灾》，北京：中国建筑工业出版社，2009 年，第 8 页。

三、村庄灾害防御的基本要求

原则上,村庄灾害防御即村庄整治应贯彻预防为主,防、抗、避、救相结合的方针,坚持灾害综合防御、群防群治、综合整治、平灾结合,保障村庄可持续发展和村民生命安全。

(一)确定村庄防灾整治的重点

当前,我国各地村庄遭受的灾害类型、灾害程度差异较大,根据村庄整治的工作特点及要求,村庄整治中安全防灾的重点在于:根据村庄实际,采用切实可行的有效措施,较大限度地降低和减少各类灾害损失,最大程度地保证村民生命财产安全。需要注意的是,对于受到重大灾害影响、必须实施整村搬迁、异地安置等措施的村庄,应纳入县域镇村布局规划中统筹考虑,不属于村庄整治的工作内容。对于重大灾害的防治,还应依赖于相关重大基础设施工程的建设和改造进行。

(二)确定村庄灾害的危险性分类标准

村庄整治应依据灾害危险性、灾害对村庄的影响情况,有选择地确定村庄防灾整治的灾害种类。表 11-2 给出了目前我国村庄灾害危险性分类的参照标准。

表 11-2 灾害危险性的划分

灾种 ＼ 灾害危险性	划分依据	A	B	C	D
地震	地震基本加速度 $a(g)$	$a<0.05$	$0.05\leqslant a<0.15$	$0.15\leqslant a<0.3$	$a\geqslant0.3$
风	基本风压 $W_0(kN/m^2)$	$W_0<0.3$	$0.3\leqslant W_0<0.5$	$0.5\leqslant W_0<0.7$	$W_0\geqslant0.7$
地质	地质灾害分区	一般区		易发区、地质环境条件为中等和复杂程度	危险区
雪	基本雪压 $S_0(kN/m^2)$	$S_0<0.3$	$0.45>S_0\geqslant0.3$	$0.6>S_0\geqslant0.45$	$S_0\geqslant0.6$
冻融	最冷月平均气温(℃)	>0	$0\sim-5$	$-5\sim-10$	<-10

表 11-2 中基本风压根据现行国家标准《建筑结构荷载规范》(GB 50009—2001)附表 D.4给出的 50 年一遇的风压采用。

表 11-2 中地质灾害分区是指按照地质灾害防治规划所确定的地质灾害危险分区。地质灾害易发区是指历史上经常发生并出现损失的地区。地质灾害危险区是指发生过重大地质灾害并导致重大损失的地区。地质灾害易发区、危险区应按照地质灾害的评价结果确定。

表 11-2 中基本雪压按现行国家标准《建筑结构荷载规范》(GB 50009—2001)附表 D.4 给

出的 50 年一遇的雪压采用。山区的基本雪压应通过实际调查后确定。当无实测资料时,可按当地邻近空旷平坦地面的基本雪压乘以系数 1.2 采用。

对地震、风灾、雪灾、地质灾害、冻融灾害而言,灾害危险性为 C 类和 D 类的灾种,应进行重点整治。

对洪水灾害,目前我国尚无统一的洪水危险性分区,按照《中华人民共和国防洪法》,防洪区是指洪水泛滥可能淹及的地区,分为洪泛区、蓄滞洪区和防洪保护区。洪泛区、蓄滞洪区和防洪保护区的范围,在各级防洪规划或者防御洪水方案中划定,并报请省级以上人民政府按照国务院规定的权限批准后予以公告。这些地区的村庄应把洪灾作为重点整治内容。

四、村庄灾害防御的内容

(一)一般规定

1. 村庄安全与防灾整治规划的主要内容

(1)村庄安全与防灾现状分析,安全防灾能力综合评估,整治目标,防灾标准。

(2)村庄与建筑、基础设施等布局、建设与改造的安全防灾要求与技术指标。

(3)村庄用地防灾适宜性划分,村庄规划建设用地选择与相应的村庄建设防灾要求和对策。

(4)建筑工程设施加固、改造防灾要求和措施。

(5)灾害应急、灾后自救互救与重建的对策与措施,防灾减灾应急指挥要求。

2. 村庄整治的重点保护对象

(1)村庄内的变电站(室)、邮电(通信)室、粮库(站)、卫生服务中心(卫生室)、广播站、消防站等建筑。

(2)村庄中的学校、敬老院、活动中心等人员集中场所。

3. 村庄整治应充分考虑各类安全和灾害因素的连锁性和相互影响

(1)应按各项灾害整治和避灾疏散的防灾要求,对各类次生灾害源点进行综合整治。

(2)应考虑公共卫生突发事件灾后流行性传染病和疫情,建立临时隔离、救治设施。

(3)应按照火灾、水灾、毒气泄漏扩散、爆炸、放射性污染等次生灾害危险源的种类和分布,对需要保障防灾安全的重要区域和源点,分类分级采取防护措施,综合整治。

4. 村庄整治过程中,有条件的村庄可根据需要进行次生灾害评估

次生灾害的评估可按下列要求进行。

(1)次生火灾划定高危险区。

(2)提出需要加强防灾安全的重要水利设施或海岸设施。

(3)对于爆炸、毒气扩散、海啸、泥石流、滑坡等次生灾害可根据当地条件选择提出需要加

强防灾安全的重要源点。

（二）各类灾害的重点整治内容

1. 火灾的重点整治内容

村庄消防整治应根据现状及发展要求、易燃物的存在与可燃性、人口与建筑物密度、引发火灾的偶然性因素及历史火灾经验等，进行火灾危险源的调查及其影响评估，提出相应防御要求和整治措施。

2. 洪灾的重点整治内容

位于防洪区和易形成内涝地区的村庄需要考虑防洪整治，采取相应的措施（表 11-3）。

表 11-3　洪灾重点整治区域村庄的措施

区域村庄	具体措施
防洪区村庄	易形成内涝的平原、洼地等低地势区域的村庄整治应完善除涝排水系统
	居住在行洪河道内的村民，应逐步组织外迁
	合理布置泄洪沟、防洪堤和蓄洪库等防洪设施
	限期清除村庄范围内的河道、湖泊中阻碍行洪的障碍物
	在指定的分洪口门附近和洪水主流区域内，严禁设置有碍行洪的各种建筑物，既有建筑物必须拆除
	位于防洪区内的村庄，应在建筑群体中设置具有避洪、救灾功能的公共建筑物，并应采用有利于人员避洪的建筑结构形式，满足避洪疏散要求
易内涝地区村庄	选择适宜的防内涝措施，如边沟或排（截）洪沟组织将村庄用地外围的地面汇水排除
	选址适宜的排涝措施，如扩大坑塘水体调节容量、疏浚河道、扩建排涝泵站等

此外，位于防洪区和易形成内涝地区的村庄还应逐步规划建设防洪救援系统，包括应急疏散点设置、医疗救护、物资储备和报警装置等。

3. 地震的重点整治内容

位于地震危险性分类为 C 类和 D 类地区的村庄抗震重点整治内容以下几个方面。

（1）村镇规划要布局合理，建筑密度要适当

村镇布局主次干道要明确，尽量设置多个出入口。改造旧村镇时，应拓宽马路，留出疏散场所和避震通道。规模较大的村镇应留有避震疏散场所。

（2）新建建筑避开不利地段和危险地段，现有建筑物逐步迁出危险地点

一般来讲，村镇应避开活动断层、滑坡、崩塌、泥石流等危险地段。因为这类易产生地质灾害的地段，工程处理十分复杂且效果也不十分明显。软弱淤泥、人工填土、古河道、暗浜暗塘等地段易产生震陷和不均匀沉降，在选址时也予以重视。

（3）新建农村的房屋要采用合理的抗震措施

位于地震设防区的村庄应按照有关规定进行抗震设防，选择对抗震有利的基础形式和上部结构形式，然后再对房屋结构采取适当的抗震构造措施。

（4）村庄建设应从规划、设计、施工各个阶段着手，防止次生灾害

第一，在防止地震次生火灾方面，要增强建筑物的耐火性能，并设置消防设施。

第二，防止地震次生水灾方面，应充分估计地震对防洪工程的影响。

第三，村镇房屋最好建在工厂和危险品仓库的上风地段，以避免地震时工厂和危险品仓库发生次生火灾、次生爆炸或次生毒气扩散。

（5）采取合理措施，保障生命线等基础设施的安全

地震时，重要的生命通道就是水电和通信系统，所以需要合理安排村镇水源和变电所等，提高这些建筑和设施的抗震能力，并有应急措施，保证不中断或者能够持续科学合理的期限。

4. 其他灾害的重点整治内容

除上述灾害外，还有风灾、地质灾害、雪灾、冻融灾害、雷暴灾害等（表 11-4）。

表 11-4　风灾、地质灾害、雪灾、冻融灾害、雷暴灾害的重点整治内容

灾害种类	重点整治内容
风灾	风灾危险性为 C 类地区的村庄建设用地选址宜避开与风向一致的谷口、山口等易形成风灾的地段
	风灾危险性为 D 类地区的村庄建设用地选址应避开与风向一致的谷口、山口等易形成风灾的地段
	村庄内部绿化树种选择应满足抵御风灾正面袭击的要求
	防风减灾整治应根据风灾危害影响，按照防御风灾要求和工程防风措施，对建设用地、建筑工程、基础设施统筹安排进行整治，对于台风灾害危险地区村庄，应综合考虑台风可能造成的海啸、大风、暴雨洪灾等防灾要求
	风灾危险性 C 类和 D 类地区村庄应根据建设和发展要求，采取在迎风方向的边缘种植密集型防护林带或设置挡风墙等措施
地质灾害	山区村庄重点防御边坡失稳的滑坡、崩塌和泥石流等灾害
	矿区和岩溶发育地区的村庄重点防御地面下沉的塌陷和沉降灾害
	地质灾害危险区应及时采取工程治理或者搬迁避让措施
	地质灾害危险区内禁止爆破、削坡、进行工程建设以及从事其他可能引发地质灾害的活动
	对可能造成滑坡的山体、坡地，应加砌石块护坡或挡土墙
雪灾	雪灾危害严重地区村庄应制定雪灾防御避灾疏散方案，建立避灾疏散场所，并配备相应的医疗设备和救援物资

续表

灾害种类	重点整治内容
冻融灾害	多年冻土不宜作为采暖建筑地基,当用作建筑地基时,应符合现行国家标准的有关规定
	山区建筑物应设置截水沟或地下暗沟,防止地表水和潜流水浸入基础,造成冻融灾害
	根据场地冻土、季节冻土标准冻深的分布情况,地基土的冻胀性和融陷性,合理确定生命线工程和重要设施的室外管网布局和埋深
雷暴灾害	雷暴多发地区村庄内部易燃易爆场所、物资仓储、通信和广播电视设施、电力设施、电子设备、村民住宅及其他需要防雷的建(构)筑物、场所和设施,必须安装避雷、防雷设施

五、我国村庄防灾减灾存在的主要问题

(一)农村地区抗灾能力在很大程度上受经济发展水平制约

农村地区抗灾能力在很大程度上受经济发展水平制约,这主要表现为以下几个方面。

(1)我国农村地区经济发展水平普遍比城镇低,且地区之间的差异也很大,中西部地区农村经济水平更低,很多地区无力建设抗灾性能好的房屋、工程设施。

(2)受各地经济发展水平不平衡制约,农村防灾水平分布不均匀。例如,经济发达地区房屋抗震能力普遍好于经济欠发达地区。在同一地区,不同收入水平的群众的房屋抗震水平也有明显差异。

(3)农村大部分地区在房屋灾害设防上存在盲点,重救灾轻设防,政府对经济欠发达地区缺少鼓励农村防灾减灾建设的政策措施和资金支持,严重影响了农村的防灾减灾工作。

(4)在农村防灾方面,国家与地方的资金投入主要是用于灾后恢复重建方面,形成了"重重建轻设防"的怪圈,这让重建工作更加艰难,由此也就进入了恶性循环。

(5)在经济欠发达地区还存在农村房屋主体建筑材料缺乏、房屋造价相对较高的问题。如西北和华北等地震高发地区的农村普遍缺乏砖、石、木材甚至砂子等房屋的主体建筑材料。

(二)农村建设缺乏统一的规划管理

大多数非建制镇和自然村未进行建设总体规划工作。宅基地审批与规划和建设管理工作脱节。由于乡村面积大,建筑分散,单靠建设部门监管难度大,农村建房随意性大,给农村建筑带来了相当大的隐患。建筑管理不到位,使得村镇防灾管理工作更是难以落到实处。

(三)现有村庄的减灾技术标准还有欠缺

目前我国已有《中华人民共和国防震减灾法》和《中华人民共和国建筑法》等法律、法规,用来推进灾害预防措施的贯彻落实。不足之处在于,这些法律和法规主要是针对城市和企事业单位的,对广大农村和乡镇没有明确的规定,有的不适用于农村和乡镇。即便如此,相关法律、法规中的减灾技术标准多停留在原则层面上,其系统性、针对性、可操作性和覆盖面不足。

(四)存在其他不利于抗灾的因素

1. 农村建房用料的随意性大、传统观念强,给其留下相当大的灾害隐患

由于农村民房是自主建造,何时建造,采用何种结构形式、何种建筑材料等,完全由房主根据自己的经济状况、传统习惯等因素与建筑工匠议定,建房用料的随意性大、传统观念强,给农村房屋带来相当大的灾害隐患。如大多数农民不知道在地震地区应对房屋进行抗震设防,不了解抗震防灾技术措施。华东、中南一些地区村镇广泛采用空斗墙房屋,其在砌筑方式等方面存在着严重的防灾安全隐患,几乎抵抗不了小震或台风的侵袭。

2. 农村地区缺乏掌握规范施工做法的工匠

农村传统工匠建筑施工操作不规范,很多沿袭下来的传统习惯做法削弱了房屋的整体性能,给新建房屋留下隐患,采用新材料却沿用传统习惯的不当做法,起不到抗震设防的作用。

3. 诸多地方特色建筑中不少结构形式不利于抗震设防

由于气候、材料、民俗习惯等原因,村镇中会存在体现地方特色的建筑物形式,如南方地区的骑楼结构,西北地区的土楼等。这些地方特色建筑的结构形式纵然美观,具有很高的欣赏价值,也因此而存在结构整体性差,抗震性能低的特点。

第二节 村庄灾害的整治

一、村庄的消防整治

村庄消防整治可从村庄消防安全布局、村庄建筑消防、消防分区、消防通道、消防用水、消防设施安排等入手。

(一)村庄消防安全布局

村庄消防整治应贯彻"预防为主、防消结合"的方针,积极推进消防工作社会化,针对消防安全布局中涉及到的消防站及相关的供水、通信、通道等内容进行综合整治。总的来说,消防安全整治应该遵循以下几点规范要求。

1. 易燃、可燃的农作物材料堆放和防护分区的要求

(1)打谷场和易燃、可燃材料堆场,汽车、大型拖拉机车库,村庄的集贸市场或营业摊点的设置以及村庄与成片林的间距应符合农村建筑防火的有关规定,不得堵塞消防通道和影响消火栓的使用。

(2)村庄各类用地中建筑的防火分区、防火间距和消防通道的设置,均应符合农村建筑防火的有关规定,特别是防火分隔宜按30～50户的要求进行,呈阶梯布局的村寨,应沿坡纵向开辟防火隔离带。防火墙修建应高出建筑物50厘米以上。

(3)堆量较大的柴草、饲料等可燃物的存放应符合下列规定。

①宜设置在村庄常年主导风向的下风侧或全年最小频率风向的上风侧。

②当村庄的三、四级耐火等级建筑密集时,宜设置在村庄外。

③不应设置在电气设备附近及电气线路下方。

④柴草堆场与建筑物的防火间距不宜小于25米,且不宜过高过大。

2. 易燃易爆危险品的存储用地选择要求

(1)村庄内生产、储存易燃易爆化学物品的工厂、仓库必须设在村庄边缘或相对独立的安全地带,并与人员密集的公共建筑保持规定的防火安全距离。这些因素如果严重影响村庄的安全就必须迁移或改造,采取限期迁移或改变生产使用性质等措施,以绝后患。

(2)生产和储存易燃易爆物品的工厂、仓库、堆场、储罐等与居住、医疗、教育、集会、娱乐、市场等之间的防火间距不应小于50米。其中,烟花爆竹生产工厂的布置应符合现行国家标准《民用爆破器材工厂设计安全规范》(GB 50089—1998)的要求,化学品储罐区的布置应该符合《建筑设计防火规范》(GB 50016—2006)中的相关规定,以人的生命为中心。

(3)合理选择村庄输送甲、乙、丙类液体、可燃气体管道的位置,严禁在其干管上修建任何建筑物、构筑物或堆放物资,重要位置和通道应设有明显的警示标志。

(4)应合理选择液化石油气供应站的瓶库、汽车加油站和煤气、天然气调压站、沼气池及沼气储罐的位置,并采取有效的消防措施,如周边不能堆放易燃的柴草、农作物秸秆等杂物,确保安全。

此外,村庄宜在适当位置设置普及消防安全常识的固定消防宣传栏;易燃易爆区域应设置消防安全警示标志。

(二)村庄建筑防火

1. 村庄建筑防火的一般要求

民用建筑和村庄厂(库)房的耐火等级、允许层数、允许占地面积及建筑构造防火要求应符合农村建筑防火的表11-5和表11-6的规定。[①]

---

① 马东辉:《安全与防灾减灾》,北京:中国建筑工业出版社,2009年,第36页。

表 11-5 民用建筑的耐火等级、允许层数、允许占地面积、允许长度

耐火等级	允许层数	允许占地面积（平方米）	防火区允许长度（米）
一、二级	五层	2 000	100
三级	三层	1 200	80
四级	一层	500	40
	二层	300	20

注：体育馆、剧院、商场的长度可适当放宽。

表 11-6 厂（库）房的耐火等级、允许层数和允许占地面积、允许长度

火灾危险性分类	耐火等级	允许层数	一栋建筑的允许占地面积（平方米）
甲、乙	一、二级	二层	300
丙	一、二级	三层	1 000
	三级	二层	500
丁、戊	一、二级	五层	不限
	三级	三层	1 000
	四级	一层	500

注：1. 甲、乙类厂房和乙类库房宜采用单层建筑；甲类库房采用单层建筑。

2. 单层乙类库房，占地面积不超过 150 平方米时，可采用三级耐火等级的建筑。

3. 火灾危险性分类，应符合《村镇建筑设计防火规范》（GBJ 39—1990）附录二、三的规定。

2. 村庄建筑物防火间距

（1）一般民用建筑防火间距

民用建筑的可燃物较少，在报警及时的情况下，消防人员一般可在火灾初始阶段到达现场。当三级耐火等级的民用建筑起火时，其危险性提高，例如会对站在 7 米前后的灭火人员构成较大威胁。因此，对三级与三级耐火等级的民用建筑物可采用 8 米的防火间距，四级与四级耐火等级的民用建筑物之间可增大到 12 米，而一、二级耐火等级民用建筑物的防火间距可减小到 6 米。

（2）厂房和库房的防火间距

厂房或库房内由于设备、电器和可燃物资比较多，火灾的危险性也就较大。在村庄整治过程中，厂（库）房的防火间距不宜小于表 11-7 的规定①。

---

① 马东辉：《安全与防灾减灾》，北京：中国建筑工业出版社，2009 年，第 38 页。

表 11-7　厂(库)房之间的防火间距

耐火等级	耐火等级		
	一、二级	三级	四级
	防火间距(米)		
一、二级	8	9	10
三级	9	10	12
四级	10	12	14

注:1. 防火间距应按照相邻建筑物外墙的最近距离计算,如外墙有凸出的燃烧物,则应从凸出部分外缘算起。

2. 散发可燃气体,可燃蒸汽的甲类厂房之间或与其他厂(库)房之间的防火间距,应按本表增加 2 米,与民用建筑的防火间距不应小于 25 米。

3. 甲类物品库房之间以及一、二、三级耐火等级的厂(库)房之间的防火间距不应小于 12 米,甲、乙类物品库房与民用建筑之间的防火间距不应小于 25 米。

4. 两栋建筑相邻较高一面的外墙为防火墙或两相邻外墙均为非燃烧体实体墙,且无外露可燃屋檐时,其防火间距不限。但甲类厂房之间不宜小于 4 米。

5. 厂房附设有化学易燃物品的室外设备时,其外壁与相邻厂房室外设备外壁之间的防火间距,不应小于 8 米。室外设备外壁与相邻厂房外墙之间的防火间距,不宜小于本表规定。

(3)堆场、贮罐的防火间距

在村庄整治过程中,甲、乙、丙类液体贮罐区,乙、丙类液体桶装露天堆场以及易燃、可燃材料堆场的防火间距不宜小于表 11-8 和表 11-9 的规定。[①]

表 11-8　液体贮罐、堆场与建筑物的防火间距

总贮量(立方米)		火灾危险性分类	耐火等级		
			一、二级	三级	四级
			防火间距(米)		
贮罐区或堆场	1~50	甲、乙	12	15	20
		丙	10	12	18
	50~100	甲、乙	15	20	25
		丙	12	18	20

注:1. 贮罐区或堆场的防火间距应从最近的罐壁或桶壁算起。

2. 一、二、三级耐火等级的建筑,当相邻外墙无门窗洞口,且无外露的可燃屋檐时,乙、丙类液体贮罐或堆场与建筑物的防火间距,可按本表防火间距减少 20%。

3. 甲类桶装液体不应露天堆放。

4. 火灾危险性分类应符合《村镇建筑设计防火规范》(GBJ 39—1990)附录三的规定。

5. 甲、乙类液体储罐和乙类液体桶装露天堆场,距明火或散发火花地点的防火间距不宜小于 30 米,距民用建筑不宜小于 25 米;距主要交通道路边沟外沿不宜小于 20 米。

---

① 马东辉:《安全与防灾减灾》,北京:中国建筑工业出版社,2009 年,第 38～39 页。

表 11-9　易燃、可燃材料堆场与建筑物的防火间距

堆场名称	堆场总储量	耐火等级		
		一、二级	三级	四级
		防火间距（米）		
粮食土圆仓、席芡囤	30～500（吨）	8	10	15
	501～5 000（吨）	10	12	18
棉、麻、毛、化纤、百货等	10～100（吨）	8	10	15
	101～500（吨）	10	12	18
稻草、麦秸、芦苇等	50～500（吨）	10	12	18
	501～5 000（吨）	12	15	20
木材等	50～500（立方米）	8	10	15
	501～5 000（立方米）	10	12	18

注：1. 易燃、可燃材料堆场与甲、乙类液体贮罐和甲、乙类可燃气体贮罐的防火间距，不宜小于 25 米；与丙类液体贮罐和乙类助燃气体贮罐的防火间距，不宜小于 20 米。

2. 室外电力变压器与甲、乙类液体贮罐和易燃、可燃材料堆场的防火间距，不宜小于 25 米；与丙类液体贮罐的防火间距不宜小于 20 米。

（三）村庄消防供水

村庄消防供水宜采用消防、生产、生活合一的供水系统，其供水水源应符合表 11-10 中的相关技术要求。

表 11-10　村庄消防供水水源的相关技术要求

消防给水水源	选用条件	技术要求
天然水源	(1)天然水源丰富 (2)与火场距离较近	(1)确保枯水期最低水位时消防用水量 (2)取水方便，在最低水位时能吸上水 (3)水中不含易燃，可燃液体 (4)悬浮物杂质不应堵塞喷头孔口 (5)寒冷地区应有可靠防冻措施 (6)取水设施有相应保护措施
给水管网	火场周围有生活、生产或消防给水管网，并能供给消防用水，一般情况下应优先采用	(1)消防给水管道为环状 (2)进水管不宜小于两条，并宜从两条不同方向的给水管引入
消防水池	(1)给水管道和进水管或天然水源不能满足消防用水量 (2)给水管道为枝状或只有一条进水管（二类建筑的住宅除外） (3)生活、生产和消防用水量达到最大时，室外低压消防给水管道的水压达不到 100 米 H_2O (4)不允许消防水泵从室外给水管网直接吸水	(1)有足够的有效容量 (2)便于消防车和消防水泵吸水 (3)寒冷地区应有防冻措施

在村庄整治过程中,应在村庄周围的池塘、水库、河流、湖泊等水系附近合理设置若干消防取水平台,以完善消防供水系统。取水平台与村庄道路间修建消防车联系通道,并应保证枯水期最低水位消防用水的可靠性。

(四)村庄消防设施及队伍

1. 消防站布局

设置消防站时应符合下列规定。

(1)消防站布局应符合接到报警5分内消防人员到达责任区边缘的要求,并应设在责任区内的适中位置和便于消防车辆迅速出动的地段。

(2)关于消防站的建设用地面积,不同类型的有不同的规定。一般而言,标准型普通消防站的责任区面积应该等于或小于7.0平方千米,建设用地面积在2 400～4 500平方米之间;小型普通消防站的责任区面积等于或小于4.0平方千米,建设用地面积在400～1 400平方米之间。

(3)村庄的消防站应设置由电话交换站或电话分局至消防站接警室的火警专线,并应与上一级消防站、邻近地区消防站等密切相关的部门建立消防通信联网。

但总的来说,消防站的设置最终应根据村庄规模、区域位置、发展状况及火灾危险程度等因素确定。

2. 消防车辆

消防站的消防车配置数量可参考《城市消防站建设标准(修订)》规定,标准型普通消防站配备的消防车是4～5辆,小型普通消防站则配备2辆。

3. 消防队伍

虽然公安消防部队是灭火救援的主力军,但短期内增加编制比较困难,所以在远离县城的偏远村镇就很必要大力发展多种形式的消防队伍,这也符合《消防法》第二十七条的规定:乡镇人民政府可以根据当地经济发展和消防工作的需要,建立专职消防队、义务消防队,承担火灾扑救工作。具体做法可从以下几个方面入手。

(1)中心乡(镇)建立专职消防队

中心建制镇应率先建立起专职消防队,在完成好执勤灭火任务的同时,从实际需要出发,承担起消防宣传、培训、检查,以及治安巡逻、重点单位和要害部位的警卫等任务。其他乡镇因地制宜,采用简易消防车、拖拉机安装水罐等形式,配备必要的灭火器材,以适应扑救农村火灾的需要。最终形成以中心建制镇专职消防队为中心,其他乡镇、村消防力量为补充的农村消防队伍网络,提高农村抗御火灾的能力。

(2)建立健全乡(镇)志愿消防队伍

乡镇志愿消防队队员为:各乡(镇)政府主管安全人员和公安派出所所长担任志愿消防队负责人,派出所全体民警和部分乡(镇)政府人员担任队员,由县(市)政府统一配发器材装备。志愿消防队听从市(县)消防指挥中心的调派和县消防大队的指派,县消防大队定期对志愿消防队进行消防技能、防火知识以及灭火常识培训。

（3）人口众多的自然村组建农村义务消防队伍

部分农村距离乡镇政府较远，加上乡村公路条件较差，发生火灾时，乡镇志愿消防队不能及时到达火场，不能在火灾初期控制和扑灭火灾。鉴于此，在人口较多的自然村就很有必要建立义务消防队，其具体组织形式可以参考如下。

①队员组成：村委会主官带头，村（居）委会先进分子本人提出申请，经审查批准后方可加入。

②装备配置：为拥有水泵的村委会配备水枪、水带等设施，做好农用水泵消防化改造，以适应消防工作的需要。

同时，消防部门要组织人员定期对义务消防队进行基本业务指导。

普通消防站一个班次执勤人员配备，可按所配消防车每台平均定员 6 人确定，其他人员配备应按照有关规定执行。一般情况下，消防站一个班次执勤人员和其他人员配备，标准型普通消防站消防站配备的人数为 30～40 人，小型普通消防站配备人数为 15 人。

4．消防站装备

普通消防站装备的配备应适应扑救本责任区内一般火灾和抢险救援的需要，其中，消防站抢险救援器材配备标准和消防站消防人员防护器材配备品种数量可参考表 11-11、表 11-12。

表 11-11　消防站抢险救援器材配备标准

名称 ＼ 消防站类型	普通消防站	
	标准型普通消防站	小型普通消防站
化学侦检器材	—	—
洗消处理器材	—	—
液压破拆组合器材	1 中组套	1 小组套
机动切割器具	1 台	1 台
无火花工具	1 套	—
起重气垫	1 套	—
堵漏、抽吸器材	1 套	—
消防热像仪	1 台	—
消防排烟机	1 台	—
照明灯具	1 套	1 套
强光手电	每班 2 只	每班 2 只
漏泄通信救生安全绳	每班 2 根	每班 2 根
缓降器	2 个	2 个
挂钩梯、两节梯、三节梯、软梯等登高工具	3 套	1 套
平斧、铁铤等一般破拆用具	3 套	1 套

表 11-12　消防站消防人员防护器材配备品种数量

名称 / 消防站类型	普通消防站	
	标准型普通消防站	小型普通消防站
消防战斗敞	每人 1 套	每人 1 套
消防手套	每人 2 双	每人 2 双
消防战斗靴	每人 2 双	每人 2 双
消防脐化服	4 套	—
消防隔热服	每班 4 套	每班 4 套
消防避火服	2 套	—
面罩外(内)置式消防头盔	每人 1 项	每人 1 项
安全带、钩、疆斧、导向绳等	每人 1 套	每人 1 套
防毒面具(含呼吸过滤罐)	每人 1 个	每人 1 个
正压式空气呼吸器	每班 4 具	每班 4 具
消防员紧急呼救器	每班 4 个	每班 3 个
绝缘手套和绝缘胶靴	每班 2 套	每班 1 套

注:寒冷地区的消防个人防护器材应考虑防寒需要。

(五)村庄消防通道

1. 消防路线的选择

消防路线的选择应根据火场发生的规模大小情况来确定。

(1)当村庄发生较大火灾时

需要远距离消防增援需求时,消防通道可选择能够到达村庄的高速、快速路和区域性主干道。

(2)当村庄发生中等火灾时

需要近距离消防增援需求时,消防通道可选择能够到达村庄的区域内部主干道、次干道和支路。

(3)当村庄发生一般或较小火灾时

村庄消防能够满足自身要求时,消防通道可选择能够到达村庄的村庄内部、村庄和村庄之间的内部道路。

2. 消防通道保障要求

在村庄整治时,应满足消防通道要求,旧村庄改造应将打通消防通道、改善消防条件作为重要内容之一。村庄消防通道应符合现行国家标准《建筑设计防火规范》(GB 50016—2006)及农村建筑防火的有关规定。

二、村庄的洪涝灾害整治

(一)村庄防洪

1. 防洪整治的一般规定

受江、河、湖、海、山洪、内涝威胁的村庄应进行防洪整治,结合实际,遵循综合治理、确保重点,并注意防汛与抗旱相结合、工程措施与非工程措施相结合的原则。具体而言应符合下列规定。

(1)根据洪灾类型确定防洪标准:第一,沿江河湖泊村庄防洪标准应不低于其所处江河流域的防洪标准。第二,邻近大型或重要工矿企业、交通运输设施、动力设施、通信设施、文物古迹和旅游设施等防护对象的村庄,当不能分别进行防护时,应按"就高不就低"的原则确定设防标准及防洪设施。

(2)应合理利用岸线,防洪设施选线应适应防洪现状和天然岸线走向。

(3)受台风、暴雨、潮汐威胁的村庄,整治时应符合防御台风、暴雨、潮汐的要求。

(4)历史降水资料中易形成内涝的平原、洼地、水网圩区、山谷、盆地等地区的村庄整治应完善除涝排水系统。

总之村庄的防洪工程和防洪措施应与当地江河流域、农田水利、水土保持、绿化造林等规划相结合并应符合相关规定。

2. 防洪整治措施

防洪减灾一般需要进行工程措施和非工程措施相结合的综合治理。

(1)防洪减灾的工程措施

①防洪堤墙

当村庄位置较低或地处平原地区时,为了抵御历时较长、洪水较大的河流洪水,修建防洪堤墙是一种常用而有效的方法。根据村庄的具体情况,可以在河道一侧或两侧修建防洪堤。当不适合修建堤防时,可加筑防护墙。防洪墙可采用钢筋混凝土结构,高度不大时也可采用混凝土或浆砌石防洪墙。

堤顶和防洪墙顶标高一般为设计洪(潮)水位加上超高。当堤顶设防洪墙时,堤顶标高应高于洪(潮)水位 0.5 米以上。堤线选择就是确定堤防的修筑位置,与河道的情况有关,应结合现有堤防设施,综合地形、地质、洪水流向、防汛抢险、维护管理等因素确定,并与沿江(河)设施相协调。

②排洪沟与截洪沟

排洪沟是为了使山洪能顺利排入较大河流或河沟而设置的防洪设施,其布置原则为:第一,应充分考虑周围的地形、地貌及地质情况,尽量利用天然沟道。第二,排洪沟的进出口宜设在地形、地质及水文条件良好的地段。第三,排洪沟的纵坡应根据天然沟道的纵坡、地形条件、冲淤情况及护砌类型等因素确定。第四,排洪沟的宽度改变时应设渐变段,平面上尽量减少弯道,使水流通畅。第五,在一般情况下,排洪沟应做成明沟。第六,排洪沟的安全超高宜在0.5米左右,弯道凹岸还需考虑水流离心力作用所产生的超高。第七,在排洪沟内不得设置影响水流的障碍物,当排洪沟需要穿越道路时,宜采用桥涵。

截洪沟是排洪沟的一种特殊形式。位居山麓或土塬坡底的城镇、厂矿区,可在山坡上选择地形平缓、地质条件较好的地带修筑,也可在坡脚下修建截洪沟。

③防洪闸

防洪闸指村庄防洪工程中的挡洪闸、分洪闸、排洪闸和挡潮闸等。闸址选择应根据其功能和使用要求,综合考虑地形、地质、水流、泥沙、潮汐、航运、交通、施工和管理等因素,应选在水流流态平顺,河床、岸坡稳定的河段。水流流态复杂的大型防洪闸闸址选择,应有水工模型试验验证。

④河道整治工程

平原河道可形成不同的河型,主要有顺直微弯型、蜿蜒曲折型和游荡不定型三种。为了稳定河势、改善和调整河道形态,以满足防洪、输水等的要求,需要对河道加以整治。河道的整治工程主要有:护岸工程、整治建筑物、分洪工程。

护岸工程包括护坡、护脚两部分。护坡一般采用干砌石、浆砌石、混凝土板、砖、草皮等。而护脚又可分为垂直防护和水平防护。一般垂直防护多采用浆砌块石或干砌条石,其深度应超过河床可冲刷的深度。水平保护一般采用抛石、石笼等柔性结构。

为稳定河势、调整水流修建的建筑物称为整治建筑物,通常采用的整治建筑物有顺坝、丁坝、柳坝、混凝土格栅坝等。其中,顺坝是一种大致与河道平行的整治建筑物。顺坝不改变原有水流结构,主要作用是调整河宽、保护堤岸、引导水流趋于平顺,以改善水流条件。丁坝是与河岸汇交或斜交、伸入河道中的水工建筑物。由丁坝组成的护岸工程能控导流势,保护堤岸,又有约束水流、堵塞岔口、淤填滩岸的作用。

分洪工程,顾名思义,其主要目的就是分洪、泄洪,如图11-1所示。

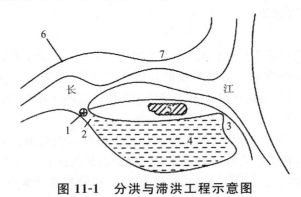

图 11-1　分洪与滞洪工程示意图

1—分洪闸;2—分洪道;3—泄洪闸;4—滞区;5—安全区;6—防洪堤;7—保护区

(2)防洪减灾的非工程措施

防洪减灾非工程措施是指通过法令、政策、行政管理、经济手段和其他非工程技术手段以达到防洪减灾目的的措施。例如,建立和健全洪水预警系统,实行洪水保险制度等。

综上所述,防洪减灾的措施归纳起来如图11-2所示。

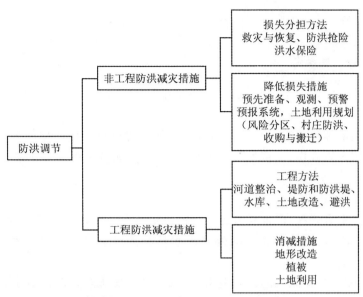

图 11-2 防洪减灾措施分类图

(二)村庄防洪救援系统建设

村庄防洪救援系统建设应该包括科学合理设置应急疏散点,配置相关的应急救援资源,畅通的通信报警系统。

1. **应急疏散点的设置**

根据实际情况,村庄的应急疏散点即防洪保护区应制定就地避洪实施规划,有效利用安全堤防,合理规划和设置安全庄台、避洪房屋、围埝、避水台、避洪杆架等避洪场所。

(1)蓄滞洪区内学校、工厂、商店、办公、仓库等单位应利用屋顶或平台等建设集体避洪安全设施。

(2)修建围埝、安全庄台、避水台等就地避洪安全设施时,其位置应避开分洪口、主流顶冲和深水区,其安全超高值应符合相关规定。安全庄台、避水台迎流面应设护坡,并设置行人台阶或坡道。

(3)高杆树木可就地避洪,村民住宅旁宜有计划种植高杆树木,以便分洪时,就近避险。

2. **应急救援资源的配置**

村庄防洪救援系统中的应急救援资源应包括救生机械(船只)、医疗救护、物资储备和报警装置等。

3. **通信报警系统**

村庄防洪通信报警信号必须能送达每家每户,并应能通畅地告知村庄区域内每个人。

(三)村庄防涝

1. 防涝整治的一般规定

村庄应选择适宜的防内涝措施,当村庄用地外围有较大汇水汇入或穿越村庄用地时,宜用边沟或排(截)洪沟组织用地外围的地面汇水排除。

村庄排涝整治措施包括扩大坑塘水体调节容量、疏浚河道、扩建排涝泵站等,要注意排涝标准应与服务区域人口规模、经济发展状况相适应,重现期可采用5~20年。

2. 防内涝工程措施

防内涝工程措施有多种,但都要考虑当地的地形地理特点,考虑经济费用等问题。

(1)当只有局部用地受涝又无大的外来汇水且有蓄涝洼地可以利用时,可采取蓄调防涝方案。

(2)当内涝频率不高又无大的外来汇水、区域内易于实施筑堤防涝方案,且比采用回填防涝方案更经济合理时,可采用局部抽排防涝。

(3)当内涝频率高又有大的外来汇水且不能集中组织抽排,但附近有土可取,采用回填防涝方案较筑堤防涝更经济合理时可采用局部回填方案。

(4)当内涝频率高又有大的外来汇水且受涝影响范围大,但附近又无土可取时,需设置防涝堤来保护用地。

(5)当村庄用地外围多数还有较大汇水需汇入或穿越村庄用地范围后才能排出,宜在用地外围设置雨水边沟,在村庄用地内设置排(导)洪沟,共同排除外围过境雨水。

三、村庄的地质灾害整治

滑坡、崩塌、泥石流、地面沉降、地面塌陷等灾害都是村庄可能发生的地质灾害,下面就对这些灾害的整治进行详细阐述。

(一)滑坡灾害的整治

村庄的山区(包括丘陵地带)地基设计,应考虑建设场区内在自然条件下,有无滑坡现象。在山区建设时应对场区作出必要的工程地质和水文地质评价。对建筑物有潜在威胁或直接危害的大滑坡,不宜选作建设场地。当因特殊需要必须使用这类场地时,应采取可靠的整治措施。目前常用的防治滑坡主要工程措施有排水(包括排除地表水、地下水)、力学平衡法及改善滑动面或滑动带的岩土性质等。选择防治措施,必须针对滑坡的成因、性质及其发展变化的具体情况而定。

排水措施的目的在于减少水体进入滑体内和疏于滑体中的水,以减小滑坡下滑力。排水的具体措施又分为排除地表水和排除地下水。

力学平衡法是在滑坡体下部修筑抗滑石垛、抗滑挡土墙、抗滑桩、锚索抗滑桩和抗滑桩板墙等支挡建筑物,以增加滑坡下部的抗滑力。另外,可采取刷方减载的措施以减小滑坡滑动力等。

改善滑动面或滑动带岩土性质的目的是增加滑动面的抗剪强度,达到整治滑坡要求,其主要方法是灌浆法、焙烧法、电渗法。

(二)崩塌灾害的整治

根据崩塌的规模和危害程度,崩塌的防治措施有:绕避、加固边坡、修建拦挡建筑物、清除危岩以及做好排水工程等。

1. 绕避

对可能发生大规模崩塌地段,即使是采用坚固的建筑物,也抵挡不住其巨大的破坏力,则必须设法绕避。对沿河谷线路来说,绕避有两种情况:第一,绕到对岸、远离崩塌体。第二,将线路向山侧移,移至稳定的山体内,以隧道通过。

2. 山坡加固措施

(1)支撑加固
危石的下部修筑支柱、支护墙。亦可将易崩塌体用锚索、锚杆与斜坡稳定部分联固。
(2)灌浆、勾缝
岩体中的空洞、裂隙用片石填补、混凝土灌注。
(3)护面
易风化的软弱岩层,可用沥青、砂浆或浆砌片石护面。

3. 修建拦挡建筑物

对中、小型崩塌可修筑遮挡建筑物和拦截建筑物。
(1)遮挡建筑物
对中型崩塌地段,如绕避不经济时,可采用明洞、棚洞等遮挡建筑物。
(2)拦截建筑物
如果山坡的母岩风化严重,崩塌物质来源丰富,或崩塌规模虽然不大,但可能频繁发生,则可采用拦截建筑物,如落石平台、落石槽、拦石堤或拦石墙等措施。
(3)SNS边坡柔性防护系统
SNS边坡柔性防护系统是以钢丝绳网为主要构成部分,并以覆盖(主动防护)和拦截(被动防护)两大基本类型来防治各类斜坡坡面地质灾害和雪崩、岸坡冲刷、飞石、坠物等危害的柔性安全防护系统。

4. 清除危岩

若山坡上部可能的崩塌物数量不大,而且母岩的破坏不甚严重,则以全部清除为宜,并对母岩进行适当的防护加固。

5. 排水工程

地表水和地下水通常是崩塌产生的诱发因素,在可能发生崩塌的地段,务必还要做好排水工作。

(三)泥石流灾害的整治

我国是世界上泥石流最为发育的国家之一。泥石流主要沿着山地的地震带和地质构造断裂带发育,分布在沿河两岸山间盆地的山前地带。我国西南、西北、华北、东北和中南23个省区,都有泥石流发生。其中以西北、西南地区为最多、最活跃,规模也最大。

1. 整治原则

泥石流是自然界多种因素综合作用的结果,根治极为困难,因此,对泥石流的防治应遵循以防为主,防治结合,因地制宜,避强制弱,重点治理,沟谷的上、中、下游全面规划,山、水、林、田综合治理;工程方案应以小为主,中小结合。

2. 基本要求

泥石流的防治宜对形成区、流通区、堆积区、稀性泥石流、黏性泥石流统一规划,采取生物措施与工程措施相结合的综合治理方案,并应符合下列要求。

(1)形成区宜采取植树造林、水土保持、修建引水、蓄水工程等削弱水动力措施,修建防护工程,稳定土体。

(2)流通区宜修建拦沙坝、谷坊,采取拦截松散固体物质、固定沟床和减缓纵坡的措施。

(3)堆积区宜修筑排导沟、急流槽、导流堤、停淤场,采取改变流路,疏排泥石流的措施。

(4)对稀性泥石流宜修建调洪水库、截水沟、引水渠和种植水源涵养林,采取调节径流,削弱水动力,制止泥石流形成的措施。

(5)对黏性泥石流宜修筑拱石坝、谷坊、支挡结构和种植树木,采取稳定(岩)土体、制止泥石流形成的措施。

3. 防治措施

村庄的泥石流灾害的主要防治措施见表11-13。[①]

---

① 马东辉:《安全与防灾减灾》,北京:中国建筑工业出版社,2009年,第96页。

表 11-13 村庄的泥石流整治措施一览表

措施	工程	工程项目	防治作用
工程措施	农田工程	水田改旱地工程 渠道防渗工程 坡地改梯田工程 田间排水、截水工程 夯实地面裂隙、田边筑埂工程	减少水渗透量,防止山体滑坡 防止渠水渗漏,稳定边坡 防止坡面侵蚀和水土流失 排导坡面径流,防止侵蚀 防止水下渗,拦截泥沙,稳定边坡
生物措施	林业工程	水源涵养林 水土保持林 护床防冲林 护堤固滩林	改良土壤,削减径流 保水保土,减少水土流失 保护沟床,防止冲刷、下切 加固河堤,保护滩地,防风固沙
	农业工程	梯田耕作 立体种植 免耕种植 选择作物	水土保持,减少水土流失 扩大植被覆盖率,截持降雨,减少地表径流 促使雨水快速渗透,减少土壤侵蚀 选择保水保土作物,减少水土流失
	牧业工程	适度放牧 圈养 分区轮牧 改良牧草 选择保水保土牧草	保持牧草覆盖率,减少水土流失 扩养草场,减轻水土流失 防止草场退化和水土保持能力降低 提高产草率,增加植被覆盖面积,减轻水土流失 提高保水保土能力,削减土坝侵蚀

(四)地面沉降的整治

当前对地面沉降的控制和治理措施主要有以下几个方面。

1. 表面治理措施

对已产生地面沉降的地区,要根据灾害规模和严重程度采取地面整治及改善环境。其方法主要有。

(1)在沿海低平面地带修筑或加高挡潮堤、防洪堤。

(2)改造低洼地形,人为填土加高地面。

(3)改建村庄周围给、排水系统和输油、气管线,整修因沉降而被破坏的交通路线等线性工程,使之适应地面沉降后的情况。对地面可能沉陷地区进行评估并制定相应的预防措施。

(4)修改村庄建设规划,调整村庄功能分区及总体布局、规划中的重要建筑物要避开沉降地区。

2. 根本治理措施

消除引起地面沉降的根本因素入手,其主要方法有以下几点。

(1)人工补给地下水(人工回灌)

选择适宜的地点和部位向被开采的含水层、含油层采取人工注水或压水,使含水(油、气)层小孔隙液压恢复或保持在初始平衡状态。

(2)限制地下水开采,调控开采层次,以地面水源代替地下水源

其具体措施有:第一,以地面水源的工业自来水厂代替地下供水源。第二,停止开采引起沉降量较大的含水层而改为利用深部可压缩性较小的含水或基岩裂隙水。第三,根据预测方案限制地下水的开采量或停止开采地下水。

3. 限制或停止开采固体矿物

对于地面塌陷区,应将塌陷洞穴用反滤层填上,并加松散覆盖层,关闭一些开采量大的厂矿,使地下水状态得到恢复。

(五)地面塌陷的整治

地面塌陷是指地表岩体或土体在自然作用下或人为原因作用下,向下陷落,并在地面上形成塌陷坑(洞)的一种地质灾害现象或过程。地面塌陷危害很大,破坏农田、水利工程、交通线路,引起房屋破裂倒塌、地下管道断裂。

根据统计资料,地面塌陷中以采空塌陷的危害最大,造成的损失最重,岩溶塌陷次之,黄土湿陷相对小也较集中。地面塌陷所形成的单个塌陷坑洞的规模不大,直径一般为数米至数十米,个别巨大者达百米左右。一般情况下,采空塌陷形成的塌坑较大。以下就简单介绍采空塌陷、岩溶塌陷、路面塌陷、黄土湿陷的治理措施和方法。

1. 采空塌陷的治理

地下采矿通常是造成地面塌陷的主要原因,但采取一些科学合理的手段和技术方法可减少地面塌陷的幅度和范围。

(1)地下采煤可采用间歇法、留设煤柱或采取条带法,防止或减少地面塌陷的发生。

(2)振动强度大的开采应避开断层和河流等敏感部位,必要时进行预注浆土封堵处理。

(3)遇到突水时,应尽快采取有效的堵水措施。

(4)同时,加强矿产资源管理,坚决取缔非法开采的矿井。

2. 岩溶塌陷的治理

对于岩溶塌陷治理,在岩溶发育区内严禁抽取地下水。在村庄建设区内严禁抽取地下水,包括建(构)筑物基础施工时大量抽排地下水,防止因地下水位迅速降低而导致岩溶塌陷发生。

3. 路面塌陷的治理

对于路面塌陷治理,最有效的办法就是养护。

（1）为减少路面的重复开挖，新修路面要求水、电、热、通信等管网一步到位。

（2）当开挖路面不可避免时，应尽量少挖并缩短工期，采取有效措施保证回填压实。

4. 黄土湿陷的治理

对于黄土湿陷治理，采用防水、改土和建筑结构等措施。其中，改土措施的机理是充分破坏湿陷性黄土的大孔结构及管状节理，全部或部分消除地基的湿陷性，从根本上避免或削弱湿陷性。对于湿陷性黄土暗穴治理，一般采用灌砂法、注浆法、回填法、导洞法和竖井法施工。

四、村庄的地震灾害整治

村庄地震灾害整治应从提高建筑物、基础设施、防御次生灾害能力，增强村民防灾意识及自救互救能力等方面全面进行。根据《村庄整治技术规范》（GB 50445—2008）3.1.4 条的规定：现状存在隐患的生命线工程和重要设施、学校和村民集中活动场所等公共建筑应进行整治改造，并应符合现行标准《建筑抗震设计规范》（GB 50011—2001）、《建筑设计防火规范》（GB 50016—2006）、《建筑结构荷载规范》（GB 50009—2001）、《建筑地基基础设计规范》（GB 50007—2002）、《冻土地区建筑地基基础设计规范》（JGJ 118—1998）等的要求。总的来说，目前我国村庄对方地震还缺乏一种有效成熟的方法，通行的做法是仍然是防抗和躲避相结合，即贯彻预防为主，及时采取避震疏散的有效措施，把地震造成的损失降到最低。在村庄整治中，要考虑村庄面临的灾害风险，根据人口的数量及分布情况建设防灾避难场所，为居民灾后提供避难地。

（一）村庄避震疏散的原则

避震疏散的目的是引导人们在震情紧张时撤离地震危险度高的住所和活动场所，集结在预定的比较安全的场所。避灾疏散安排应坚持"平灾结合"原则，避灾疏散场所平时可用于村民教育、体育、文娱和粮食晾晒等其他生活、生产活动，临灾预报发布后或灾害发生时用于避灾疏散。

避震疏散的实施一定要适时适度。通常情况下，依据避震疏散场所的分布，组织居民就近避震疏散，居民可以自行或集中到规定的避震疏散场所避难，如果发生严重的火灾、水灾等次生灾害可以组织远程避震疏散，把居民疏散到安全地带。实施疏散时，优先安排抗震防灾重点区内居住在危房和非抗震房屋中的居民。由于地震的随机性和突发性，避震疏散应以临震避难为主，以震前疏散为辅。

（二）村庄避震疏散场所的安全性要求

避震疏散规划应确保避震疏散途中和避震疏散场所内避震疏散人员的安全，对各种避震疏散场所和设施，应进行安全可靠性分析。用作避震疏散场所的场地、建筑物应保证在地震时的抗震安全性，避免二次震害带来更多的人员伤亡。避震疏散场所还应符合防止火灾、水灾、海啸、滑坡、山崩、场地液化、矿山采空区塌陷等其他防灾要求。

(三)村庄避震疏散整治建设要求

1. 避震疏散道路规划建设要求

对于避震疏散道路应提前规划,满足下述要求。

(1)用作避震疏散的道路需满足地震时抗震救灾要求。

(2)及时排除道路两旁有宜散落、崩塌危险的边坡、地震中易破坏的非结构物和构件,同时提高道路上桥梁的抗震性能。

(3)邻近村庄可共同制定本区各居民点的疏散方向和疏散道路,原则上要求快捷、安全、畅通。

(4)村庄道路出入口数量不宜少于2个。

(5)关于避震疏散道路的抗震防灾要求,主要以下有几个方面。第一,救灾干道,村庄之间和村庄与城镇相互通连的干道为救灾干道。保证有效宽度不小于15米。第二,以村庄主干道(生活性主干道、交通性主干道)为主要疏散干道。保证有效宽度不小于7米,与救灾干道一起形成网络状连接。第三,以村庄次干道作为疏散次干道。保证有效宽度不小于4米。

2. 避震疏散场所规划建设要求

避震疏散场所应根据"平灾结合"的原则进行规划建设,其具体的避震疏散场所面积指标、主要技术要求等详见本书第二章。设立避震疏散标志可参考城市中的避难标志设施进行设计。此外,规划建设新的村庄或村庄向外围延伸时,应预留避震避难场所用地,并避免在安全隐患比较大的地区设置避震疏散场所。

五、村庄的其他灾害整治

(一)雪灾的整治

1. 畜牧业的保护工作

(1)加强基础设施(圈舍)保护工作

如果降雪量大,屋面积雪较重,结构简易圈舍就很容易引起倒塌。因此,应及时清扫屋面积雪,加固圈舍防护支撑,增强圈舍大棚抗压能力。

(2)加强畜禽防寒保暖工作

注意畜禽圈舍的封闭,及时修缮门窗、屋面,严防贼风侵袭,更换和添加垫草。重点做好幼小畜禽的保温供暖工作。

(3)加强饲料饲草贮备

应尽量多贮备一些饲料饲草,保证暴雪期间畜禽的饲料供应。

(4)加强疫病防控工作

在全力防灾抗灾的同时,要按照无疫严防、有疫严控的方针,落实经常性防控措施,突出抓好高致病性禽流感等重大动物疫病的免疫预防工作。

2. 工程设施的建筑要求

(1)生命线工程和重要设施、学校和政府办公建筑应符合《建筑结构荷载规范》(GB 50009—2001)及国家其他有关规范的要求。

(2)农村低压架空线适当增大导线和拉线的导线直径。

(3)加强对施工队伍的技术培训,提高施工质量。

(4)建筑应符合现行国家标准《建筑结构荷载规范》(GB 50009—2001)的有关规定,建筑物不宜布置在山谷风口附近,避开雪崩灾害地区;建筑物屋顶宜采用坡屋顶,不宜设高低屋面,亦不宜设女儿墙。

此外,还应组织和开展防灾宣传活动,建立普及防灾知识的宣传机制,普及防灾减灾知识,增强民众防灾意识和灾后应急、自救与互救的能力。同时制定雪灾应急救援预案,包括交通和通信的恢复、医疗救助、物资供应和报警系统等。

(二)干旱的整治

1. 防旱措施

(1)兴修水利,搞好农田基本建设

兴修水利应因地制宜,合理规划。在年雨量较多且集中于夏季的地区,降水常以大雨或暴雨的形式降落,容易造成水土流失。在这些山区及丘陵地带,适宜建造水库和塘坝,把雨季的降水储蓄起来,供少雨季节使用,既能防旱也能防洪。兴修水利还应搞好配套工程,方能充分发挥灌溉潜力,收到较好的经济效益。

农田基本建设,实质上是改造现有耕地面积中的低产田土,更有效地发挥高产田土的持续稳产作用。为此,对各类田土要分别治理。高产田土要进一步搞好排灌系统,对低产田土要找出主要障碍因子,对症下药,采取工程措施、生物措施和耕作措施进行综合治理。

(2)深耕改土,增强土壤蓄水能力

深耕改土,使土壤水库多蓄水,是旱地农业区防旱抗旱的重要措施。如以土壤蓄水量150毫米计算,每亩能蓄100立方米的水,100万亩就相当一个蓄水1亿立方米的大水库。土壤水库储蓄水分的多少,除了将坡改梯外,还与土层厚薄,土壤结构有关。如适度深耕,就能增加土壤水稳性团粒结构,增大土壤孔隙,增强蓄水能力。在北方,由于深耕,便于接纳秋冬雨雪。

(3)选育抗旱品种,提高抗旱能力

我国干旱面积历来较大,灾情较重。针对这种情况,应该选育抗旱品种,以适应气候变化。特别是对干旱地区、干旱季节栽培品种的抗旱性进行鉴定,培育一批抗逆性强的优良品种运用于生产,是防御干旱危害的一条行之有效的途径。

(4)绿化荒坡隙地,改善生态环境

森林和草地具有调节气候、防止风害、涵养水源、保持水土、保护环境以及生产木材和其他林产品的多种功能,在自然生态平衡中起着保卫人类生存环境的重要作用。就防御干旱而言,森林和草地不仅可以防止暴雨时山区水土的大量流失,而且可以增加土壤的渗水能力。同时,还由于森林植被的存在,增大了水分内循环,从而有增加降水量,调节空气湿度,抗旱防冻,削弱风力的作用。

2. 抗旱措施

(1)开源节流,合理灌溉

灌溉是抗旱的主要措施,不仅可以调节土壤水分贮存量,而且还可以为作物的生长发育创造良好的农田小气候条件。为了充分发挥水利工程在抗旱中的作用,应提倡合理灌溉、科学用水。节水灌溉应从以下两个方面考虑。一方面要根据各种作物生长发育的各阶段耗水规律、本区的气候特点如降水、蒸发等气候条件、土壤水分状况,制定一套合理的灌溉制度,做到既满足作物需要,又不浪费资源。另一方面要采用先进的喷灌、滴灌、浸灌等节水灌溉技术,省水、省工、省地,并能保土、保肥。

(2)抗旱播种

在北方的广大干旱地区,春季温度升高到适宜播种时,常因干旱而无法播种或播种后土壤缺水而不能出苗。如果能在干旱条件下适时播种,确保苗全,即使水分不足影响生长,雨季来后也能获得较好收成。抗旱播种的主要方法有顶凌播种法、抢墒播种法、捉墒播种法、找墒播种法、造墒播种法等。

(3)耕作和覆盖保墒抑制农田水分蒸发

土壤蒸发和植物蒸腾是农田水分平衡中主要的水分支出项,若能抑制土壤蒸发及植物蒸腾,就能减少农田中的水分散失,抗旱效果好。

①耕作保墒:在不同土壤水分条件下,采用各种耕作措施,减少土壤蒸发,亦能保持墒情,抗御干旱。

②覆盖保墒:用地膜、沙砾或植物的残留物覆盖农田表面,能抑制土壤蒸发,起到很好的保墒作用。

3. 避旱措施

(1)改革种植制度以避旱

一些地区如黄淮海地区、北部地区春旱和初夏旱的频率甚高,且以夏收作物为主,以后再播秋收作物,一般产量不高、不稳,经济效益不佳。若改革种植制度,以秋收作物为主,尤其是春种需水少耐寒的棉花是比较适宜的。

(2)调整播种以躲旱

一些地区如川东南地区,7月下旬到8月上旬常出现高温伏旱,给水稻生产造成严重影响。常规中稻,一般在3月下旬播种,伏旱期间正值抽穗扬花期,由于高温伏旱影响,空壳率甚高。近年来发挥农业技术的作用,将播种期提早到2月下旬或3月上旬,用温室两段育秧、旱地薄膜两段育秧等先进技术,提早了近1个月左右的育秧时间,可以有效地躲过伏旱危害。

(3)育苗移栽躲过春旱

在干旱严重,水源又很缺乏的地区,大面积等墒播种会延误农时,在这种情况下,可以采用塑料薄膜或塑料营养钵等育苗移栽,这样可以集中用水、用肥,再分期造墒移栽,或等阴雨后移栽,也能躲过春旱。

(三)风害的整治

1. 营造防风林

植树造林,特别是营造防风林带、防风林网,是减轻风害的根本措施。

防护林网对减轻台风危害有显著作用。在台风来向的一侧,防护林带不完整时,风害率可明显加重,累计保存率降低 20％左右,但在经过 5～6 道林带(即 400～600 米的范围)后,保存率即可恢复到与完整林带一样。

在台风侵袭过程中,农田林带对降低风速和减轻风害程度十分显著。设计林网,除了合理安排林带走向外,还需考虑林网网格大小和林带间距。另外,在林带缺口处,由于气流集中,风速大,对作物危害最重,应注意林带缺口补植。

2. 扩大绿地面积

(1)为防止北方半干旱地区,风蚀沙化,且具备自我恢复能力,应天然封育一些地区,特别是农牧交错带实行部分天然封育,土地生产种力可以逐渐恢复。

(2)在干旱草原或荒漠草原地带,除了保护天然植被,封沙育草,栽植固沙植物外,应营造综合防护体系,即防沙林、护田林网、人工草地、保护天然植被以及居民点建设等多种措施结合的绿带。

(3)在干旱荒漠地带,应以绿洲为中心,建立包括绿洲边缘乔木、灌木结合的防沙林带。绿洲外围封沙育草。

3. 防风的农业措施

(1)选择抗风和矮秆品种

选择抗风的和矮秆的品种,可以减少风害,如矮秆的水稻等品种能抗风、抗倒;而高秆作物如甘蔗等及时培土,也能提高抗风能力。

(2)及时抢收抢管

对近成熟的作物、水果,在台风侵袭前,及时抢收抢摘。台风侵袭后,对农田要及时管理,并适当增施速效肥料,使其尽快恢复正常生长。

(3)设置防风障

对小面积经济价值高的农田,如塑料大棚温室、苗圃地等,可选择适宜地形,设置风障。

(4)防止土壤风蚀

轮牧养草,保护植被,保持水土是防止风蚀的有效措施,且可以保墒。此外,还应确定合理的农牧过渡带,调整农林牧结构,制止草原盲目垦荒。

此外,还应加强对大风的监测及预报。但即使预报准确,还需进一步提高救灾能力,制定有效的救灾措施。

（四）霜冻的整治

1. 营造防霜林

营造防霜林，适合在平流型和平流辐射型霜冻比较严重的地区采用。在夜间强烈辐射降温的天气下，缓坡上冷气流沿坡向下流动，坡地中下部果园容易发生霜害。为了预防这种霜冻，在果园的坡上一侧建立防霜林，能阻挡冷气流，把它引到没有果树的地方。在坡下一侧则不栽防霜林，使冷气流能顺利流出。

2. 选择防霜品种

选用能避开当地霜冻的品种，就可大大减轻霜害。我国许多地区无霜期比较短，但是夏季温度比较高，能够种植玉米、高粱等喜温作物。这些作物的品种很多，全生育期差异很大。所以要选用既能有效避开霜冻，又能充分利用资源（光、热）获得高产的品种。一般以不受霜害的保证率60％～80％为标准选择主栽品种。

同一种果树的不同品种，开花期早晚差异很大，在多霜害地区可选用开花期较晚的品种以避开晚霜危害，但也不是越晚开花的品种越好。由于果树开的花比应该留的果要多，开花期又比较长，冻坏一部分花对产量影响比较小，因此以不受霜害的保证率在40％～70％即可。

3. 采取增温抗霜工程技术

霜冻发生的必要条件是体温降至0℃以下。采用各种办法使植物体温保持在0℃以上，霜冻也就不可能发生。增温抗霜工程技术的方法主要有覆盖抗霜、喷水抗霜、加热抗霜、烟雾抗霜等。

（1）覆盖抗霜

当预报夜间有霜冻时，用各种材料对植物进行覆盖，是抗御霜冻的有效方法。

（2）喷水抗霜法

比植物体温高的水落到植株上，能使植株体温升高。水结冰时放出潜热，能减慢植物体温降低。因此，向植物喷水能抗御霜冻。应该注意，植物开始结冰后不能停止喷水，空气温度很低时几分钟的停顿就有可能发生霜害。清晨停水的时间也要严格掌握，停水过早会减小抗霜效果。总的来说，喷水的速率应该由植物的表面积、植物能忍耐的最低温度与植物当时的实际体温之差等因素来决定。当然，喷水抗霜法并不是对所有的植物都适用，特别不合适脆弱的植物，否则就会被冰压坏。

（3）加热抗霜法

在辐射型霜冻和平流型霜冻发生时，近地面存在逆温层，均匀而缓慢地加热下部空气能提高植株体温，阻止霜害的发生。加热的方法很多。例如，在果园里挖很多小型"地灶"，在霜冻即将发生时，灶内燃烧可燃物，用很多烧火罐均匀布置在要保护的地块上。霜前燃烧重油，都有很好的抗霜作用。需要注意的是加热点要多，每个点燃烧的火焰不能太大，并且要在短时间内一齐点火。在有风的情况下，热空气容易被风吹走，应改用间接加热法。

（4）烟雾抗霜法

烟雾中含有大量吸湿性微粒,水汽在其上凝结,放出凝结潜热,能起到提高空气温度的作用。烟雾中如果有杂醇、乙酸甲基等物质,能比较多地吸收地面和植物的长波辐射,再向植物放射热量,阻止体温的迅速下降。

4. 做好霜后减灾措施

一旦发生霜冻灾害,要立即采取各种减灾措施,力求减轻损失。首先,要进行灾情调查,对不同地块受害的程度作出准确的判断。其次,对严重缺苗的地段要及时改种。再次,受害后有恢复再生能力的植物,要及时喷洒低浓度的生长素,尽快建立起营养体,以获得较高产量。最后,霜害会破坏一部分甚至大部分叶片,光合作用面积减小而导致减产。及时加强管理以促进新叶生长,尽快恢复叶面积,增强光合作用强度,是减轻灾害损失的有效方法。

参考文献

[1]教育部高等学校安全工程学科教学指导委员会．防灾减灾工程．北京：中国劳动社会保障出版社，2011

[2]周云等．防灾减灾工程学．北京：中国建筑工业出版社，2007

[3]李风．工程安全与防灾减灾．北京：中国建筑工业出版社，2005

[4]马东辉．安全与防灾减灾．北京：中国建筑工业出版社，2009

[5]方伟超，张宗丽．农业防灾减灾及突发事件对策．北京：中国农业科学技术出版社，2011

[6]周长兴．城市综合防灾减灾规划．北京：机械工业出版社，2011

[7]焦双健，魏巍．城市防灾学．北京：化学工业出版社，2005

[8]戴慎志．城市综合防灾规划．北京：中国建筑工业出版社，2011

[9]佟淑娇，郑伟．城市防灾．沈阳：东北大学出版社，2012

[10]李引擎等．防灾减灾与应急技术．北京：中国建筑工业出版社，2008

[11]张子安，范小强．农业防灾减灾及农村突发事件应对．北京：金盾出版社，2010

[12]陈柏槐，崔讲学．农业灾害应急技术手册．武汉：湖北科学技术出版社，2009

[13]李涛，陈登国，孙刚．突发事件应急救援手册．北京：军事医学科学出版社，2010

[14]张彩云．农村突发事件应急处置方法．兰州：兰州大学出版社，2009

[15]国家减灾委员会办公室．农村防灾减灾手册．北京：中国社会出版社，2009

[16]金磊．城市灾害学原理．北京：气象出版社，1997

[17]江见鲸，徐志胜等．防灾减灾工程学．北京：机械工业出版社，2005

[18]叶义华，许梦国等．城市防灾工程．北京：冶金工业出版社，1999

[19]孔平，任利生．地震应急救助技术与装备概论．北京：地震出版社，2001

[20]崔秋文，苗崇刚．国际地震应急与救援概览．北京：气象出版社，2004

[21]计雷，池宏等．突发事件应急管理．北京：高等教育出版社，2006

[22]王绍玉，冯百侠．城市灾害应急与管理．重庆：重庆出版社，2005

[23]中国地震局．中国地震应急指挥技术系统技术规程．北京：地震出版社，2005

[24]金磊．安全奥运论：城市灾害防御与综合危机管理．北京：清华大学出版社，2003

[25]李学举．灾害应急管理．北京：中国社会出版社，2005

[26]中国地震局．中国地震信息服务系统技术规程．北京：地震出版社，2005

[27]中国城市科学研究会．中国城市规划发展报告（2008—2009）．北京：中国建筑工业出版社，2009

[28]仇宝兴．灾后重建规划汇编．北京：中国建筑工业出版社，2009

[29]矢守克也．中国四川大地震·灾害年报．京都：京都大学防灾研究所，2008